工科大学物理

上册

主　编　陈巧玲
副主编　蒋海斌　吕少珍　姚少波

清华大学出版社
北　京

内容简介

本书依据教育部物理基础课程教学指导分委员会编制的《理工科类大学物理课程教学基本要求》编写，涵盖了基本要求中的核心内容。全书分为上、下册。上册内容包括力学、波动光学、热学；下册内容包括电磁学、狭义相对论及量子物理基础、现代工程技术的物理基础专题。

本书适用于应用技术型高等学校工科类各专业学生作为大学物理教材。

图书在版编目(CIP)数据

工科大学物理. 上册/陈巧玲主编. —北京：清华大学出版社，2021.1(2024.2 重印)
ISBN 978-7-302-57422-4

Ⅰ. ①工…　Ⅱ. ①陈…　Ⅲ. ①物理学—高等学校—教材　Ⅳ. ①O4

中国版本图书馆 CIP 数据核字(2021)第 019663 号

责任编辑： 朱红莲
封面设计： 傅瑞学
责任校对： 赵丽敏
责任印制： 杨　艳

出版发行： 清华大学出版社
网　　址： https://www.tup.com.cn，https://www.wqxuetang.com
地　　址： 北京清华大学学研大厦 A 座　　**邮　　编：** 100084
社 总 机： 010-83470000　　**邮　　购：** 010-62786544
投稿与读者服务： 010-62776969，c-service@tup.tsinghua.edu.cn
质量反馈： 010-62772015，zhiliang@tup.tsinghua.edu.cn
印 装 者： 三河市人民印务有限公司
经　　销： 全国新华书店
开　　本： 185mm×260mm　　**印　　张：** 12.75　　**字　　数：** 306 千字
版　　次： 2021 年 2 月第 1 版　　**印　　次：** 2024 年 2 月第 5 次印刷
定　　价： 41.00 元

产品编号：091182-01

前言

FOREWORD

以经典物理学、近代和现代物理学基础为主要内容的大学物理课程，是高等学校理工科各专业学生一门重要的通识性必修基础课。它所阐述的物理学基本知识、基本概念、基本规律和基本方法，不仅是学生继续学习专业课程和其他科学技术的基础，也是培养和提高学生科学素质、科学思维方法和科学研究能力的重要内容。

全国高校连续扩招之后，高等教育从过去的精英教育向大众教育转变。特别是在《国家中长期教育改革与发展规划纲要(2010—2020)》出台之后，众多的地方本科院校都以建设成为一流的应用技术型高等学校为目标，推进教育改革创新，促进转型发展。然而，目前的大学基础物理教学与应用技术人才培养却不相适应。这主要体现在两个方面：其一是教材内容方面，当前全国大部分工科院校使用的教材，从风格、体系以及涵盖的物理学知识来看，与新中国成立初期苏联专家巴巴诺夫专门为工科物理教学组织编写的《物理学》相差不大，跟不上现代物理学的发展，更为关键的是与当前工科院校中强调的应用技术型教学脱轨；其二是教学方法方面，传统的物理教学通常通过知识的讲解和剖析来传授知识，为了使学生更好地掌握知识，教师往往受教材束缚，追求知识体系的完整而不加选择地讲授，教学中难免出现教学内容重复，学生所获得的知识也仅限于书本，他们的收获也不过是对现成知识的熟悉以及对现成结论的确信，而在应用方面，特别在能力提高方面收效不大。因此，为了探索如何在新形势下充分发挥大学物理课的教育功能，以满足培养技术应用型人才的高等学校对大学物理课程改革发展和实际教学的要求，我们尝试对大学物理课程进行模块化处理，增加物理学在工程技术领域的应用等内容，加强与后续专业课程的教学联系等教学改革。本书正是在此教学改革背景下编写而成的。

本书是一套应用技术型高等学校工科类各专业学生适用的大学物理教材，依据教育部物理基础课程教学指导分委员会编制的《理工科类大学物理课程教学基本要求(2010年版)》编写，涵盖了基本要求中的核心内容。考虑到应用型院校的特点和实际情况，对大学物理课程进行模块化处理，增设现代工程技术的物理基础专题模块，增加物理学在工程技术领域的应用内容；适度降低部分内容的起点，较好地与中学物理基础衔接，同时加强与后续专业课程的教学内容关联；压缩经典内容，简化近代物理；简约理论论证公式推导，加强例题的基础性、应用性和典型性；在保证必要的基本训练的基础上，适度降低习题的难度。

本书是为70～110学时大学物理课程编写的，分为上、下册。上册内容包括模块一(力学)，模块二(波动光学)，模块三(热学)；下册内容包括模块四(电磁学)，模块五(狭义相对论及量子物理基础)，模块六(现代工程技术的物理基础专题)。其中，模块一(力学)和模块四(电磁学)为必修模块，其余为选修模块。各专业可根据专业要求，在必修模块的基础上，选择相应的选修模块完成教学。

本书由陈巧玲主编，蒋海斌、吕少珍、姚少波等参加了本书的编写工作。陈巧玲编写了模块一（力学）和模块四（电磁学），蒋海斌编写了模块三（热学）和模块五（狭义相对论及量子物理基础），姚少波编写了模块二（波动光学）。模块六（现代工程技术的物理基础专题）由陈巧玲、姚少波、吕少珍、蓝杰钦、高巍巍、张斌、宋耀东、蒋海斌、石梦静、林文硕、陈丽、白莹等共同完成。习题部分由陈巧玲、吕少珍编写。全书由陈巧玲负责统稿。为加强与中学物理教学的衔接，特别邀请厦门双十中学漳州分校的物理教师熊建民参加了本书的编写。

由于编者学术水平所限，书中难免有不妥之处，望老师和同学们在使用过程中多提宝贵意见，我们将在今后的再版中加以纠正，使教材在使用中不断完善。

编　者

2020年10月

目录

CONTENTS

模块一　力　　学

模块二 波动光学

模块三 热 学

模块一　力学

力学的起源可追溯到公元前 4 世纪古希腊学者亚里士多德关于力产生运动的说法，但其成为真正意义上的一门科学理论是从伽利略和开普勒时代开始的，到牛顿时代达到成熟。17 世纪，伽利略开创了科学实验方法，并将实验、观察与理论思维（科学假设、数学推理和演绎）相结合，获得了突破性的发现，提出了落体定律和惯性运动的概念。而后，牛顿继承了伽利略、笛卡儿等人的思想。1867 年，牛顿出版了不朽巨著《自然哲学的数学原理》，总结出牛顿三大运动定律，并以此为基础建立了经典力学。只用几个基本概念和原理，牛顿的经典力学就能对行星、月亮、彗星、自由落体、重量、海洋潮汐、地球赤道隆起带、桥梁应力等事物的行为给出清晰和定量的解释，它使我们对自然界的了解前所未有地扩展和统一。

牛顿的经典力学研究宏观物体的低速机械运动的规律及其应用。低速是指物体的运动速度远小于真空中的光速，而机械运动是指物体的位置或形状随时间而变化。机械运动是物质最简单、最基本的一种运动，通过对机械运动的研究所建立的概念、原理和研究方法，在物理学其他分支或其他学科中常常被直接应用。经典力学因其严谨的理论体系和科学完备的研究方法而兴盛了约三百年，直至 20 世纪初才发现它在高速和微观领域的局限性，从而分别被相对论和量子力学所取代，但对工程技术和科学研究领域仍然是不可或缺的基础理论，具有重大的实用价值。

本模块介绍牛顿力学的基础。主要讲述质点力学、刚体力学基础以及机械振动和机械波。通过分析讨论平动、转动、振动以及波动等机械运动的基本规律，着重阐明动量、角动量和能量等概念及相应的守恒定律。

第1章

质点运动学

力学分为运动学和动力学。运动学研究如何描述物体的运动，动力学研究物体运动状态变化的原因。

本章讲解质点运动学，讨论质点运动的描述及其运动的基本规律。内容包括质点、参考系以及描述质点运动的基本物理量（即位置矢量、位移、速度、加速度等）的定义，在此基础上讨论一般直线运动和曲线运动（特别是圆周运动）的规律和相对运动。

伽利略·伽利雷（Galileo Galilei，1564—1642），近代实验科学的先驱者，意大利文艺复兴后期伟大的天文学家、力学家、哲学家、物理学家和数学家。伽利略通过实验发现了摆的运动规律，还在比萨斜塔上进行“两球同时落地”的实验，推翻了亚里士多德的权威结论。1609年，伽利略研制出世界上第一架望远镜。木星共有16颗卫星，伽利略发现了其中最大的4颗。此外伽利略还用望远镜观察到了太阳黑子，并推断出太阳在转动。伽利略著有《星际使者》《关于太阳黑子的书信》《关于托勒密和哥白尼两大世界体系的对话》和《关于两门新科学的谈话和数学证明》。

1.1　质点运动的描述

1.1.1　质点　参考系　坐标系

任何一个实际的物体运动过程都是极其复杂的。为了准确寻找物体运动过程最基本的规律，在描述物体运动前，必须先经历几个主要环节：提出较准确、简单的物理模型，选择合适的参考系，建立恰当的坐标系。

1. 质点

在研究某些运动问题时，若物体的各部分具有相同的运动规律，或物体的形状和大小对所研究的问题影响不大，就可将物体看成一个只有质量的理想的点——**质点**。例如，空中飞行的飞机的尺度比它运动的空间范围小很多，可以将其视为质点，因而在监视器航线图中的飞机就可以用一个点表示。

质点是一个理想模型。物理学中建立了很多理想模型（以后将会接触到刚体、点电荷等），是实际情况的理想化的简化，是对复杂问题抽出主要矛盾，经过抽象提出一个可供数学描述的物理模型加以研究的有效方法。“建模”是物理学认识物质世界的基本策略。

2. 参考系

英国大主教贝克莱说过，“让我们设想有两个球，除此之外空无一物，说它们围绕共同中心作圆周运动，是不能想象的。但是，若天空上突然产生恒星，我们就能够从两球与天空不同部分的相对位置想象出它们的运动了。”

物体的机械运动是指它的位置随时间的改变。任何物体的运动位置总是相对于其他物体或物体系来确定的，这个其他物体或物体系称为**参考系**。例如，日出日落是太阳相对于地球而言的运动（地球为太阳运动的参考系）。

同一物体的运动，由于我们选取的参考系不同，对其运动的描述就不同。例如，在匀速直线行驶的小船上，竖直上抛一个小球，小球相对于小船是作直线运动；相对于河岸，却是作斜抛运动；相对于太阳，小球的运动描述要更为复杂。

3. 坐标系

要定量地描述物体的位置及其运动状态，还要在参考系上建立适当的坐标系。在大学物理中，常用的坐标系有直角坐标系、自然坐标系和极坐标系。

当参考系选定后，无论选择何种坐标系，物体的运动性质不会变。然而，坐标系选择得当，可使计算简化。

下面，我们将在直角坐标系中描述变加速直线运动和抛体运动、椭圆运动等较简单的平面曲线运动，1.2 节我们还将在自然坐标系和平面极坐标系中描述圆周运动。

1.1.2 直角坐标系中质点运动的描述

1. 位置矢量、运动函数、轨迹方程

如图 1-1 所示，在直角坐标系中，质点在 t 时刻的位置 P，可用坐标 (x,y,z) 表示；也可用从坐标原点 O 指向 P 的矢量 $\boldsymbol{r}$ 表示，称为**位置矢量**（简称**位矢**），表示为

$$\boldsymbol{r}=x\boldsymbol{i}+y\boldsymbol{j}+z\boldsymbol{k} \tag{1-1}$$

式中 $\boldsymbol{i}$，$\boldsymbol{j}$，$\boldsymbol{k}$ 分别表示 x，y，z 轴正方向的单位矢量。

质点运动位置随时间的变化可以用数学函数 $\boldsymbol{r}(t)$ 来表示，称为质点的**运动函数**，表示为

$$\boldsymbol{r}(t)=x(t)\boldsymbol{i}+y(t)\boldsymbol{j}+z(t)\boldsymbol{k} \tag{1-2}$$

其中，$x=x(t)$，$y=y(t)$，$z=z(t)$ 称为运动函数的分量式。

从运动函数的分量式中消去 t，便得到质点运动的**轨迹方程**

$$f(x,y,z)=0 \tag{1-3}$$

根据轨迹方程，在坐标系里可描出一条表示质点运动轨迹的空间曲线。

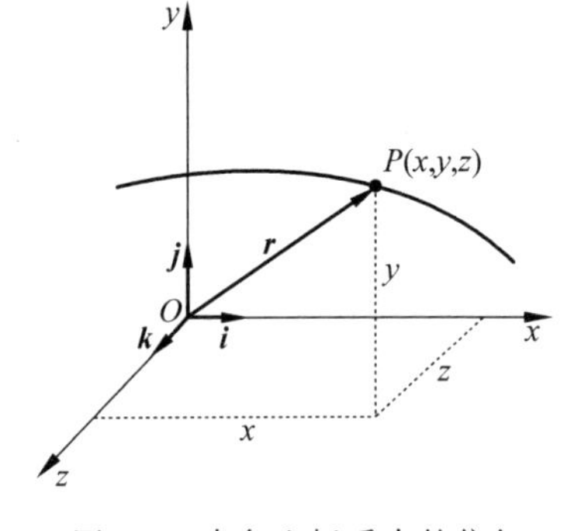

图 1-1　直角坐标系中的位矢

运动学研究的目的就是要找出各种具体的运动所遵循的运动函数，只要知道了运动函数的形式，也就可以确定运动质点在任意时刻的位置了。

2. 位移

如图 1-2 所示，设 t 时刻，质点在 A 点，位矢为 $\boldsymbol{r}_A$，在 $t+\Delta t$ 时刻，质点运动到 B 点，位矢为 $\boldsymbol{r}_B$，则位矢的增量 $\Delta\boldsymbol{r}$ 称为 Δt 时间内的**位移**，即

$$\begin{aligned}\Delta\boldsymbol{r}&=\boldsymbol{r}_B-\boldsymbol{r}_A\\&=(x_B-x_A)\boldsymbol{i}+(y_B-y_A)\boldsymbol{j}+(z_B-z_A)\boldsymbol{k}\\&=\Delta x\boldsymbol{i}+\Delta y\boldsymbol{j}+\Delta z\boldsymbol{k}\end{aligned}\tag{1-4}$$

要注意位移 $\Delta\boldsymbol{r}$ 与路程 Δs 的区别。$\Delta\boldsymbol{r}$ 是矢量，方向由起点 A 指向终点 B，大小等于线段 $\overrightarrow{AB}$ 的长度；而 Δs 为标量，是质点运动轨迹即弧 $\overset{\frown}{AB}$ 的长度。单向直线运动，$|\Delta\boldsymbol{r}|=\Delta s$；曲线运动，只有在 $\Delta t\to 0$ 时，B 点无限靠近 A 点，线段 $\overrightarrow{AB}$ 与弧 $\overset{\frown}{AB}$ 的长度近似相等，即 $|\mathrm{d}\boldsymbol{r}|=\mathrm{d}s$。

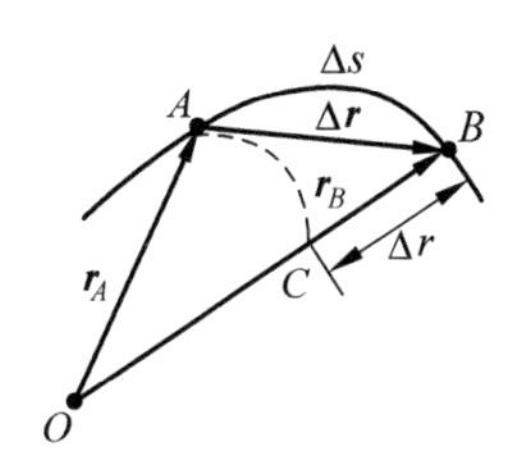

图 1-2　位移和路程

一般来说，位移的大小 $|\Delta\boldsymbol{r}|\neq\Delta r$，因为 $\Delta r=r_B-r_A$ 是位矢大小的增量。图 1-2 中，$|\Delta\boldsymbol{r}|=AB$，在矢量 $\boldsymbol{r}_B$ 上取点 C，使 $OC=r_A$，则 $\Delta r=CB$。

3. 速度

位移 $\Delta\boldsymbol{r}$ 与发生这段位移所经历的时间 Δt 的比叫做质点在这段时间内的**平均速度**。用 $\bar{\boldsymbol{v}}$ 表示平均速度，有

$$\bar{\boldsymbol{v}}=\frac{\Delta\boldsymbol{r}}{\Delta t}\tag{1-5}$$

平均速度反映质点在 Δt 时间内运动的平均快慢程度。它也是矢量，方向就是位移 $\Delta\boldsymbol{r}$ 的方向。

当 $\Delta t\to 0$ 时，平均速度的极限值称为质点在时刻 t 的**瞬时速度**（简称**速度**），用 $\boldsymbol{v}$ 表示，则有

$$\boldsymbol{v}=\lim_{\Delta t\to 0}\frac{\Delta\boldsymbol{r}}{\Delta t}=\frac{\mathrm{d}\boldsymbol{r}}{\mathrm{d}t}\tag{1-6}$$

在直角坐标系中，速度表示为

$$\boldsymbol{v}=\frac{\mathrm{d}\boldsymbol{r}}{\mathrm{d}t}=\frac{\mathrm{d}x}{\mathrm{d}t}\boldsymbol{i}+\frac{\mathrm{d}y}{\mathrm{d}t}\boldsymbol{j}+\frac{\mathrm{d}z}{\mathrm{d}t}\boldsymbol{k}=v_x\boldsymbol{i}+v_y\boldsymbol{j}+v_z\boldsymbol{k}\tag{1-7}$$

质点沿三个坐标轴方向的**分速度**的大小分别为

$$v_x=\frac{\mathrm{d}x}{\mathrm{d}t},\quad v_y=\frac{\mathrm{d}y}{\mathrm{d}t},\quad v_z=\frac{\mathrm{d}z}{\mathrm{d}t}\tag{1-8}$$

由于各分速度方向相互垂直，所以速度的大小（称为**速率**）

$$v=\sqrt{v_x^2+v_y^2+v_z^2}\tag{1-9}$$

速度的方向就是 $\Delta t\to 0$ 时 $\Delta\boldsymbol{r}$ 的极限方向。由图 1-3 可见，当 $\Delta t\to 0$ 时，点 B 趋近于点 A，$\Delta\boldsymbol{r}$ 则趋于和轨道相切，所以质点在 A 点的速度方向就沿 A 点处运动轨道的切线方向并指向运动的前方。

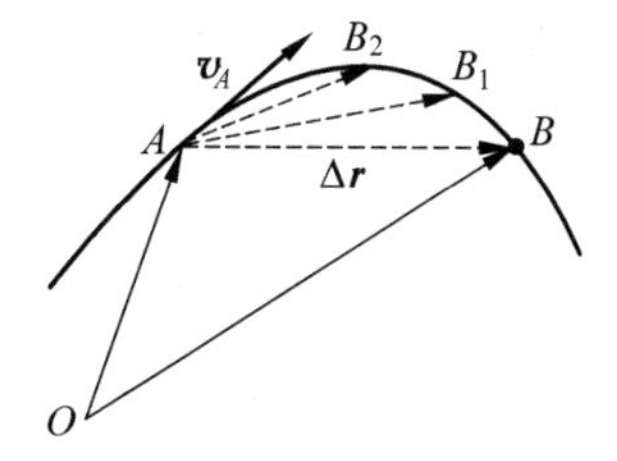

图 1-3　质点的速度方向

4. 加速度

加速度表示速度对时间的变化率。

如图 1-4 所示，在时刻 t 质点位于 A 点，速度为$\boldsymbol{v}_A$，在 $t+\Delta t$ 时刻，质点运动到 B 点，速度为$\boldsymbol{v}_B$，则在 Δt 这段时间内，速度的增量 $\Delta\boldsymbol{v}=\boldsymbol{v}_B-\boldsymbol{v}_A$。质点在时刻 t 的加速度定义为

$$\boldsymbol{a}=\lim_{\Delta t\to 0}\frac{\Delta\boldsymbol{v}}{\Delta t}=\frac{\mathrm{d}\boldsymbol{v}}{\mathrm{d}t}=\frac{\mathrm{d}^2\boldsymbol{r}}{\mathrm{d}t^2} \tag{1-10}$$

无论是速度大小改变还是方向改变或二者皆变化，都是变速运动。加速度既反映速度大小的变化，又反映速度方向的变化。

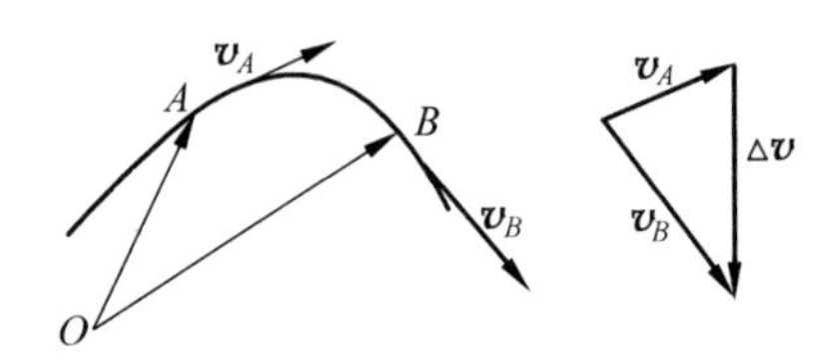

图 1-4　速度的增量 $\Delta\boldsymbol{v}$

加速度的方向是 $\Delta t\to 0$ 时速度增量 $\Delta\boldsymbol{v}$ 的极限方向。与直线运动不同，质点作曲线运动时，任意时刻质点的加速度 $\boldsymbol{a}$ 与速度$\boldsymbol{v}$ 的方向不在同一直线上，而总是指向曲线的内侧。

在直角坐标系中

$$\boldsymbol{a}=a_x\boldsymbol{i}+a_y\boldsymbol{j}+a_z\boldsymbol{k} \tag{1-11}$$

加速度沿三个坐标轴方向的分量分别为

$$\begin{cases} a_x=\dfrac{\mathrm{d}v_x}{\mathrm{d}t}=\dfrac{\mathrm{d}^2x}{\mathrm{d}t^2} \\ a_y=\dfrac{\mathrm{d}v_y}{\mathrm{d}t}=\dfrac{\mathrm{d}^2y}{\mathrm{d}t^2} \\ a_z=\dfrac{\mathrm{d}v_z}{\mathrm{d}t}=\dfrac{\mathrm{d}^2z}{\mathrm{d}t^2} \end{cases} \tag{1-12}$$

加速度的大小与各分量的关系为

$$a=\sqrt{a_x^2+a_y^2+a_z^2} \tag{1-13}$$

质点运动学所研究的问题一般可分为两类。

(1) 已知质点的运动方程，求质点的速度和加速度。求解此类问题的基本方法是求导。

(2) 已知速度及初始条件，求质点的运动方程；或已知加速度及初始条件，求质点的速度和运动方程。求解此类问题的基本方法是积分。

下面将用具体例子来说明以上两类问题的计算方法。

例 1.1　机械设计常采用椭圆规画椭圆。连杆滑块式椭圆规原理如图 1-5 所示。椭圆规由十字形滑槽、曲柄 OM 和画杆 AB 连接组成，两个滑块固定在画杆上 A、B 两点，并可分别在纵、横向滑槽中往复滑动，$OM=AM=MB$。在画杆上 P 点固定一笔头，曲柄 OM 绕滑槽中心 O 点 360°旋转，就可画出椭圆。设 $AP=a$，

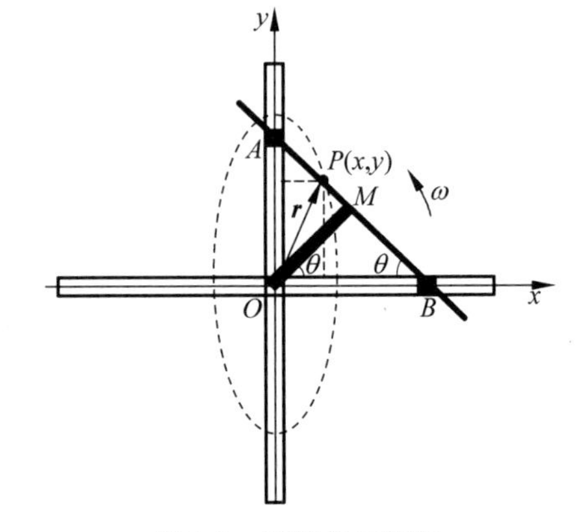

图 1-5　椭圆规原理图

$PB=b$，画杆与 Ox 轴重叠时开始计时，曲柄 OM 以角速度 ω 旋转。求 P 点的运动函数和轨迹方程。

解：依题意，t 时刻，$\theta=\omega t$，则 P 点的运动函数的分量式为

$$\begin{cases} x(t)=a\cos\omega t \\ y(t)=b\sin\omega t \end{cases}$$

运动函数表示为

$$\boldsymbol{r}(t)=x(t)\boldsymbol{i}+y(t)\boldsymbol{j}=a\cos\omega t\boldsymbol{i}+b\sin\omega t\boldsymbol{j}$$

从分量式中消去 t，便得到 P 点运动的轨迹方程

$$\left(\frac{x}{a}\right)^2+\left(\frac{y}{b}\right)^2=1$$

上式为椭圆方程，画出的轨迹是图 1-5 中所示的椭圆。

若在 M 点固定一笔头，画出的轨迹又是怎样的曲线？请写出 M 点的运动函数和轨迹方程。

例 1.2　高台跳水泳池的安全深度的计算。如图 1-6 所示，跳水运动员从高台跳入泳池中，若运动员入水后下落的深度 y 和时间 t 的关系为 $y=b\ln\left(\frac{v_0}{b}t+1\right)$（坐标原点 O 在水面上，y 轴竖直向下）。其中，$b=\frac{2m}{C\rho A}$，C 为水的曳引系数，ρ 为水的密度，A 为人体的有效横截面积，m 为运动员质量，v_0 为运动员入水时的初速率。

（1）求运动员入水后，其速度和加速度随时间变化的关系；

（2）设 $m=50\text{kg}$，$C=0.5$，$\rho=1.0\times10^3\text{kg}\cdot\text{m}^{-3}$，$A=0.08\text{m}^2$，人在水中的安全速度为 $2.0\text{m}\cdot\text{s}^{-1}$，$g$ 取 $10\text{m}\cdot\text{s}^{-2}$。试计算，十米高台跳水泳池水深 5.0m 能否保证跳水运动员的安全？

图 1-6　伦敦奥运会上，陈若琳获女子十米跳台冠军

解：一维直线运动，建立坐标轴正向后，位矢、速度、加速度等不必用矢量符号表示，就只要用正、负号表示其方向。

（1）运动员的速度 v 和时间 t 的关系为

$$v=\frac{\mathrm{d}y}{\mathrm{d}t}=\frac{bv_0}{v_0t+b}$$

加速度 a 和时间 t 的关系为

$$a=\frac{\mathrm{d}v}{\mathrm{d}t}=-b\left(\frac{v_0}{v_0t+b}\right)^2$$

负号表示加速度 $\boldsymbol{a}$ 方向沿 y 轴负方向向上，与 $\boldsymbol{v}$ 方向相反，运动员入水后作减速运动。

（2）运动员入水时的初速率

$$v_0=\sqrt{2gh}=\sqrt{2\times10\times10.0}\text{m}\cdot\text{s}^{-1}=14.0\text{m}\cdot\text{s}^{-1}$$

$$b=\frac{2m}{C\rho A}=\frac{2\times50}{0.5\times1.0\times10^3\times0.08}\text{m}=2.5\text{m}$$

由入水后运动员速率与时间关系 $v=\frac{bv_0}{v_0t+b}$ 可知，速率 v 减为 2.0m·s^{-1} 时，所经历的时间为

$$t=b\left(\frac{1}{v}-\frac{1}{v_0}\right)=2.5\left(\frac{1}{2.0}-\frac{1}{14.0}\right)\mathrm{s}=1.07\mathrm{s}$$

将 $t=1.07\mathrm{s}$ 代入 $y=b\ln\left(\frac{v_0}{b}t+1\right)$，可得此时运动员入水深度

$$y=2.5\ln\left(\frac{14.0}{2.5}\times 1.07+1\right)\mathrm{m}=4.86\mathrm{m}$$

计算结果表明，十米高台跳水泳池水深 5.0m 能保证跳水运动员的安全。

例 1.3 如图 1-7 所示，一个热气球以速率 v_0 从地面匀速上升，由于风的影响，气球的水平速率随着上升的高度而增大，关系式为 $v_x=by$，式中 b 为正的常量，y 是从地面算起的高度。求：(1)气球的运动函数和轨迹方程；(2)气球运动的速度和加速度。

解：一般曲线运动，除了用矢量式表示外，通常会选择直角坐标系，将运动在坐标系里进行分解，用分量式表示。

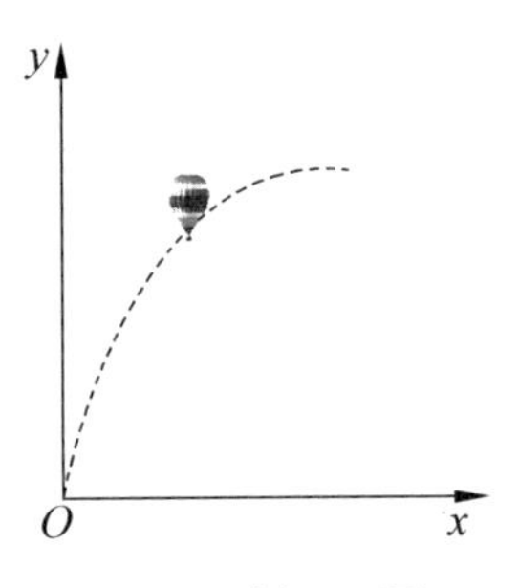

图 1-7　例 1.3 图

(1) 设 $t=0$ 时气球位于坐标原点 O(地面)，建立平面直角坐标系如图 1-7 所示。气球在 Oy 轴方向上的速度分量

$$v_y=v_0$$

于是有

$$y=v_0t$$

气球在 Ox 轴方向上的速度分量

$$v_x=\frac{\mathrm{d}x}{\mathrm{d}t}=by$$

即

$$\mathrm{d}x=by\,\mathrm{d}t=bv_0t\,\mathrm{d}t$$

上式两边积分，有

$$\int_0^x \mathrm{d}x=\int_0^t bv_0t\,\mathrm{d}t$$

解得

$$x=\frac{1}{2}bv_0t^2$$

于是气球的运动函数为

$$\boldsymbol{r}(t)=x(t)\boldsymbol{i}+y(t)\boldsymbol{j}=\frac{1}{2}bv_0t^2\boldsymbol{i}+v_0t\boldsymbol{j}$$

运动函数的分量式消去时间 t，可得气球运动的轨迹方程为

$$y^2=\frac{2v_0}{b}x$$

(2) 气球运动的速度为

$$\boldsymbol{v}=\frac{\mathrm{d}x}{\mathrm{d}t}\boldsymbol{i}+\frac{\mathrm{d}y}{\mathrm{d}t}\boldsymbol{j}=bv_0t\boldsymbol{i}+v_0\boldsymbol{j}$$

对速度求导,可得加速度为

$$\boldsymbol{a}=\frac{\mathrm{d}\boldsymbol{v}}{\mathrm{d}t}=\frac{\mathrm{d}}{\mathrm{d}t}(bv_0t\boldsymbol{i}+v_0\boldsymbol{j})=bv_0\boldsymbol{i}$$

讨论:从计算结果可知,气球运动的轨迹方程 $y^2=\frac{2v_0}{b}x$ 为标准的抛物线方程,气球运动的轨迹为抛物线。与中学所学的抛体运动类似,整个运动过程可看作由竖直向上的匀速直线运动和沿水平方向初速度为零的匀加速直线运动叠加而成。

从计算结果还发现,气球的加速度 $\boldsymbol{a}=bv_0\boldsymbol{i}$ 是一个大小方向都不变的常矢量。我们把加速度为常矢量的运动叫做匀加速运动。气球的运动函数 $\boldsymbol{r}(t)=v_0t\boldsymbol{j}+\frac{1}{2}bv_0t^2\boldsymbol{i}=\boldsymbol{v}_0t+\frac{1}{2}\boldsymbol{a}t^2$,运动的速度 $\boldsymbol{v}=v_0\boldsymbol{j}+bv_0t\boldsymbol{i}=\boldsymbol{v}_0+\boldsymbol{a}t$,可以证明,$\boldsymbol{r}(t)=\boldsymbol{v}_0t+\frac{1}{2}\boldsymbol{a}t^2$ 就是匀加速运动的位矢公式,$\boldsymbol{v}=\boldsymbol{v}_0+\boldsymbol{a}t$ 就是匀加速运动的速度公式,这与中学所熟悉的匀变速直线运动公式相似,实际上,匀变速直线运动是匀加速运动的特例。抛体运动也是匀加速运动($\boldsymbol{a}=\boldsymbol{g}$)。

1.2　圆周运动

研究圆周运动有着重要的意义。一方面,圆周运动是曲线运动的一种特例,讨论了圆周运动,就可以推广到一般曲线运动。另一方面,物体绕固定轴转动时,其内部的每一点都在作半径不同的圆周运动,因此,圆周运动又是研究物体转动的基础。

基于圆周运动的特点,我们分别引入自然坐标系和平面极坐标系来描述。

1.2.1　自然坐标系中圆周运动的描述

1. 圆周运动的速度

自然坐标系是建立在物体运动的轨迹上的。如图 1-8 所示,设 t 时刻,质点运动到 P 点,在 P 点作两个坐标轴,一个轴沿着质点所在位置的切线并指向质点的运动方向,称为**切向坐标轴**,其单位矢量用 $\boldsymbol{e}_\mathrm{t}$ 表示;另一个轴沿与切线垂直的法线方向,称为**法向坐标轴**,其单位矢量用 $\boldsymbol{e}_\mathrm{n}$ 表示。自然坐标系的两个坐标轴随质点沿轨道的运动自然变换位置和方向。

可在圆周上取一点 O 为自然坐标系的原点,任意时刻 t 质点的位置以质点与原点 O 间的弧长 $s(t)$ 来确定,称为自然坐标。

由于曲线运动的速度总是沿着质点所在处运动轨道的切线方向并指向运动的前方,在自然坐标系中,质点 t 时刻的速度可表示为

$$\boldsymbol{v}=v\boldsymbol{e}_\mathrm{t} \tag{1-14}$$

其中,v 是速率。

显然,在自然坐标系中,速度只用一个分量(切向分量)表示即可,比直角坐标系要简便。

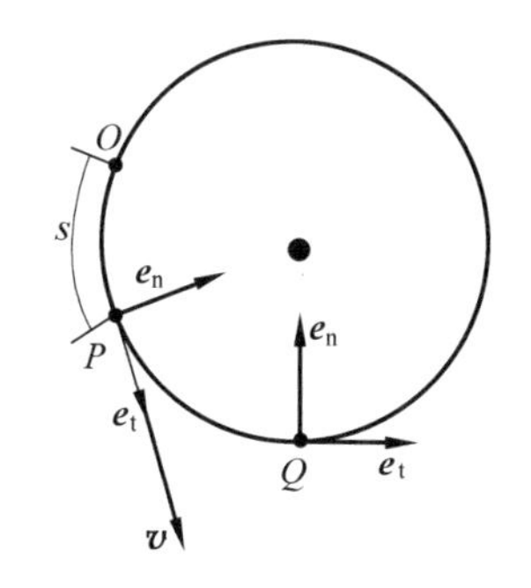

图 1-8　自然坐标系

由于在 dt 时间内，位移的大小$|\mathrm{d}\boldsymbol{r}|$等于路程 d$s$ 的大小，即$|\mathrm{d}\boldsymbol{r}|=\mathrm{d}s$，故速率表示为

$$v=|\boldsymbol{v}|=\left|\frac{\mathrm{d}\boldsymbol{r}}{\mathrm{d}t}\right|=\frac{\mathrm{d}s}{\mathrm{d}t} \tag{1-15}$$

即速率可等于质点所走过的路程对时间的变化率。

2. 圆周运动的加速度

中学讨论的是匀速率圆周运动，而一般情况下，质点在平面上作圆周运动时，其速度大小和方向都会变化，我们把质点速度大小和方向都随时间变化的圆周运动叫做**变速圆周运动**。

如图 1-9 所示，某质点作变速圆周运动，在 t 时刻位于 P_1 点，速度为$\boldsymbol{v}$，在 $t+\Delta t$ 时刻位于 P_2 点，速度为$\boldsymbol{v}'$，在 Δt 时间内，速度的增量 $\Delta\boldsymbol{v}=\boldsymbol{v}'-\boldsymbol{v}$。将$\boldsymbol{v}$ 和$\boldsymbol{v}'$平行移动到 A 点，它们的末端分别为 B 和 C，有向线段 $\overrightarrow{BC}$ 就是速度增量 $\Delta\boldsymbol{v}$。我们在 AC 上取一点 D，使 $\overline{AD}=\overline{AB}=v$，从 B 点向 D 点作矢径$(\Delta\boldsymbol{v})_{\mathrm{n}}$，从 D 点向 C 点作矢径$(\Delta\boldsymbol{v})_{\mathrm{t}}$，显然

$$\Delta\boldsymbol{v}=(\Delta\boldsymbol{v})_{\mathrm{n}}+(\Delta\boldsymbol{v})_{\mathrm{t}}$$

由加速度定义，质点在 t 时刻的加速度

$$\boldsymbol{a}=\lim_{\Delta t\to 0}\frac{\Delta\boldsymbol{v}}{\Delta t}=\lim_{\Delta t\to 0}\frac{(\Delta\boldsymbol{v})_{\mathrm{n}}}{\Delta t}+\lim_{\Delta t\to 0}\frac{(\Delta\boldsymbol{v})_{\mathrm{t}}}{\Delta t}=\boldsymbol{a}_{\mathrm{n}}+\boldsymbol{a}_{\mathrm{t}}$$

其中

$$\boldsymbol{a}_{\mathrm{n}}=\lim_{\Delta t\to 0}\frac{(\Delta\boldsymbol{v})_{\mathrm{n}}}{\Delta t},\quad \boldsymbol{a}_{\mathrm{t}}=\lim_{\Delta t\to 0}\frac{(\Delta\boldsymbol{v})_{\mathrm{t}}}{\Delta t}$$

可见，$\boldsymbol{a}$ 可看成两个分加速度的合成。从图 1-9 可见，与$(\Delta\boldsymbol{v})_{\mathrm{n}}$对应的是代表速度方向改变量的角度 $\Delta\theta$，因而 $\boldsymbol{a}_{\mathrm{n}}$ 是反映速度方向变化的；而$(\Delta\boldsymbol{v})_{\mathrm{t}}$ 的大小等于速度大小的增量，即$|(\Delta\boldsymbol{v})_{\mathrm{t}}|=\Delta v$，因而 $\boldsymbol{a}_{\mathrm{t}}$ 就是反映速度大小的变化。变速圆周运动的加速度 $\boldsymbol{a}$ 既要反映速度大小的变化，也要反映速度方向的变化。

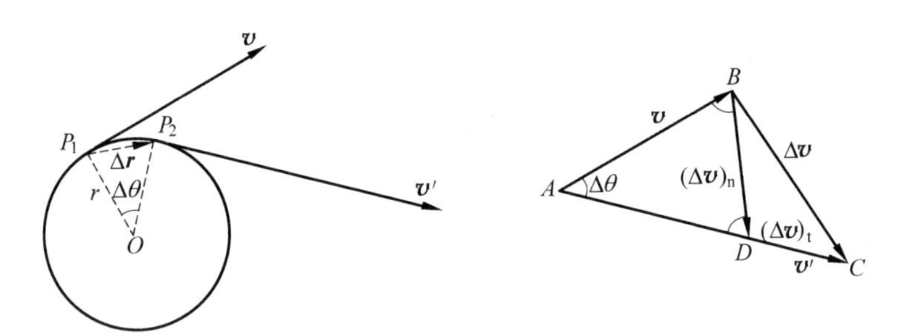

图 1-9　变速圆周运动

下面分别讨论两个加速度分量的方向和大小。

由定义式，$\boldsymbol{a}_{\mathrm{n}}$ 的方向就是 $\Delta t\to 0$ 时$(\Delta\boldsymbol{v})_{\mathrm{n}}$ 的极限方向。从图 1-9 可看出，当 $\Delta t\to 0$ 时，$\Delta\theta\to 0$，$(\Delta\boldsymbol{v})_{\mathrm{n}}$ 与$\boldsymbol{v}$ 的夹角$\to\pi/2$，即 $\boldsymbol{a}_{\mathrm{n}}$ 的方向沿自然坐标系的法向方向指向圆心，故将 $\boldsymbol{a}_{\mathrm{n}}$ 叫做**法向加速度**。

现在来研究 $\boldsymbol{a}_{\mathrm{n}}$ 的大小。从图 1-9 可看出，$\triangle OP_1P_2$ 和$\triangle ABD$ 是相似等腰三角形，它们的对应边成比例，所以

$$\frac{|\Delta\boldsymbol{r}|}{r}=\frac{|(\Delta\boldsymbol{v})_{\mathrm{n}}|}{v}$$

整理得

$$|(\Delta \boldsymbol{v})_{\mathrm{n}}|=\frac{v}{r}|\Delta \boldsymbol{r}|$$

故可得 $\boldsymbol{a}_{\mathrm{n}}$ 的大小为

$$a_{\mathrm{n}}=\lim_{\Delta t\to 0}\frac{|(\Delta \boldsymbol{v})_{\mathrm{n}}|}{\Delta t}=\lim_{\Delta t\to 0}\frac{v}{r}\frac{|\Delta \boldsymbol{r}|}{\Delta t}=\frac{v}{r}\lim_{\Delta t\to 0}\frac{\Delta s}{\Delta t}=\frac{v^2}{r} \tag{1-16}$$

由定义式，$\boldsymbol{a}_{\mathrm{t}}$ 的方向就是 $\Delta t\to 0$ 时 $(\Delta \boldsymbol{v})_{\mathrm{t}}$ 的极限方向。从图 1-9 可看出，当 $\Delta t\to 0$ 时，$(\Delta \boldsymbol{v})_{\mathrm{t}}$ 的方向趋于和速度 $\boldsymbol{v}$ 在同一直线上，即沿自然坐标系的切向方向，故将 $\boldsymbol{a}_{\mathrm{t}}$ 叫做**切向加速度**。切向加速度的大小为

$$a_{\mathrm{t}}=\lim_{\Delta t\to 0}\frac{|(\Delta \boldsymbol{v})_{\mathrm{t}}|}{\Delta t}=\lim_{\Delta t\to 0}\frac{\Delta v}{\Delta t}=\frac{\mathrm{d}v}{\mathrm{d}t} \tag{1-17}$$

至此，我们得到了质点作变速圆周运动时的加速度在自然坐标系下的表达式为

$$\boldsymbol{a}=\boldsymbol{a}_{\mathrm{n}}+\boldsymbol{a}_{\mathrm{t}}=a_{\mathrm{n}}\boldsymbol{e}_{\mathrm{n}}+a_{\mathrm{t}}\boldsymbol{e}_{\mathrm{t}}=\frac{v^2}{r}\boldsymbol{e}_{\mathrm{n}}+\frac{\mathrm{d}v}{\mathrm{d}t}\boldsymbol{e}_{\mathrm{t}} \tag{1-18}$$

加速度的大小和方向分别为

$$a=\sqrt{a_{\mathrm{n}}^2+a_{\mathrm{t}}^2}=\sqrt{\left(\frac{v^2}{r}\right)^2+\left(\frac{\mathrm{d}v}{\mathrm{d}t}\right)^2}$$

$$\tan\beta=\frac{a_{\mathrm{n}}}{a_{\mathrm{t}}} \tag{1-19}$$

式中 β 为 $\boldsymbol{a}$ 与 $\boldsymbol{a}_{\mathrm{t}}$ 的夹角，如图 1-10 所示。

必须指出的是，法向加速度 $\boldsymbol{a}_{\mathrm{n}}$ 总是沿法向坐标轴的正向指向圆心，而切向加速度 $\boldsymbol{a}_{\mathrm{t}}$ 可能沿切向坐标轴的正、负两个方向（当加速时，沿正向；减速时，沿负向）。

还必须强调的是，圆周运动的加速度 $\boldsymbol{a}$ 的大小

$$a=|\boldsymbol{a}|=\left|\frac{\mathrm{d}\boldsymbol{v}}{\mathrm{d}t}\right|\neq\frac{\mathrm{d}v}{\mathrm{d}t}=a_{\mathrm{t}}$$

也就是说，圆周运动的加速度的大小并不等于速率对时间的变化率，这一变化率只是加速度的一个分量，即切向加速度。

式(1-19)也适用于一般曲线运动，只是式中的半径 r 要用曲线在该点的曲率半径 ρ 来替代（图 1-11）。

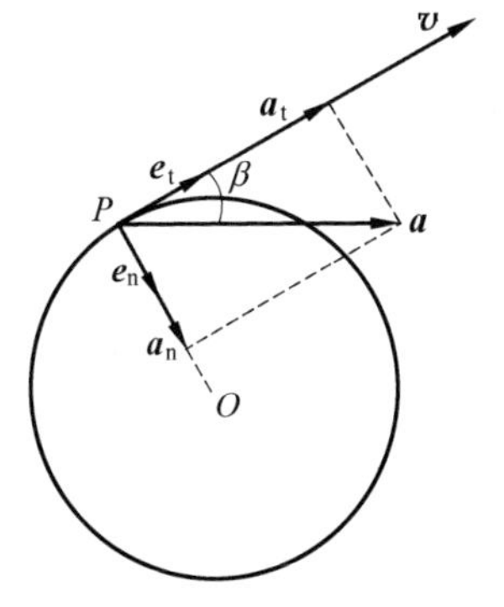

图 1-10　变速圆周运动的加速度

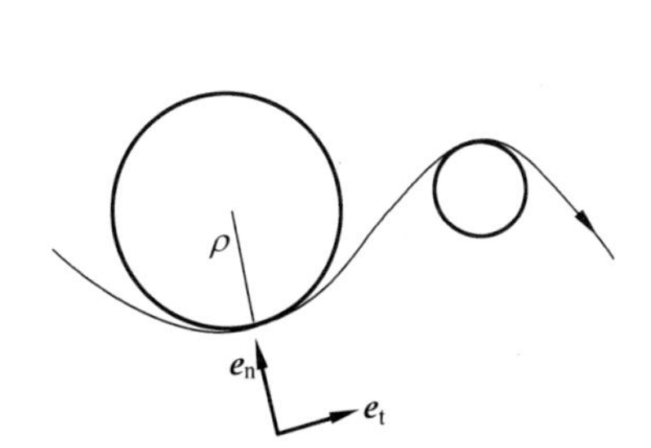

图 1-11　一般曲线运动

中学熟知的匀速率圆周运动，其速度的大小恒定，故 $a_t=\frac{dv}{dt}=0$，速度方向却时刻变化，加速度 $\boldsymbol{a}=\boldsymbol{a}_n=\frac{v^2}{r}\boldsymbol{e}_n$。而变速直线运动过程，质点速度的方向不变，只有大小在变化，直线的曲率半径 ρ 可视为∞，故 $a_n=\frac{v^2}{\rho}=0$，加速度 $\boldsymbol{a}=\boldsymbol{a}_t=\frac{dv}{dt}\boldsymbol{e}_t$。

1.2.2 平面极坐标系中圆周运动的描述

1. 圆周运动的角量描述

基于圆周运动的特点，也可建立如图 1-12 所示的平面极坐标系，用角位置、角速度、角加速度等角量来描述。

圆周运动的质点在 t 时刻的位置 P_1 可以用其位置矢量 $\boldsymbol{r}$ 与 x 轴的夹角 θ 来描述，并将 θ 称为**角位置**。角位置随时间变化的函数也叫做**质点圆周运动的运动函数**，表示为

$$\theta=\theta(t) \tag{1-20}$$

经过 Δt 时间质点从 P_1 点运动到 P_2 点，位置矢量 $\boldsymbol{r}$ 转过的角度 $\Delta\theta$ 称为**角位移**。

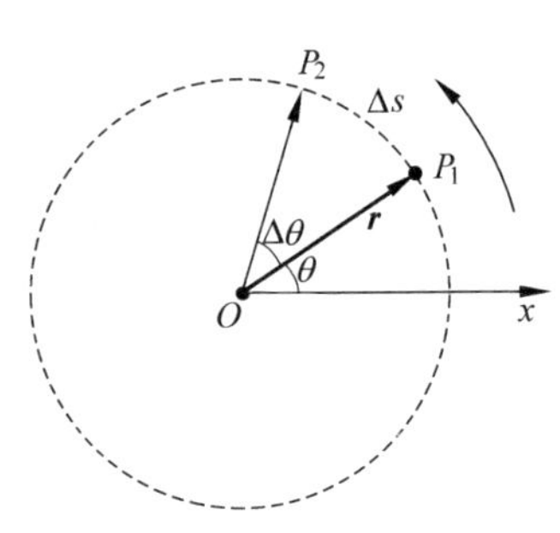

图 1-12 平面极坐标系

应该指出，角位置和角位移都有方向，通常规定逆时针转向的角位置（相对于 x 轴正方向）和角位移为正，反之为负。

SI 制中，角位置和角位移的单位均为 rad（弧度）。

与 1.1 节所述的速度、加速度（通常称为线速度、线加速度）的定义相仿，我们把角位置随时间的变化率叫做**瞬时角速度**，简称**角速度**，用符号 ω 表示；角速度随时间的变化率叫做**瞬时角加速度**，简称**角加速度**，用符号 α 表示。即

$$\omega=\lim_{\Delta t\to 0}\frac{\Delta\theta}{\Delta t}=\frac{d\theta}{dt} \tag{1-21}$$

$$\alpha=\lim_{\Delta t\to 0}\frac{\Delta\omega}{\Delta t}=\frac{d\omega}{dt} \tag{1-22}$$

角速度的方向由质点实际方向按右手法则确定。如图 1-13 所示，右手四指弯曲方向与实际运动方向一致，伸直的大拇指的指向为角速度 $\boldsymbol{\omega}$ 的方向。当 $\boldsymbol{\omega}$ 的数值增大时，角加速度 $\boldsymbol{\alpha}$ 和 $\boldsymbol{\omega}$ 同向；反之，当 $\boldsymbol{\omega}$ 的数值减小时，角加速度 $\boldsymbol{\alpha}$ 和 $\boldsymbol{\omega}$ 反向。对于平面圆周运动而言，质点的转动方向只有逆时针和顺时针两个方向，因此，规定了正方向后，角速度和角加速度的方向也只要用正、负号表示，这与对质点的直线运动的描述非常类似。

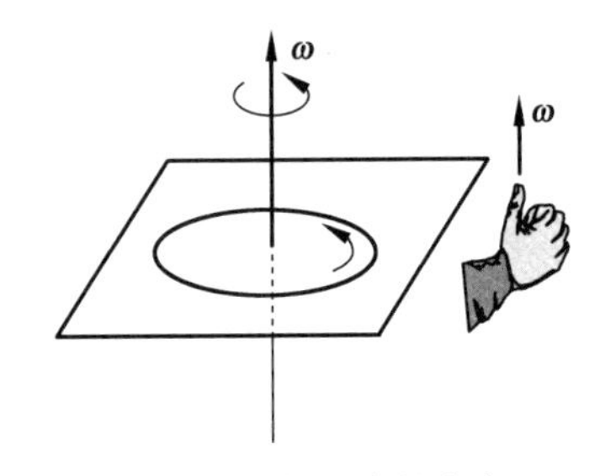

图 1-13 角速度的方向

SI 制中，角速度的单位为 $rad\cdot s^{-1}$（弧度每秒），角加速度的单位为 $rad\cdot s^{-2}$（弧度每二次方秒）。

当质点作匀速圆周运动时，角速度等于恒量，角加

速度为零；当质点作匀变速圆周运动时，角加速度等于恒量。

通过推导或与质点的直线运动公式类比，可得到下面一些圆周运动公式。

匀速直线运动	匀速圆周运动
$\Delta x = vt$	$\Delta\theta = \omega t$
匀变速直线运动	匀变速圆周运动
$v = v_0 + at$	$\omega = \omega_0 + \alpha t$
$\Delta x = v_0 t + \frac{1}{2}at^2$	$\Delta\theta = \omega_0 t + \frac{1}{2}\alpha t^2$
$v^2 = v_0^2 + 2a\Delta x$	$\omega^2 = \omega_0^2 + 2\alpha\Delta\theta$

2. 线量与角量的关系

质点作半径为 r 的圆周运动，某一时刻，其线速度的大小 $v=\frac{ds}{dt}$，角速度大小 $\omega=\frac{d\theta}{dt}$，由 $ds=r d\theta$ 可得，线速度的大小与角速度的大小的关系为

$$v = r\omega \tag{1-23}$$

将上式两边对时间 t 求导得

$$\frac{dv}{dt} = r\frac{d\omega}{dt}$$

其中，$\frac{dv}{dt}=a_t$ 为质点在圆周上某一点的切向加速度的大小，$\frac{d\omega}{dt}=\alpha$ 为质点在该点的角加速度大小，可得切向加速度大小与角加速度大小的关系为

$$a_t = r\alpha \tag{1-24}$$

将 $v=r\omega$ 代入法向加速度公式 $a_n=\frac{v^2}{r}$，立即得到法向加速度大小与角速度大小的关系为

$$a_n = r\omega^2 \tag{1-25}$$

例 1.4　如图 1-14 所示，一辆赛车在半径为 R 的圆形车道上运动，其行驶路程与时间的关系为 $s=at+bt^2$，式中 a 和 b 均为常量。求该赛车在任意时刻的速度、加速度、角速度和角加速度。

解：由速率定义式，可得赛车在任意时刻的速度的大小为

$$v = \frac{ds}{dt} = a + 2bt$$

方向为圆周运动切线方向。

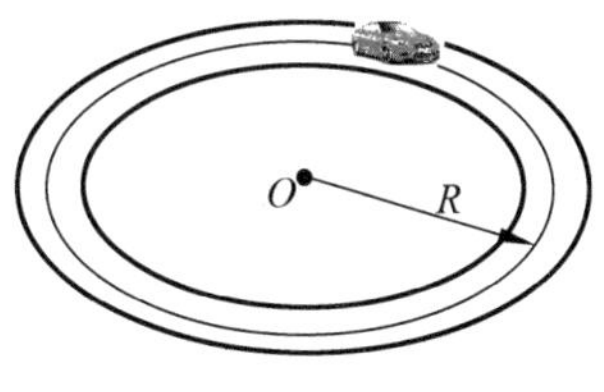

图 1-14　例 1.4 图

赛车的法向加速度大小为

$$a_n = \frac{v^2}{R} = \frac{(a+2bt)^2}{R}$$

赛车的切向加速度大小为

$$a_t = \frac{dv}{dt} = 2b$$

赛车的加速度大小为

$$a=\sqrt{a_n^2+a_t^2}=\sqrt{\frac{(a+2bt)^4}{R^2}+4b^2}$$

赛车的加速度与其速度之间的夹角为

$$\theta=\arctan\frac{a_n}{a_t}=\arctan\frac{(a+2bt)^2}{2bR}$$

赛车的角速度大小为

$$\omega=\frac{v}{R}=\frac{a+2bt}{R}$$

赛车的角加速度大小为

$$\alpha=\frac{a_t}{R}=\frac{2b}{R}$$

例 1.5 一半径为 R 的齿轮作匀加速转动，测得边缘上一点 P 在初始时刻的速率为 v_0，经时间 t 后，其速率为 v，求：(1) t 时刻，点 P 的角速度、角加速度；(2)在时间 t 内，点 P 所转过的角度。

解：依题意，点 P 作半径为 R 的匀加速圆周运动，可用匀变速圆周运动的公式进行计算。

(1) 由圆周运动线量和角量的关系，可得 t 时刻点 P 的角速度

$$\omega=\frac{v}{R}$$

初始时刻点 P 的角速度

$$\omega_0=\frac{v_0}{R}$$

由匀变速圆周运动的公式，可得 t 时刻点 P 的角加速度

$$\alpha=\frac{\omega-\omega_0}{t}=\frac{v-v_0}{Rt}$$

(2) 由匀变速圆周运动的公式，在时间 t 内，点 P 所转过的角度为

$$\Delta\theta=\omega_0 t+\frac{1}{2}\alpha t^2=\frac{v+v_0}{2R}t$$

1.3 相对运动

同一物体的运动，由于我们选取的参考系不同，对其运动的描述就不同。如在一辆沿平直马路匀速直线前行的车上，有一小球被竖直向上抛出，站在马路上的观察者所看到的小球抛出之后的运动情况，与车上的观察者所看到的就不同。那么，到底两个观察结果有何不同？二者又是什么关系？

为了讨论这些问题，我们建立如图 1-15 所示的两个坐标系，xOy 表示固定在路面(静止参考系 S)上的坐标系，其 x 轴与平直马路平行；$x'Oy'$ 表示固定在匀速直线运动的车(运动参考系 S')上的坐标系。设 $t=0$ 时刻两个坐标系重叠，小球 P 开始上抛。经 Δt 时间，车在路面上前进了 $\Delta \boldsymbol{r}_{S'S}$ 的位移。在同一时间内，车上的观察者观测到，小球 P 在车内由 A' 点

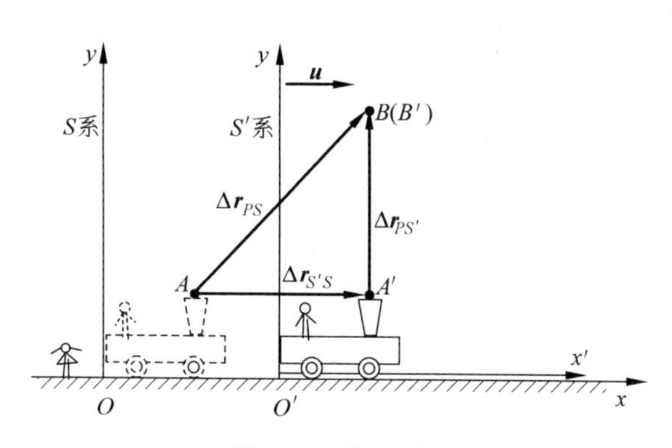

图 1-15　相对运动

移动到 B'点,其位移为 $\Delta\boldsymbol{r}_{PS'}$；而站在马路上的观察者则观测到,小球 P 从 A 点移动到 B 点(即 B'点),相应的位移为 $\Delta\boldsymbol{r}_{PS}$(在这三个位移符号中,下标的前一字母表示运动的物体,后一字母表示参考系)。显然,对于两个不同的参考系来说,同一时间内同一小球运动的位移是不相同的,车中的观察者看到的是竖直上抛运动,而站在马路上的观察者看到的则是斜上抛运动。由以上分析可知,三个位移的关系为

$$\Delta\boldsymbol{r}_{PS}=\Delta\boldsymbol{r}_{PS'}+\Delta\boldsymbol{r}_{S'S} \tag{1-26}$$

将上式两边除 Δt,并令 $\Delta t\to 0$,可得相应的速度关系式

$$\boldsymbol{v}_{PS}=\boldsymbol{v}_{PS'}+\boldsymbol{v}_{S'S} \tag{1-27}$$

上式也可以一般地表示为

$$\boldsymbol{v}=\boldsymbol{v}'+\boldsymbol{u} \tag{1-28}$$

式中,$\boldsymbol{v}$ 表示质点相对于静止参考系 S 的运动速度,叫做**绝对速度**；$\boldsymbol{v}'$表示质点相对于运动参考系 S'的运动速度,叫做**相对速度**；$\boldsymbol{u}$ 表示参考系 S'相对于参考系 S 的运动速度,叫做**牵连速度**。同一质点相对于两个相对作平动的参考系的速度之间的这种变换关系叫做**伽利略速度变换**。

将式(1-28)两边对时间 t 求一阶导数得

$$\frac{\mathrm{d}\boldsymbol{v}}{\mathrm{d}t}=\frac{\mathrm{d}\boldsymbol{v}'}{\mathrm{d}t}+\frac{\mathrm{d}\boldsymbol{u}}{\mathrm{d}t}$$

式中,$\frac{\mathrm{d}\boldsymbol{v}}{\mathrm{d}t}$是质点相对于参考系 S 的加速度,用 $\boldsymbol{a}$ 表示；$\frac{\mathrm{d}\boldsymbol{v}'}{\mathrm{d}t}$是质点相对于参考系 S'的加速度,用 $\boldsymbol{a}'$表示；由于参考系 S'相对于参考系 S 作匀速直线运动,即 $\boldsymbol{u}$ 为常矢量,$\frac{\mathrm{d}\boldsymbol{u}}{\mathrm{d}t}=0$,故上式可写为

$$\boldsymbol{a}=\boldsymbol{a}' \tag{1-29}$$

这就是说,在相对作匀速直线运动的参考系中观测同一质点的运动时,所测得的加速度相同。

在上面的推导讨论中,我们认为(牛顿力学也这样认为)在任何相互作平动的参考系中测得的时间和距离都相同,即认为小球由 A'点到 B'点的同一段距离 $\Delta\boldsymbol{r}_{PS'}$和同一段时间 Δt 在船内和在岸上的测量结果都是一样的。这一结论称为长度和时间测量的绝对性,构成了牛顿的绝对时空观。这种绝对时空观在很长一段时间里被人们视为客观真理,但实际上,

这只在两参考系的相对速度 $\boldsymbol{u}$ 是低速（$\boldsymbol{u}$ 远小于光速）情况下才成立。直到1905年，爱因斯坦建立了狭义相对论以后，人们才逐渐认识到时空的相对性，这种相对性在物体作高速（$\boldsymbol{u}$ 接近光速）运动时表现得较为明显。时空的相对性问题我们将在有关相对论内容的章节中讨论。

例 1.6 如图 1-16 所示，在以 $3\mathrm{m}\cdot\mathrm{s}^{-1}$ 的速度向东航行的 A 船上看，B 船以 $4\mathrm{m}\cdot\mathrm{s}^{-1}$ 的速度从北面驶向 A 船。在湖岸上看，B 船的速度如何？

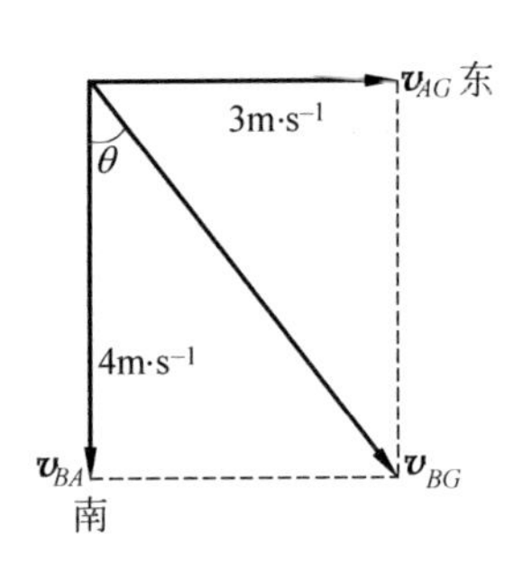

图 1-16 例 1.6 图

解：按伽利略速度变换，B 船相对湖岸的速度为

$$\boldsymbol{v}_{BG}=\boldsymbol{v}_{BA}+\boldsymbol{v}_{AG}$$

其大小为

$$v_{BG}=\sqrt{v_{BA}^{2}+v_{AG}^{2}}=\sqrt{4^{2}+3^{2}}\ \mathrm{m}\cdot\mathrm{s}^{-1}=5\mathrm{m}\cdot\mathrm{s}^{-1}$$

与正南方向的夹角为

$$\theta=\arctan\left(\frac{v_{AG}}{v_{BA}}\right)=\arctan\left(\frac{3}{4}\right)=36°52'$$

即在湖岸上看，B 船沿向南偏东 $36°52'$ 的方向以速度 $5\mathrm{m}\cdot\mathrm{s}^{-1}$ 航行。

习题

一、选择题

1.1 以下五种运动中，$\boldsymbol{a}$ 保持不变的运动是： [ ]

(A) 单摆的运动　(B) 匀速率圆周运动　(C) 行星的椭圆轨道运动

(D) 抛体运动　(E) 圆锥摆运动

1.2 一质点在平面上运动，已知质点位置矢量的表达式为 $\boldsymbol{r}=at^{2}\boldsymbol{i}+bt^{2}\boldsymbol{j}$（其中 a，b 为常量），则该质点作： [ ]

(A) 匀速直线运动　(B) 变速直线运动

(C) 抛物线运动　(D) 一般曲线运动

1.3 质点作曲线运动，$\boldsymbol{r}$ 表示位置矢量，s 表示路程，t 表示切向。下列表述中，正确的表达式为： [ ]

(A) $\frac{\mathrm{d}v}{\mathrm{d}t}=a$　(B) $\frac{\mathrm{d}r}{\mathrm{d}t}=v$　(C) $\frac{\mathrm{d}s}{\mathrm{d}t}=v$　(D) $\left|\frac{\mathrm{d}\boldsymbol{v}}{\mathrm{d}t}\right|=a_{\mathrm{t}}$

1.4 质点作半径为 R 的变速圆周运动时的加速度大小为：（v 表示任一时刻质点的速率） [ ]

(A) $\frac{\mathrm{d}v}{\mathrm{d}t}$　(B) $\frac{v^{2}}{R}$　(C) $\frac{\mathrm{d}v}{\mathrm{d}t}+\frac{v^{2}}{R}$　(D) $\left[\left(\frac{\mathrm{d}v}{\mathrm{d}t}\right)^{2}+\left(\frac{v^{2}}{R}\right)^{2}\right]^{\frac{1}{2}}$

二、填空题

1.5 一质点的运动方程为 $\boldsymbol{r}=(3t+5)\boldsymbol{i}+\left(\frac{1}{2}t^{2}+3t-4\right)\boldsymbol{j}$，则质点的轨迹方程________；速率 $v=$________；$\frac{\mathrm{d}v}{\mathrm{d}t}=$________；加速度 $\boldsymbol{a}=$________。

1.6　一质点沿 x 轴运动，其加速度 a 与位置坐标的关系为 $a=3+6x^2$(SI)，如果质点在原点处的速度为零，试求其在任意位置处的速度 $v=$________。

1.7　如图 1-17 所示，初速度 $v_0=20\text{m}\cdot\text{s}^{-1}$ 抛出一小球，抛出方向与水平面成 60°的夹角，则球在轨道最高点处加速度 $a=$________；最高点处轨道的曲率半径 $\rho_1=$________。(重力加速度 g 按 $10\text{m}\cdot\text{s}^{-2}$ 计。)

1.8　某汽车发动机以 500r/min 的初角速度开始匀加速转动，在 5s 内角速度增大到 3000r/min，则其角加速度是________ $\text{rad}\cdot\text{s}^{-1}$；在 5s 加速的时间内，发动机转了________圈。

1.9　如图 1-18 所示，在以 $3\text{m}\cdot\text{s}^{-1}$ 的速度向东航行的 A 上看，B 船以 $4\text{m}\cdot\text{s}^{-1}$ 的速度从北面驶向 A 船。在湖岸上看，B 船的速度大小 $v_B=$________，$\theta=$________。

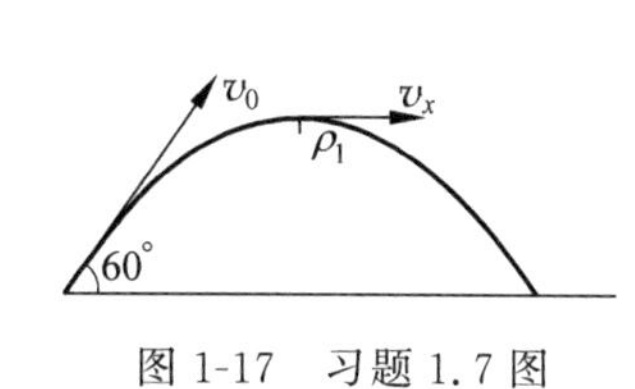

图 1-17　习题 1.7 图

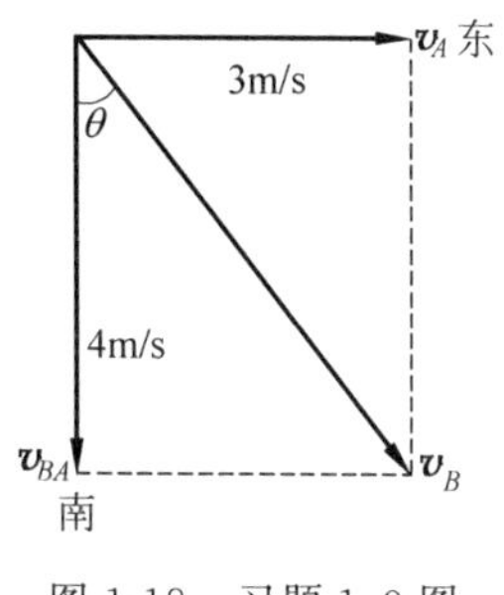

图 1-18　习题 1.9 图

三、计算题

1.10　质点在水平方向作直线运动，其坐标与时间的变化关系为 $x=4t-2t^3$(SI)。试求：(1)开始的 2s 内的平均速度，2s 末的瞬时速度；(2)1s 末到 3s 末的位移和平均速度；(3)1s 末到 3s 末的平均加速度；(4)3s 末的瞬时加速度。

1.11　已知作直线运动的质点的加速度为 $a=(4+3t)\text{m}\cdot\text{s}^{-2}$。$t=0$ 时，$x_0=5\text{m}$，$v_0=0$。求质点在 $t=10\text{s}$ 时的速度和位置。

1.12　一质点具有恒定加速度 $\boldsymbol{a}=(6\boldsymbol{i}+4\boldsymbol{j})\text{m}\cdot\text{s}^{-2}$。在初始时刻其速度为零，位置矢量 $\boldsymbol{r}_0=10\boldsymbol{i}\text{m}$。求：(1)在任意时刻的速度和位置矢量；(2)质点在 xOy 平面上的轨迹方程，并画出轨迹示意图。

1.13　按玻尔模型，氢原子处于基态时它的电子围绕原子核作圆周运动。电子的速度为 $2.2\times10^6\text{m}\cdot\text{s}^{-1}$，离核的距离为 $0.53\times10^{-10}\text{m}$。求电子绕核运动的频率和向心加速度。

1.14　质点沿半径为 1m 的圆周运动，运动方程为 $\theta=2+3t^3$(SI)。求：(1)$t=2\text{s}$ 时，质点的切向加速度和法向加速度的大小；(2)当加速度的方向与半径成 45°角时，质点的角位移。

1.15　质点沿半径为 R 的圆周按 $s=v_0t-\dfrac{1}{2}bt^2$ 的规律运动，式中 s 为质点离圆周上某点的弧长，v_0，b 都是常量，求：(1)t 时刻质点的加速度的大小和方向；(2)t 为何值时，加速度在数值上等于 b？

1.16　汽车以 $5\text{m}\cdot\text{s}^{-1}$ 的速度由东向西行驶，司机看见雨滴垂直下落。当汽车速度增至 $10\text{m}\cdot\text{s}^{-1}$ 时，看见雨滴与他前进方向成 120°下落，求雨滴对地的速度。

第2章

质点动力学

第1章我们讨论了质点运动如何描述，本章将研究质点运动的动力学问题，讨论物体运动状态发生变化的原因。研究质点动力学问题的基础是牛顿三大运动定律。在物体运动速度远小于光速的前提下，本章将首先介绍牛顿三定律及与之相联系的概念，如力、质量、惯性等；在此基础上，研究力作用的时间和空间累积效应，建立动量、角动量和能量等比力的概念更具有普遍意义的概念，讨论比牛顿运动定律具有更加广泛、深刻内涵的动量、角动量和能量守恒定律。

艾萨克·牛顿（Issac Newton，1643—1727），杰出的英国物理学家，经典力学的奠基人。1687年，牛顿出版《自然哲学的数学原理》，提出了力学运动的三条定律。牛顿在数学、光学、热学和天文学等学科也有重大发现。他发明了微积分，发现了万有引力定律，提出了光的微粒说，说明了色散的起因，发现了色差及牛顿环。牛顿的影响所及远远超出了物理学和天文学，不仅化学和生物学这样的科学领域，而且历史、艺术、经济学、政治学、神学和哲学，也都按照牛顿物理学的普遍模式形成了自己的体系。

2.1 牛顿运动定律及其应用

自然界和自然界的规律隐藏在黑暗中，
上帝说："让牛顿去吧！"
于是一切成为光明。

——英国著名诗人亚历山大·波普

2.1.1 牛顿运动定律

1. 牛顿第一定律

直觉和经验告诉人们，要使物体保持运动，必须不断用力推动或拉动物体，否则，物体的运动就会减速直至静止。因此，亚里士多德学派认为静止是水平地面上物体的“自然状态”。直到三百多年前，意大利物理学家伽利略领悟到，是无处不在的摩擦阻力将人们引入歧途。伽利略认为，在水平面上滚动的球会越滚越慢，最后停下来，这并非是小球的“自然状态”，而是由于摩擦阻力作用的结果。伽利略观察到，水平面越光滑，球便会滚得越远。于是他利用抽象思维推论，若没有摩擦力，小球将以恒定的速度永远滚下去。牛顿对伽利略的研究成果进行概括和总结，得出牛顿第一定律。

牛顿第一定律的表述：任何物体都保持静止或匀速直线运动状态，直到外力迫使它改变运动状态为止。数学形式为

$$\boldsymbol{F}=0\text{ 时}，\quad \boldsymbol{v}=\text{恒矢量} \tag{2-1}$$

牛顿第一定律定义了**惯性**。任何物体都具有的保持静止或匀速直线运动状态的性质称为惯性，惯性是物体固有的属性，牛顿第一定律又称为惯性定律。

牛顿第一定律定义了**力**。由于物体有惯性，要使物体的运动状态发生变化，一定要有其他物体对它作用，这种物体间的相互作用称为力。可见力是物体运动状态发生变化的原因。力的概念是牛顿定律的核心，正如牛顿本人在《自然哲学的数学原理》前言中所说的："哲学的全部责任似乎在于——从运动的现象去研究自然界中的力，然后从这些力去说明其他现象。"

牛顿第一定律定义了**惯性参考系**，简称惯性系。在某参考系中，任何物体在不受其他物体作用时都能保持静止或匀速直线运动状态不变，也就是说惯性定律在该参考系中成立，这个参考系就称为惯性系。如，在一个匀速直线前进的火车中，水平光滑桌面上放置一小球(图 2-1)，小球所受合外力为零，地面上的观测者看到小球保持匀速直线运动，火车中的观测者看到小球保持静止状态。在地面和相对地面匀速直线运动的火车这两个参考系里，惯性定律都成立，两个参考系都是惯性系。当火车突然加速向前运动时，火车中的观测者看到静止的小球突然运动起来，小球所受外力仍为零，却发生了运动状态的改变，由此说明惯性定律在加速运动的火车中不再成立，此时火车就不是惯性系，称为非惯性参考系。在研究地球表面附近物体的运动时，我们通常把地球视为惯性系，其他相对地球静止或匀速直线运动的参照系也视为惯性系。

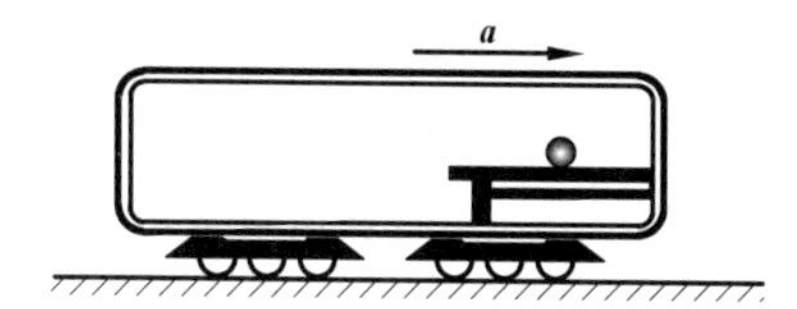

图 2-1 惯性参考系

自然界中不受外力作用的物体是不存在的，惯性定律不能直接用实验严格验证，它是伽利略用抽象思维的理想实验推理导出的。爱因斯坦说："伽利略的发现以及他所用的科学推理方法是人类思想史上最伟大的成就之一，而且标志着物理学的真正开端。"我们坚信这个定律的正确性，是因为从它导出的结果都与实验事实相符合。

2. 牛顿第二定律

牛顿第一定律只是定性指出了力是物体运动状态发生改变的原因，牛顿第二定律则给出了力与运动状态改变之间的定量关系。

我们一直认为，速度是描述物体运动状态的物理量，但日常经验告诉我们，物体的运动状态不仅取决于速度，还与物体的质量有关。同样的两辆汽车以相同的速度行驶，一辆正常、一辆超载，当遇到紧急情况以同样的制动力刹车时，超载汽车很难在正常的刹车距离内停下来。因此，在考察物体的运动状态时必须同时考虑速度和质量这两个因素，为此引入了动量这个概念。质点的质量 m 和它的速度$\boldsymbol{v}$ 的乘积称为质点的**动量**。用 $\boldsymbol{p}$ 表示。即

$$\boldsymbol{p}=m\boldsymbol{v} \tag{2-2}$$

动量是矢量，方向与速度$\boldsymbol{v}$ 方向相同。与速度相比，动量的含义更广泛，意义更重要，其应用范围远远超出牛顿力学，例如电磁波(光子)都具有动量。

牛顿第二定律指出：物体动量随时间的变化率 $\mathrm{d}\boldsymbol{p}/\mathrm{d}t$ 等于作用于物体的合外力 $\boldsymbol{F}$，即

$$\boldsymbol{F}=\frac{\mathrm{d}\boldsymbol{p}}{\mathrm{d}t}=\frac{\mathrm{d}(m\boldsymbol{v})}{\mathrm{d}t} \tag{2-3}$$

在牛顿力学中，讨论的是低速运动（物体运动速度远小于光速），物体的质量与其运动速率无关，运动过程中质量不变，上式可写成

$$\boldsymbol{F}=m\frac{\mathrm{d}\boldsymbol{v}}{\mathrm{d}t}=m\boldsymbol{a} \tag{2-4}$$

必须指出的是，式(2-3)较式(2-4)更具有广泛意义。当物体速度接近光速时，其质量与速度有关（见模块五“狭义相对论”部分），式(2-4)不再适用，但式(2-3)被实验证明仍然成立。

牛顿第二定律是质点动力学的基本方程，牛顿第二定律除了定量给出力与运动状态变化之间的关系外，还具有两个基本意义：

(1) 阐明了质量是物体惯性大小的量度。由式(2-4)可知，在相同外力作用下，质量与加速度大小成反比。质量较大的物体，加速度较小，表明速度不容易改变，即其惯性较大；反之，质量较小的物体，加速度较大，表明速度容易改变，即其惯性较小。

(2) 概括了**力的独立性（或叠加性）原理**。实验表明，物体同时受几个力 $\boldsymbol{F}_1,\boldsymbol{F}_2,\cdots$ 的作用时所产生的加速度等于这几个力的合力 $\boldsymbol{F}$ 作用在物体上产生的加速度 $\boldsymbol{a}$，也等于每个力单独作用时所产生的加速度 $\boldsymbol{a}_1,\boldsymbol{a}_2,\cdots$ 的矢量和。这就是力的独立性（或叠加性）原理。其数学表述为

$$\boldsymbol{F}=\sum_i\boldsymbol{F}_i=\boldsymbol{F}_1+\boldsymbol{F}_2+\cdots=m\boldsymbol{a}_1+m\boldsymbol{a}_2+\cdots=m\sum_i\boldsymbol{a}_i=m\boldsymbol{a} \tag{2-5}$$

应用牛顿第二定律时应注意：

(1) 该定律只适用于质点；

(2) 合外力与加速度存在瞬时关系。在 $\boldsymbol{F}=m\boldsymbol{a}$ 中，$\boldsymbol{a}$ 表示质点某一时刻的瞬时加速度，那么 $\boldsymbol{F}$ 就是该时刻作用于质点的合外力。合外力改变，加速度就随之改变。

式(2-4)是牛顿第二定律的矢量式，实际应用时，常用其分量式。在平面直角坐标系中的分量式为

$$\begin{cases}F_x=ma_x=m\dfrac{\mathrm{d}v_x}{\mathrm{d}t}\\[2ex]F_y=ma_y=m\dfrac{\mathrm{d}v_y}{\mathrm{d}t}\end{cases} \tag{2-6}$$

在自然坐标系中的分量式为

$$\begin{cases}F_{\mathrm{t}}=ma_{\mathrm{t}}=m\dfrac{\mathrm{d}v}{\mathrm{d}t}=mr\alpha\\[2ex]F_{\mathrm{n}}=ma_{\mathrm{n}}=m\dfrac{v^2}{r}=m\omega^2r\end{cases} \tag{2-7}$$

3. 牛顿第三定律

牛顿在分析研究天体之间相互作用时提出了第三定律。

牛顿第三定律指出：两个物体之间的作用力 $\boldsymbol{F}$ 和反作用力 $\boldsymbol{F}'$，大小相等，方向相反，作用在同一条直线上，即

$$\boldsymbol{F} = -\boldsymbol{F}' \tag{2-8}$$

牛顿第三定律阐明了力具有物体间相互作用的性质，在应用牛顿第三定律时应该注意以下几点：

(1) 力总是成对地出现，作用力与反作用力总是同时存在、同时消失的；

(2) 作用力与反作用力分别作用在两个不同的物体上，其效果不能互相抵消；

(3) 作用力与反作用力属于同一性质的力。

应该指出的是牛顿运动定律只适用于惯性参考系。

牛顿三大运动定律是经典力学的基础。牛顿运动定律不但适用于质点，还具有其广泛的适用性，因为复杂的物体可看作质点的组合，从牛顿定律出发可以导出刚体、流体、弹性体等的运动规律，从而建立起整个经典力学体系。

2.1.2　常见的几种力

要应用牛顿定律解决问题，首先必须能正确分析物体的受力情况。在物质世界中，力的形式是多种多样的。按力作用的性质，分为四类：①万有引力；②电磁力，是带电粒子或带电物体间的相互作用，如摩擦力、弹性力、张力、支持力、浮力、黏滞力等都是物体分子间(或原子间)电磁相互作用的宏观表现；③强相互作用力，将原子核内质子和中子“胶合”在一起的力，以及强子内部更深层次的力；④弱相互作用力，基本粒子之间存在的一种作用力，与某些放射性衰变有关。在这四种基本作用力中，强相互作用力最强，万有引力最弱。如果将强相互作用力的强度规定为1，那么电磁力就是1/137，弱相互作用力就是10^{-13}，万有引力就是10^{-39}。万有引力和电磁力是长程力，其作用范围理论上可抵达无穷远，而强相互作用力和弱相互作用力都是短程力，它们的作用距离分别只有10^{-17} m 和10^{-19} m。这里我们只介绍在宏观领域常见的几种力，如万有引力、重力、弹性力和摩擦力等。

1. 万有引力　重力

(1) 万有引力

17世纪，德国天文学家开普勒(Johannes Kepler，1571—1630)分析了丹麦天文学家第谷(Tycho Brahe，1546—1601)观测行星运动所得的大量数据，归纳总结出简洁的开普勒行星运动三定律。在他的第三定律中蕴含着重大的“天机”，即引力的平方反比律，只是他自己并未知晓，直到牛顿破译了个中的奥秘。传说掉在牛顿头上的苹果使得他进一步思考：天空中的月亮为何不会掉下来？牛顿把地面附近物体的下落与月亮的运动进行了认真的比较。在地面上沿水平方向抛出一个物体时，物体总是会落在地面，抛出的距离与物体的初速度成正比。可以设想，由于地球是球形的，如果初速度足够大，则物体将围绕地球转动而永不落地，如图2-2所示。牛顿认为，落体的运动是地球对物体的引力作用的结果，而地球对月亮也有引力。月亮之所以不会掉下来，是因为月亮具有相当大的抛射初速度。牛顿进而对行星的运动进行了认真的分析和研究，指出不仅天体之间，而且任何物体之间都存在相互的吸引力，这种吸引力被称为**万有引力**，并提出了**万有引力定律**：任何两个质点之间都存在引力，引力的方向沿着两个质点的连线方向，引力的大小与两个质点的质量m_1，m_2的乘积成正比，与它们之间距离r的平方成反比。即

$$F=G_0\frac{m_1m_2}{r^2} \tag{2-9}$$

式中,G_0 称为**引力常量**,引力常量最早是由英国物理学家卡文迪许(H. Cavendish,1731—1810)于1798年测出的。在国际单位制中,$G_0=6.67\times10^{-11}\mathrm{N\cdot m^2/kg^2}$。

用矢量形式表示,万有引力定律可写成

$$\boldsymbol{F}=-G_0\frac{m_1m_2}{r^2}\boldsymbol{e}_r \tag{2-10}$$

如以由 m_1 指向 m_2 的有向线段为 r 的位矢 $\boldsymbol{r}$,式(2-10)中的 $\boldsymbol{e}_r$ 则为位矢 $\boldsymbol{r}$ 方向的单位矢量,负号则表示 m_1 作用于 m_2 的万有引力 $\boldsymbol{F}$ 的方向始终与 $\boldsymbol{e}_r$ 的方向相反,如图2-3所示。

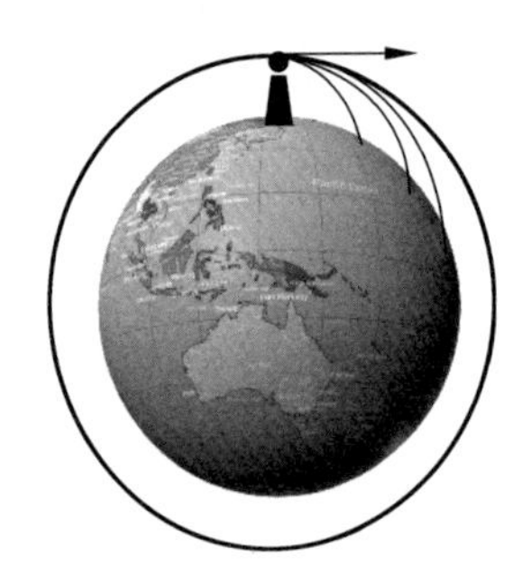

图2-2 地面上水平抛出物体的初速度足够大时,物体将绕着地球转动,永不落地

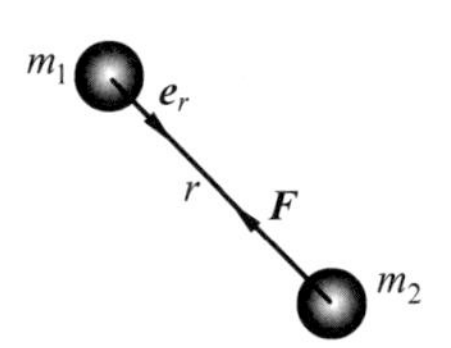

图2-3 万有引力

万有引力定律只适用于质点和可视为质点的物体。计算不可以视为质点的物体之间的引力时,必须将物体分割成许多小块,把每一小块看成质点,然后用万有引力定律计算这些质点间的相互作用。这种解决问题的方法在物理学中经常用到。在数学上就是微积分的计算问题。牛顿正是为解决此类变量的数学计算问题发明了微积分。

近代物理学认为,任何物体都在它的周围空间形成引力场,物体之间的引力是通过引力场来传递的。

(2) 重力

通常把地球对地面附近的物体的万有引力称为**重力**,用 $\boldsymbol{G}$ 表示。在运用万有引力定律计算地球对地面附近的物体的万有引力时,可将地球近似看作质量均匀分布的球体,其质量集中于球心(即把地球当作质点处理),而将地面附近的物体看作质点,两者之间的距离近似为地球的半径 R。则重力的方向指向地心,大小为

$$G=G_0\frac{mM_e}{R_e^2}$$

其中,M_e,R_e 分别为地球的质量和半径。

设质量为 m 的物体在重力的作用下获得加速度 $\boldsymbol{g}$(称为**重力加速度**),由牛顿第二定律得

$$\boldsymbol{G}=m\boldsymbol{g} \tag{2-11}$$

比较以上两式可以得到

$$g = G_0 \frac{M_e}{R_e^2} \tag{2-12}$$

将 $M_e = 5.98\times10^{24}$ kg，$R_e = 6.37\times10^6$ m 代入上式，有 $g = 9.82\text{m}\cdot\text{s}^{-2}$。一般计算时，取 $g = 9.80\text{m}\cdot\text{s}^{-2}$。

2. 弹性力

物体受力后会发生形变，外力撤除以后能完全恢复原状的形变叫做**弹性形变**。相互接触的两个物体发生弹性形变时，每一个物体都企图恢复原来的形状，这时彼此之间的作用力叫做**弹性力**。常见的弹性力有：被拉伸或压缩的弹簧产生的弹性力；被拉紧的绳子各段之间产生的张力；放在支承面上的重物对支承面的压力和支承面对重物的支持力等。

(1) 弹簧的弹性力

被拉伸或压缩的弹簧会产生弹力，弹簧的弹力遵循胡克定律：在弹性形变范围内，弹簧产生的弹力为

$$F = -kx \tag{2-13}$$

式中 k 为弹簧的劲度系数，x 为弹簧的形变量。由上式可知，弹簧产生的弹力总是和弹簧的形变方向相反，指向要恢复原长的方向。

(2) 压力和支持力

压力和支持力是两个物体之间由于相互挤压发生形变而产生的。它们的大小取决于挤压的程度，方向总是垂直于物体间接触点的公切面，沿法向方向。

(3) 绳子的张力

被拉紧的绳子，由于拉伸形变而产生的弹性力叫拉力，其大小取决于绳子的收紧程度，方向总是沿着绳子并指向绳子要收紧的方向。绳子内部各段之间也会产生相互的弹性力作用，叫做张力。当绳子质量忽略不计时，绳中张力处处相等，等于绳子的拉力。

3. 摩擦力

当相互接触的物体作相对运动或有相对运动的趋势时，它们中间所产生的阻碍相对运动或相对运动的趋势的力称为**摩擦力**。摩擦分为湿摩擦和干摩擦。液体内部或液体和固体表面的摩擦叫做湿摩擦；固体表面之间的摩擦叫做干摩擦，干摩擦又分为滑动摩擦、静摩擦、滚动摩擦等。下面仅介绍滑动摩擦力和流体曳力。

(1) 滑动摩擦力

当相互接触的物体间有相对滑动时，产生滑动**摩擦力**。滑动摩擦力的方向沿着接触面的切线方向，并与物体相对滑动的方向相反。实验表明，当相对滑动的速度不是太大或太小时，滑动摩擦力 $\boldsymbol{F}_f$ 的大小与滑动的速度无关，而与正压力 $\boldsymbol{F}_N$ 的大小成正比，即

$$F_f = \mu F_N \tag{2-14}$$

μ 称为**滑动摩擦系数**，它与接触面的材料和表面的状态(如粗糙程度)有关。

(2) 流体曳力

当物体与流体(液体、气体等)间有相对滑动时，物体会受到流体一个切向的摩擦阻力，称为**流体曳力**(或黏滞阻力)。流体曳力的方向与物体相对于流体的速度方向相反，大小与相对速度的大小有关。

在相对速率较小，流体可以在物体周围平顺流过时，流体曳力 f 的大小与相对速率 v

成正比，比例系数决定于固体的大小、形状以及流体的性质（如黏性、密度等）。1851年，英国数学和物理学家斯托克斯(G. G. Stokes)导出球形物体在流体中所受的流体曳力

$$f=6\pi\eta rv \tag{2-15}$$

式中 η 为流体的黏性系数，r 和 v 分别是球的半径和速率。这便是著名的斯托克斯公式。

当相对速率较大，以至在物体的后方出现流体漩涡时，流体曳力 f 的大小将与相对速率 v 的平方成正比。可表示为

$$f=\frac{1}{2}C\rho Av^2 \tag{2-16}$$

式中 C 叫做曳引系数，ρ 为流体的密度，A 是物体的有效横截面积。

由于流体曳力和速率有关，物体在流体中下落时的加速度将随速率的增大而减小，以至当速率足够大时，曳力会和重力平衡而物体将以匀速下落，此时物体在流体中下落的速率达到最大值（终极速率）。对于空气中下落的质量为 m 的物体，利用式(2-16)可求得终极速率为 $v=\sqrt{\frac{2mg}{C\rho A}}$。取空气的密度 $\rho=1.2\text{kg/m}^3$，曳引系数 $C=0.6$，按此公式计算，半径为1.5mm的雨滴在空气中下落的终极速率为7.4m/s，大约在下降10m时就会达到此速率。跳伞运动时，由于伞衣的面积 A 较大（一般伞衣面积为45～51m^2），其终极速率也较小，通常为5.1～5.3m/s，在伞张开后下降几米就会达到终极速率（图2-4）。

图 2-4　高空跳伞

2.1.3　牛顿定律的应用举例

动力学一般求解两类问题，一类是已知力求运动；另一类是已知运动求力。

在应用牛顿定律解题时，一般采取如下基本思路：

(1) 明确研究对象，对其进行受力分析，隔离物体画出受力图；

(2) 建立坐标系，对力和加速度等沿坐标方向进行分解；

(3) 列出运动方程分量式，再利用其他约束条件列出补充方程；

(4) 求解方程。先用文字符号求解出要求的物理量，最后代入数据计算出最终结果。

例 2.1　如图2-5所示，质量为 $M=5.00\times10^3\text{kg}$ 的直升机吊起 $m=1.50\times10^3\text{kg}$ 的重物，试求下列两种情况下，空气作用在螺旋桨上的升力以及吊绳中的张力：(1)直升机以 $0.2\text{m}\cdot\text{s}^{-2}$ 的加速度上升；(2)直升机以 $2.0\text{m}\cdot\text{s}^{-2}$ 的加速度上升。从本题的结果，你能体会到起吊重物时必须缓慢加速的道理吗？

解：本题属于联结体运动。依题意，将直升机和重物看成系统。分别对直升机系统（含重物）和重物作为隔离体进行受力分析，画力图，并取竖直向上为 Oy 轴正方向，如图2-5所示。

设直升机和重物系统上升运动的加速度为 $\boldsymbol{a}$,对系统应用牛顿第二定律,有

$$F-(M+m)g=(M+m)a$$

对重物应用牛顿第二定律,有

$$F_{\mathrm{T}}-mg=ma$$

解上述方程,得

$$F=(M+m)(a+g)$$

$$F_{\mathrm{T}}=m(a+g)$$

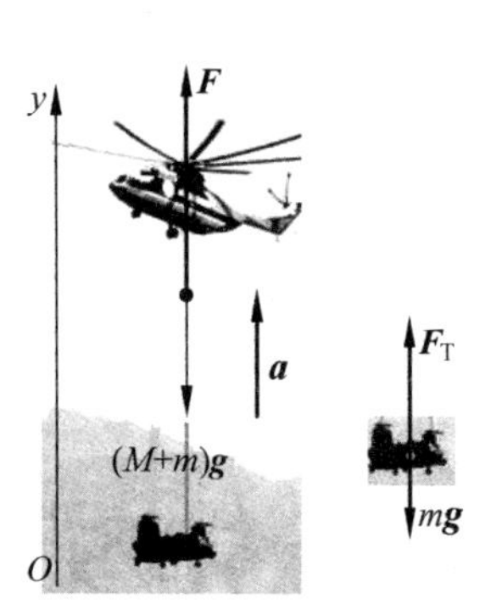

图 2-5 例 2.1 图

(1) 当直升机以加速度 $a=0.2\mathrm{m}\cdot\mathrm{s}^{-2}$ 上升时,代入数据,可求得

$$F=(M+m)(a+g)=(5.00\times10^{3}+1.50\times10^{3})(0.2+9.8)\mathrm{N}=6.50\times10^{4}\mathrm{N}$$

$$F_{\mathrm{T}}=m(a+g)=1.50\times10^{3}\times(0.2+9.8)\mathrm{N}=1.50\times10^{4}\mathrm{N}$$

(2) 当直升机以加速度 $a=2\mathrm{m}\cdot\mathrm{s}^{-2}$ 上升时,代入数据,可求得

$$F=(M+m)(a+g)=(5.00\times10^{3}+1.50\times10^{3})(2.0+9.8)\mathrm{N}=7.67\times10^{4}\mathrm{N}$$

$$F_{\mathrm{T}}=m(a+g)=1.50\times10^{3}\times(2.0+9.8)\mathrm{N}=1.77\times10^{4}\mathrm{N}$$

由上述计算结果可见,在起吊相同重量的物体时,由于起吊的加速度不同,吊绳中的张力就不同。加速度越大,绳中的张力就越大。因此,起吊重物时必须缓慢加速,以确保起吊过程的安全。

例 2.2 汽车刹车性能的好坏关系到生命安全,在汽车的性能测试环节中,刹车性能的测试是最主要的项目之一。设测试员驾驶一辆质量 $m=2500\mathrm{kg}$ 的新车,初始以 $v_0=120\mathrm{km}\cdot\mathrm{h}^{-1}$ 的速度直线行驶,刹车后,汽车减速直至停下来,此过程汽车受到的制动力的大小 f 是随时间 t 线性增加的,即 $f=bt$,其中 $b=3500\mathrm{N}\cdot\mathrm{s}^{-1}$。空气阻力不计。试求(1)此车刹车后经多长时间会停下来;(2)刹车后,汽车又向前行进了多长的路程。

解:本题属于变力作用下的直线运动。以汽车为研究对象,进行受力分析,刹车后,汽车受到与运动速度 $\boldsymbol{v}$ 方向相反的制动力 $\boldsymbol{f}$ 作用,画出受力图。如图 2-6 所示,建立一维直角坐标轴 Ox,以开始刹车时汽车所在位置为坐标轴原点 O,汽车运动方向为 Ox 轴正向。(一维直线运动,位矢、速度、加速度矢量不必用矢量符号表示。建立坐标轴正向后,就只要用正、负号表示矢量的方向。)

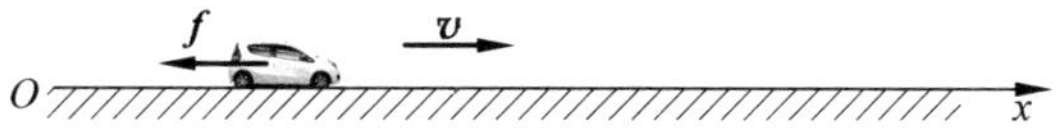

图 2-6 例 2.2 图

(1) 由牛顿第二定律可得

$$-f=ma=m\frac{\mathrm{d}v}{\mathrm{d}t}$$

已知 $f=bt$,代入上式,分离变量,有

$$\mathrm{d}v=-\frac{b}{m}t\,\mathrm{d}t$$

已知 $t=0$ 时,$v_0=120\mathrm{km}\cdot\mathrm{h}^{-1}=33.3\mathrm{m}\cdot\mathrm{s}^{-1}$,设经过 t 时间,汽车速度变为 v,将上式积

分有

$$\int_{v_0}^{v} \mathrm{d}v = \int_0^t \left(-\frac{b}{m}t\right)\mathrm{d}t$$

得速度与时间的关系式

$$v = v_0 - \frac{b}{2m}t^2$$

由上式可知，从开始刹车到汽车停下来($v=0$)，所经历的时间

$$t = \sqrt{\frac{2mv_0}{b}} = \sqrt{\frac{2\times 2500\times 33.3}{3500}}\,\mathrm{s} = 6.90\mathrm{s}$$

(2) 再由速度的定义式和速度时间关系式，有

$$v = \frac{\mathrm{d}x}{\mathrm{d}t} = v_0 - \frac{b}{2m}t^2$$

设在 t 时间内，汽车所走过的位移为 x，则上式分离变量，积分

$$\int_0^x \mathrm{d}x = \int_0^t \left(v_0 - \frac{b}{2m}t^2\right)\mathrm{d}t$$

可得位移和时间的关系式

$$x = v_0 t - \frac{b}{6m}t^3$$

将 $t=6.90\mathrm{s}$ 代入上式，可得刹车后汽车又向前行进的路程

$$x = v_0 t - \frac{b}{6m}t^3 = \left(33.3\times 6.90 - \frac{3500}{6\times 2500}\times 6.90^3\right)\mathrm{m} = 153\mathrm{m}$$

例 2.3 在公元 1788 年前后，瓦特改进了蒸汽机，引入离心调速器来自动控制蒸汽机转速。离心调速器的主要部件如图 2-7(a)所示，我们将其简化成图 2-7(b)所示的圆锥摆模型。设细绳长为 l，其一端固定，另一端悬挂质量为 m 的小球，小球经推动后，在水平面内绕通过圆心 O 的铅直轴作角速度为 ω 的匀速率圆周运动。计算绳和铅直方向所成的角度 θ 与角速度 ω 的关系(空气阻力不计)。

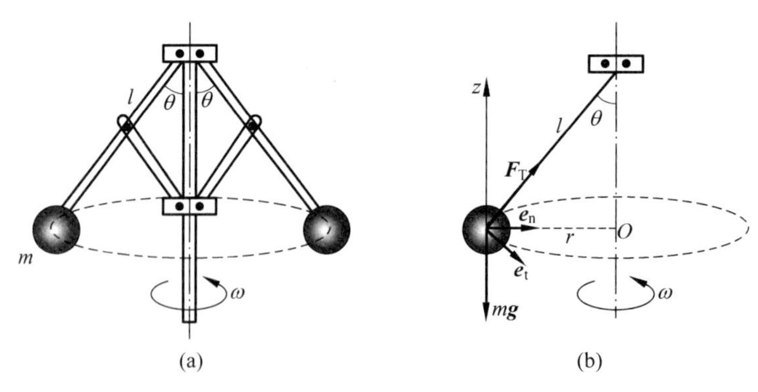

图 2-7 例 2.3 图

解：本题属于恒力作用下的匀速圆周运动。对小球进行受力分析，小球受重力 $m\boldsymbol{g}$ 和绳子拉力 $\boldsymbol{F}_{\mathrm{T}}$ 的作用。建立坐标系如图 2-7(b)所示，设小球圆周运动半径为 r，则

法向：
$$F_{\mathrm{T}}\sin\theta = ma_{\mathrm{n}} = m\omega^2 r$$

z 向：

$$F_{\mathrm{T}}\cos\theta - mg = 0$$

由图可知 $r=l\sin\theta$，故由以上式子可得

$$\cos\theta = \frac{mg}{m\omega^2 l} = \frac{g}{\omega^2 l}$$

即

$$\theta = \arccos\frac{g}{\omega^2 l}$$

可见，当 ω 越大时，θ 也越大。

离心调速器结构简单，性能可靠，是最古老的自动控制及反馈系统，它的发明和应用促进了工业大生产的进程，至今仍在大范围使用。早期瓦特在蒸汽机上使用的离心调速器如图 2-8(a)所示，其工作原理如图 2-8(b)所示。工作时，蒸汽机带动负载转动，并通过圆锥齿轮带动一对钢球（两球通过弹簧装置相连）作水平旋转。钢球通过铰链带动套筒上下滑动，拨动杠杆，以调节供汽阀门开度，从而改变进入蒸汽机的蒸汽流量，达到控制蒸汽机转速的目的。在蒸汽机正常运行时，钢球旋转所产生的离心力与弹簧的反弹力相平衡，套筒保持某个高度，使阀门处于一个平衡位置。如果负载减小使蒸汽机的转速 n 增加，则钢球因离心力增加而使套筒向下滑动，通过杠杆减小供汽阀门的开度，迫使蒸汽机转速回落；同理，如果负载增大使蒸汽机转速 n 下降，则钢球因离心力减小而使套筒向上滑动，通过杠杆增大供汽阀门的开度，从而使蒸汽机的转速 n 回升。这样，离心调速器就能自动地抵制负载变化对转速的影响，使蒸汽机的转速 n 保持在某个期望值附近。

(a) 离心调速器

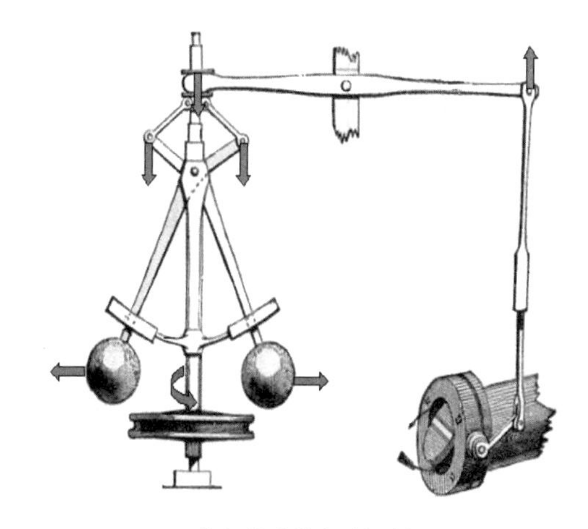

(b) 离心调速器自动控制原理图

图 2-8　离心调速器及其原理图

例 2.4　如图 2-9 所示，长为 l 的细线，一端系质量为 m 的小球，另一端系于定点 O。开始时，拉动小球使线拉直并保持水平静止，然后松手使小球下落。求任意时刻，小球的速率和线的张力。

解：本题属于变力作用下的变加速曲线运动。以小球为研究对象，对小球进行受力分析，小球受重力 mg 和线对它的拉力 $\boldsymbol{F}_{\mathrm{T}}$ 作用。

取小球开始下落的时刻为零时刻，小球下落后沿以 O 为圆心的弧线运动，设任意时刻，

线摆下角度为 θ，小球的速率为 v。

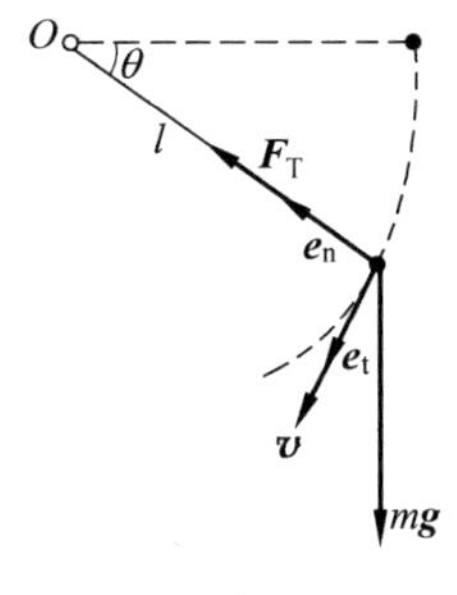

图 2-9　例 2.4 图

建立自然坐标系，列牛顿第二定律切向分量方程，有

$$mg\cos\theta = ma_{t} = m\frac{dv}{dt}$$

上式两边同乘以 $d\theta$，有

$$mg\cos\theta d\theta = m\frac{dv}{dt}d\theta$$

因 $\frac{d\theta}{dt}=\omega=\frac{v}{l}$，上式可化为

$$gl\cos\theta d\theta = v dv$$

对上式两边积分，摆角从 0 增大到 θ，小球的速率由 0 变为 v，则有

$$gl\int_0^{\theta}\cos\theta d\theta = \int_0^{v} v dv$$

得

$$v=\sqrt{2gl\sin\theta}$$

对小球列牛顿第二定律法向分量方程，有

$$F_{T} - mg\sin\theta = ma_{n} = m\frac{v^2}{l}$$

将 $v=\sqrt{2gl\sin\theta}$ 代入上式，得

$$F_{T} = 3mg\sin\theta$$

由于细线的质量可忽略不计，线对小球的拉力就等于线的张力。

由上式可知，当摆角 $\theta=\frac{\pi}{2}$ 时，即小球在最低点时，线的张力为最大值 $3mg$。

2.2　冲量　质点动量定理

牛顿在《自然哲学的数学原理》中第一次提到的牛顿第二定律的形式 $\boldsymbol{F}=\frac{d\boldsymbol{p}}{dt}$ 表明，质点在某一时刻所受到的合外力等于质点在此刻的动量随时间的变化率。定律阐述了力与运动状态变化的瞬间对应关系。可是，实际工作和生活中，我们常常要考虑力作用一段时间的累积效果，那么，当力作用在物体上一段时间后，会产生什么样的累积效果呢？

将牛顿第二定律式(2-3)改写为

$$\boldsymbol{F}dt = d\boldsymbol{p}$$

设外力 $\boldsymbol{F}$ 对质点的作用时间从 t_1 到 t_2，在这两个时刻的动量分别为 $\boldsymbol{p}_1$ 和 $\boldsymbol{p}_2$，对上式作积分得

$$\int_{t_1}^{t_2}\boldsymbol{F}dt = \int_{\boldsymbol{p}_1}^{\boldsymbol{p}_2}d\boldsymbol{p} = \boldsymbol{p}_2 - \boldsymbol{p}_1$$

其中 $\int_{t_1}^{t_2}\boldsymbol{F}dt$ 是作用在质点上的力 $\boldsymbol{F}$ 在 t_1 到 t_2 时间间隔内的积累量，称为**冲量**，用 $\boldsymbol{I}$ 表示，即

$$\boldsymbol{I} = \int_{t_1}^{t_2}\boldsymbol{F}dt \tag{2-17}$$

因此，上述关系式可以写为

$$\boldsymbol{I}=\int_{t_1}^{t_2}\boldsymbol{F}\mathrm{d}t=\boldsymbol{p}_2-\boldsymbol{p}_1 \tag{2-18}$$

式(2-18)称为质点**动量定理**，即**质点在某段时间内所受合外力的冲量等于质点在同样时间内的动量增量**。可见，力持续作用在质点上一段时间后的累积效果就是使质点动量发生变化。

动量定理告诉我们，物体运动状态的改变不仅与作用力有关，还与作用时间有关。施加同样的力，作用的时间越长，累积的冲量就越大，动量的改变量也就越大。例如，运动员在投掷标枪时总是伸长手臂，尽可能地延长手对标枪的作用时间，以提高标枪出手时的动量(或速度)。如果想产生同样的动量变化，力作用时间越短，作用力就越大；反之，作用时间越长，作用力就越小。在生产生活实践中人们常常以此来处理问题。如往墙上打铁钉，就必须缩短打击时间，以加大打击力；而为了减少冲击力所带来的危害，人们发明了很多缓冲设备以延长碰撞时间，如，轮船停靠码头时码头和船体接触处的橡胶轮胎，装在火车车厢两端的缓冲器和车底下的减振器，跳高比赛时地上垫的海绵垫等。

冲量 $\boldsymbol{I}$ 是矢量，其方向一般并不与外力的方向相同(变力的方向可能时刻在变化)，也不与动量的方向相同，它是过程量，方向与质点动量增量的方向一致。当作用力为恒力时，冲量表示成 $\boldsymbol{I}=\boldsymbol{F}(t_2-t_1)=\boldsymbol{F}\Delta t$，冲量的方向才与恒力 $\boldsymbol{F}$ 的方向相同。

在国际单位制中，冲量 $\boldsymbol{I}$ 的单位为 N·s。

式(2-18)是质点动量定理的矢量式，为计算方便，我们经常建立直角坐标系，把冲量、动量都沿坐标方向分解，写成分量式为

$$\begin{cases} I_x=\int_{t_1}^{t_2}F_x\mathrm{d}t=mv_{2x}-mv_{1x} \\ I_y=\int_{t_1}^{t_2}F_y\mathrm{d}t=mv_{2y}-mv_{1y} \\ I_z=\int_{t_1}^{t_2}F_z\mathrm{d}t=mv_{2z}-mv_{1z} \end{cases} \tag{2-19}$$

式(2-19)表明，冲量在某一方向的分量只改变该方向的动量分量。

动量定理常用于解决打击、碰撞等问题。打击、碰撞过程，物体之间的相互作用时间很短，但相互作用力却很大，这种力叫**冲力**。由于冲力的作用时间很短，随时间变化的规律又非常复杂(见图 2-10)，因此在实际应用中往往用**平均冲力**(恒力)替代冲力(变力)。这时

$$\boldsymbol{I}=\int_{t_1}^{t_2}\boldsymbol{F}\mathrm{d}t=\overline{\boldsymbol{F}}\Delta t=\boldsymbol{p}_2-\boldsymbol{p}_1$$

$$\overline{\boldsymbol{F}}=\frac{\boldsymbol{p}_2-\boldsymbol{p}_1}{\Delta t} \tag{2-20}$$

利用式(2-20)，在处理一般的碰撞问题时，可以从质点碰撞前后的动量变化求出作用时间内的平均冲力，避开了复杂的冲力的计算，对于估算打击或者碰撞的强度十分方便。

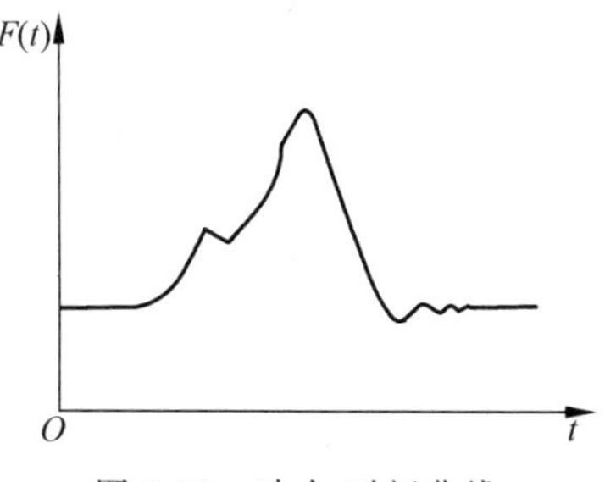

图 2-10 冲力-时间曲线

例 2.5　汽车碰撞试验(图 2-11)。在一次碰撞试验中,一质量为 1700kg 的汽车垂直冲向一刚性固定壁障,碰撞前速率为 55.0km/h,碰撞后以 9.36km/h 的速率退回,碰撞时间为 0.150s。试计算:(1)汽车受壁的冲量;(2)汽车受壁的平均冲力。

图 2-11　某轿车刚性固定壁障 100%重叠率正面碰撞实验瞬间

解:以汽车碰撞前的速度方向为正方向,则碰撞前汽车的速度 $v_1 = 55.0\text{km/h} = 15.3\text{m/s}$,碰撞后汽车的速度 $v_2 = -9.36\text{km/h} = -2.60\text{m/s}$,汽车质量 $m = 1700\text{kg}$。

(1) 由动量定理可得汽车受壁的冲量为

$$
\begin{aligned}
I &= p_2 - p_1 \\
&= mv_2 - mv_1 \\
&= 1700 \times (-2.60)\text{N} \cdot \text{s} - 1700 \times 15.3\text{N} \cdot \text{s} \\
&= -3.04 \times 10^4\,\text{N} \cdot \text{s}
\end{aligned}
$$

(2) 汽车受壁的平均冲力为

$$
\bar{F} = \frac{I}{\Delta t} = \frac{-3.04 \times 10^4}{0.150}\text{N} = -2.03 \times 10^5\,\text{N}
$$

负号表示汽车所受的冲量和平均冲力的方向都和汽车碰撞前的速度方向相反。

计算结果表明,发生正面碰撞时,汽车所受的平均冲力的大小约为汽车自身重量的 12 倍,瞬时最大的冲力还要比这大得多。在如此强大的冲力作用下,汽车大部分的初始动能将转化为破坏汽车的能量,这足以使汽车毁坏。因此每一款汽车在正式销售之前,都要进行汽车碰撞试验,测试汽车对碰撞的承受能力是否符合设计要求,确保汽车行驶中出现意外碰撞时的安全。

2.3　质点系动量定理　动量守恒定律

2.3.1　质点系动量定理

在实际问题中,经常要讨论解决由几个质点构成的质点系的运动情况。下面我们从质点动量定理出发,来讨论质点系所遵循的动量定理。

为便于讨论,首先研究由两个质点组成的**质点系**。我们把质点系以外的物体对系统内质点的作用力叫做**外力**,质点系内各质点间的相互作用力叫做**内力**。为了分析问题方便,我们首先研究如图 2-12 所示的系统,设两个质点的质量分别为 m_1 和 m_2,作用在 m_1,m_2 质点的外力分别为 $\boldsymbol{F}_1$ 和 $\boldsymbol{F}_2$;两个质点间的相互作用的内力分别为 $\boldsymbol{F}_{12}$ 和 $\boldsymbol{F}_{21}$($\boldsymbol{F}_{12}$ 和 $\boldsymbol{F}_{21}$ 对系统而言是内力，对质点而言是外力)，在 $\Delta t = t_2 - t_1$ 时间内，两质点所遵循的动量定理分别为

$$\int_{t_1}^{t_2} (\boldsymbol{F}_1 + \boldsymbol{F}_{12}) \mathrm{d}t = m_1 \boldsymbol{v}_1 - m_1 \boldsymbol{v}_{10}$$

$$\int_{t_1}^{t_2} (\boldsymbol{F}_2 + \boldsymbol{F}_{21}) \mathrm{d}t = m_2 \boldsymbol{v}_2 - m_2 \boldsymbol{v}_{20}$$

将以上两式相加，有

$$\int_{t_1}^{t_2} (\boldsymbol{F}_1 + \boldsymbol{F}_2 + \boldsymbol{F}_{12} + \boldsymbol{F}_{21}) \mathrm{d}t$$
$$= (m_1 \boldsymbol{v}_1 + m_2 \boldsymbol{v}_2) - (m_1 \boldsymbol{v}_{10} + m_2 \boldsymbol{v}_{20})$$

由于系统内力是一对作用力和反作用力，由牛顿第三定律可知，$\boldsymbol{F}_{12} = -\boldsymbol{F}_{21}$ 或 $\boldsymbol{F}_{12} + \boldsymbol{F}_{21} = 0$，即系统内两质点间的内力之和为零，因此上式变为

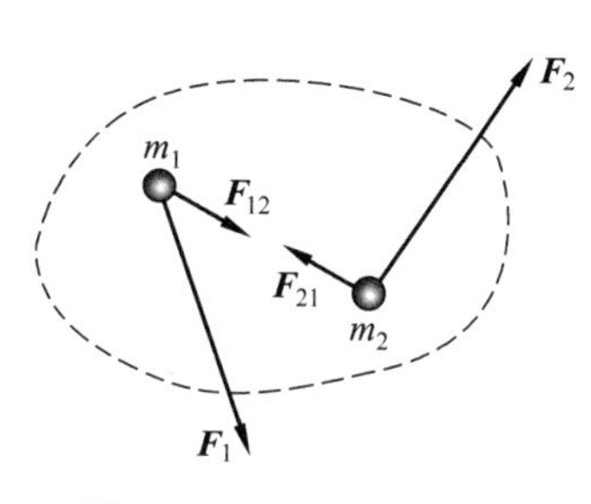

图 2-12　两个质点的系统

$$\int_{t_1}^{t_2} (\boldsymbol{F}_1 + \boldsymbol{F}_2) \mathrm{d}t = (m_1 \boldsymbol{v}_1 + m_2 \boldsymbol{v}_2) - (m_1 \boldsymbol{v}_{10} + m_2 \boldsymbol{v}_{20})$$

对由 n 个质点组成的系统，由于系统的内力总是以作用力和反作用力的形式成双成对地出现，所以内力的总矢量和等于零，因此，一般又可得

$$\int_{t_1}^{t_2} \left(\sum_i \boldsymbol{F}_i\right) \mathrm{d}t = \sum_i m_i \boldsymbol{v}_i - \sum_i m_i \boldsymbol{v}_{i0}$$

其中 $\sum_{i=1}^{n} \boldsymbol{F}_i$ 为质点系受到的合外力，$\sum_{i=1}^{n} m_i \boldsymbol{v}_i$ 和 $\sum_{i=1}^{n} m_i \boldsymbol{v}_{i0}$ 分别为质点系末态和初态的动量，分别用 $\boldsymbol{F}$，$\boldsymbol{p}$ 和 $\boldsymbol{p}_0$ 表示，上述关系式可以表达为

$$\int_{t_1}^{t_2} \boldsymbol{F} \mathrm{d}t = \boldsymbol{p} - \boldsymbol{p}_0 \tag{2-21}$$

这就是**质点系动量定理**。该定理表明：**质点系所受的合外力的冲量等于该系统的动量增量**。

质点系动量原理在平面直角坐标系下的分量式为

$$I_x = \int_{t_1}^{t_2} F_x \mathrm{d}t = p_x - p_{x0}, \quad I_y = \int_{t_1}^{t_2} F_y \mathrm{d}t = p_y - p_{y0}$$

2.3.2　动量守恒定律

在质点系动量定理(2-21)中，如果 $\boldsymbol{F} = \sum_{i=1}^{n} \boldsymbol{F}_i = 0$，则

$$\boldsymbol{p} = \boldsymbol{p}_0 = \text{常矢量} \tag{2-22}$$

即**如果质点系在运动过程中所受的合外力为零，则其总动量保持不变**。这一结论称为**动量守恒定律**。

一个不受外界影响的系统，常被称为**孤立系统**。**一个孤立系统在运动过程中，其总动量一定保持不变**。这也是动量守恒定律的一种表述。

应该指出的是，内力不能改变系统的总动量，只有外力才对整个系统的动量变化有贡献。但质点系内的各个质点的动量增量既与外力的冲量有关，也与内力的冲量有关，在质点系总动量守恒的情况下，内力的作用可使质点系内的各个质点的动量发生改变。

我们以光滑冰面上一对滑冰运动员的运动为例来说明。如图 2-13 所示,两运动员的质量分别为 m_a,m_b,将他们看作一质点系。初始时刻,两人静止在冰面上,系统初总动量为零;分别给对方大小相等方向相反的推力 $\boldsymbol{F}_a$,$\boldsymbol{F}_b$ 后,两人各获得方向相反的速度 $\boldsymbol{v}_a$,$\boldsymbol{v}_b$,系统末总动量为 $m_a\boldsymbol{v}_a+m_b\boldsymbol{v}_b$。由于系统所受的合外力为零,故系统在运动过程中总动量将保持不变,即 $m\boldsymbol{v}_a+m\boldsymbol{v}_b=0$。显然,系统的内力 $\boldsymbol{F}_a$,$\boldsymbol{F}_b$ 产生的冲量矢量和为零,不能改变系统的总动量,但却使原本静止(初动量为零)的两个运动员分别获得了 $m_a\boldsymbol{v}_a$ 和 $m_b\boldsymbol{v}_b$ 的动量改变。

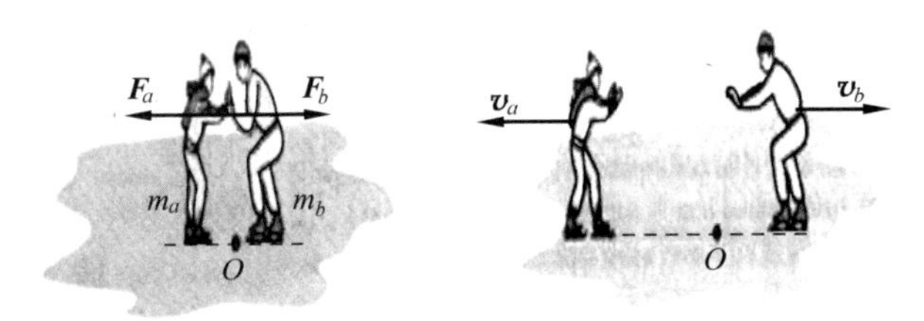

图 2-13　内力的冲量不改变质点系总动量但改变各质点的动量

应用动量守恒定律分析解决问题时,应该注意以下几点:

(1) 即使整个质点系所受的合外力不为零,但如果合外力在某一方向的分量等于零,系统的总动量在该方向的分量也可以保持不变。在平面直角坐标系下的分量式写为

$$\text{当 } F_x=\sum_{i=1}^{n}F_{ix}=0 \text{ 时}, \qquad p_x=p_{x0}=C_1$$

$$\text{当 } F_y=\sum_{i=1}^{n}F_{iy}=0 \text{ 时}, \qquad p_y=p_{y0}=C_2$$

(2) 当外力比系统内各物体相互作用的内力小得多而可以忽略时,系统的总动量也可以认为是守恒的。例如碰撞、打击以及爆炸等过程就是这种情况。

(3) 由于动量定理、动量守恒定律是在牛顿第二定律基础上推导出来的,因此这两个定理只在惯性参考系中成立。系统内所有质点的动量都必须对同一惯性系而言。

动量守恒定律虽然是从描述宏观物体运动规律的牛顿运动定律导出的,但近代的科学实验和理论都表明,大到天体间的相互作用,小到原子、核子、电子以及各种微观粒子间的相互作用都遵循动量守恒定律,而在微观领域中,牛顿运动定律却不适用。因此,动量守恒定律比牛顿运动定律更加基本,它与后面讲到的能量守恒定律一样,是自然界中最普遍、最基本的定律。

例 2.6　分析“哥伦比亚号”失事原因。2003 年 2 月 1 日,美国“哥伦比亚号”航天飞机失事,机组 7 名成员全部遇难。事故原因是由于飞机升空时,一块从主燃料箱脱落的泡沫块撞击飞机左翼使其严重破损,最后导致返航时,飞机与大气层摩擦产生的超高温气体从破损处入侵,造成内部线路和金属部件融化,出现机毁人亡(图 2-14)。从美国宇航局(NASA)发布的资料可知,“哥伦比亚号”飞机总重约 2000t,上升速率大约 700m/s,泡沫块质量大约 1.3kg,撞击速率约 250m/s,撞击时间约为 2.11×10^{-2}s。将泡沫块与航天飞机的相撞视为完全非弹性碰撞,请根据这些数据,估算“哥伦比亚号”飞机左翼受到的平均撞击力。

解:以地面为参考系,取航天飞机上升方向为坐标轴的正向。设航天飞机质量为 M,上升速率为 v,泡沫块的质量为 m,撞击速率为 v_0,泡沫块撞击航天飞机后随同飞机一起运动

(a) 升空

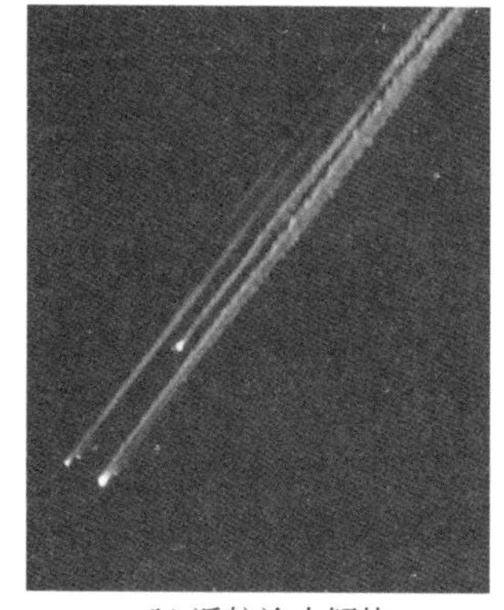

(b) 返航途中解体

图 2-14　美国“哥伦比亚号”航天飞机

的速率为 u，碰撞前后所有速度方向都与上升方向在一条直线上。把泡沫块与航天飞机看成一个质点系统，由质点系动量守恒定律有

$$(M+m)u=Mv+mv_0$$

整理后，可得

$$u=(Mv+mv_0)/(M+m)=[v+(m/M)v_0]/(1+m/M)$$

由于 $M\gg m$，可得 $u\approx v=700\text{m/s}$。

若泡沫块碰撞前的运动方向与航天飞机的上升运动方向相反，设泡沫块对航天飞机的平均撞击力为 $\bar{F}$，则由动量定理可得

$$\bar{F}=\frac{mu-mv_0}{\Delta t}=\frac{1.3\times700-1.3\times(-250)}{2.11\times10^{-2}}\text{N}=5.85\times10^4\text{N}$$

若泡沫块碰撞前的运动方向与航天飞机的上升运动方向相同，则可求得泡沫块对航天飞机的平均撞击力

$$\bar{F}=\frac{mu-mv_0}{\Delta t}=\frac{1.3\times700-1.3\times250}{2.11\times10^{-2}}\text{N}=2.77\times10^4\text{N}$$

由上述计算可知，无论泡沫块以与航天飞机上升方向相同还是相反的速度撞击航天飞机，其平均撞击力的数量级都达到 10^4N，这样大的力能够造成航天飞机左翼受损，最终导致飞机解体。当然，上述讨论仅仅是近似估算。

例 2.7　还原交通事故现场。一辆向东行驶的质量 $m_1=1500\text{kg}$ 的轿车，突然与另一辆往正北方向行驶质量为 $m_2=2500\text{kg}$ 的货车在十字路口相遇，来不及刹车就撞在一起，撞后二者扣在一起又沿东偏北 53°方向往前滑出了 $s=16.0\text{m}$ 远的距离后停下，如图 2-15 所示。设地面与汽车轮胎之间的滑动摩擦系数 $\mu=0.80$，重力加速度 g 取 $10.0\text{m}\cdot\text{s}^{-2}$，试估算相撞前轿车和货车的行驶速率。

解：建立坐标系如图 2-15 所示，以向东方向为 x 轴正向，向北方向为 y 轴正向。

设相撞前轿车和货车的速率分别为 v_1 和 v_2，碰撞后两车一起以相同速度 $\boldsymbol{v}$ 运动，则 $\boldsymbol{v}$ 与 x 轴正向夹角为 $\theta=53°$。设两车突然相撞后滑行过程受地面摩擦力 f 作用，产生的加速度为 a，由牛顿第二定律有

$$a=\frac{-f}{m_1+m_2}=\frac{-\mu(m_1+m_2)g}{m_1+m_2}=-\mu g$$

由运动学公式可得

$$\begin{aligned}v&=\sqrt{-2as}=\sqrt{2\mu gs}\\&=\sqrt{2\times0.80\times10.0\times16.0}\,\text{m}\cdot\text{s}^{-1}\\&=16.0\text{m}\cdot\text{s}^{-1}\end{aligned}$$

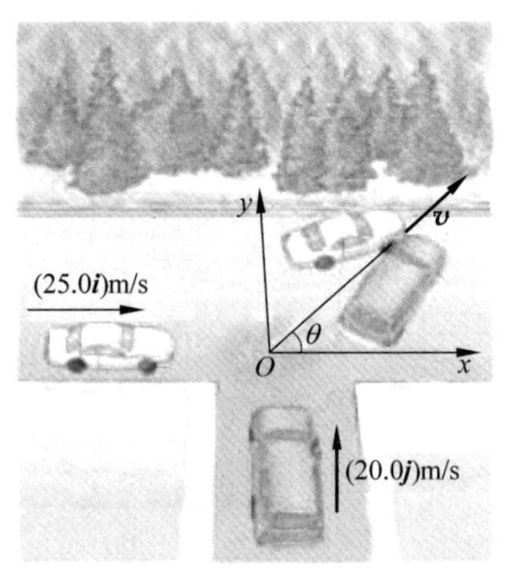

图 2-15　例 2.7 图

将两车看作一个质点系统,相撞时的冲击力(内力)远大于外力,碰撞前后系统总动量守恒。写成分量式为

$$\begin{cases}m_1v_{1x}+m_2v_{2x}=(m_1+m_2)v_x\\m_1v_{1y}+m_2v_{2y}=(m_1+m_2)v_y\end{cases}$$

即

$$\begin{cases}m_1v_1=(m_1+m_2)v\cos\theta\\m_2v_2=(m_1+m_2)v\sin\theta\end{cases}$$

求解得

$$v_1=\frac{(m_1+m_2)v\cos\theta}{m_1}=\frac{(1500+2500)}{1500}\times16.0\times\cos53^\circ\text{m}\cdot\text{s}^{-1}=25.7\text{m}\cdot\text{s}^{-1}$$

$$v_2=\frac{(m_1+m_2)v\sin\theta}{m_2}=\frac{(1500+2500)}{2500}\times16.0\times\sin53^\circ\text{m}\cdot\text{s}^{-1}=20.4\text{m}\cdot\text{s}^{-1}$$

2.4　质点的角动量定理　角动量守恒定律

2.4.1　质点的角动量定理

1. 质点的角动量

在研究质点或质点系绕某一定点作周期性轨道运动,如行星绕太阳的运动、电子绕原子核的旋转等运动时,动量描述并不能反映此类运动的全部特点,只有引入角动量才能更好地描述此类旋转运动。

如图 2-16 所示,设质量为 m 的质点绕一固定点 O 运动,以固定点 O 为坐标原点,某一时刻质点位于 A 点,其位置矢量为 $\boldsymbol{r}$,动量 $\boldsymbol{p}=m\boldsymbol{v}$,则质点 m 对 O 点的**角动量**定义为

$$\boldsymbol{L}=\boldsymbol{r}\times\boldsymbol{p}=\boldsymbol{r}\times m\boldsymbol{v}\tag{2-23}$$

质点的角动量 $\boldsymbol{L}$ 是一个矢量,其方向垂直于 $\boldsymbol{r}$ 和 $\boldsymbol{p}$ 所构成的平面,指向遵循右手螺旋定则。角动量 $\boldsymbol{L}$ 的大小为

$$L=rp\sin\theta=rmv\sin\theta\tag{2-24}$$

值得注意的是,质点的位矢 $\boldsymbol{r}$ 是以参考原点 O 为基准点,因此,质点的角动量 $\boldsymbol{L}$ 必须是相对于某一参考点 O 而言的。相对于不同的参考点,质点的角动量就不同。

当质点作圆周运动时,$\boldsymbol{r}$ 与 $\boldsymbol{v}$(或 $\boldsymbol{p}$)相互垂直($\theta=90^\circ$),如图 2-17 所示,此时,质点对圆

心的角动量 $\boldsymbol{L}$ 的大小为

$$L=rp=rmv \tag{2-25}$$

在国际单位制中，角动量的单位为 $\mathrm{kg\cdot m^2\cdot s^{-1}}$。

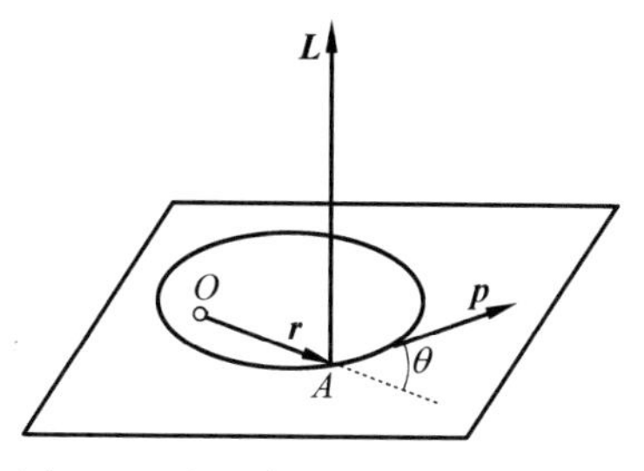

图 2-16　角动量 $\boldsymbol{L}$ 垂直于位矢 $\boldsymbol{r}$ 和动量 $\boldsymbol{p}$ 所构成的平面

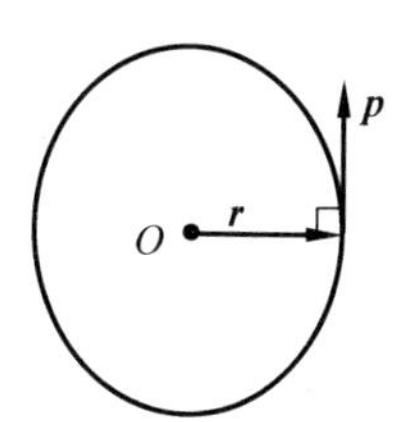

图 2-17　质点作圆周运动时，角动量为 rmv

2. 力矩

由牛顿第二定律 $\boldsymbol{F}=\dfrac{\mathrm{d}\boldsymbol{p}}{\mathrm{d}t}$ 可知，力是引起质点动量改变的原因，作用于质点的合外力等于质点动量随时间的变化率。那么引起质点的角动量变化的原因又是什么呢？我们先来考察角动量随时间的变化率。由角动量的定义式(2-23)得

$$\frac{\mathrm{d}\boldsymbol{L}}{\mathrm{d}t}=\frac{\mathrm{d}(\boldsymbol{r}\times\boldsymbol{p})}{\mathrm{d}t}=\boldsymbol{r}\times\frac{\mathrm{d}\boldsymbol{p}}{\mathrm{d}t}+\frac{\mathrm{d}\boldsymbol{r}}{\mathrm{d}t}\times\boldsymbol{p}$$

其中，$\dfrac{\mathrm{d}\boldsymbol{r}}{\mathrm{d}t}\times\boldsymbol{p}=\boldsymbol{v}\times\boldsymbol{p}=0$，$\mathrm{d}\boldsymbol{p}/\mathrm{d}t=\boldsymbol{F}$，所以上式可表示为

$$\frac{\mathrm{d}\boldsymbol{L}}{\mathrm{d}t}=\boldsymbol{r}\times\boldsymbol{F} \tag{2-26}$$

此式表明，质点角动量随时间的变化率不仅与所受的外力 $\boldsymbol{F}$ 有关，而且还与质点的位矢 $\boldsymbol{r}$ 有关，即与力的作用点位矢有关。我们把 $\boldsymbol{r}\times\boldsymbol{F}$ 定义为外力 $\boldsymbol{F}$ 对参考点 O 的**力矩**，用 $\boldsymbol{M}$ 表示，即

$$\boldsymbol{M}=\boldsymbol{r}\times\boldsymbol{F} \tag{2-27}$$

力矩 $\boldsymbol{M}$ 的方向垂直于 $\boldsymbol{r}$ 和 $\boldsymbol{F}$ 所构成的平面，指向遵循右手螺旋定则，如图 2-18 所示。力矩 $\boldsymbol{M}$ 的大小为

$$M=Fr\sin\theta=Fd \tag{2-28}$$

其中 $d=r\sin\theta$ 是参考点 O 到力作用线的垂直距离，称为**力臂**。

在国际单位制中，力矩的单位为 $\mathrm{N\cdot m}$。

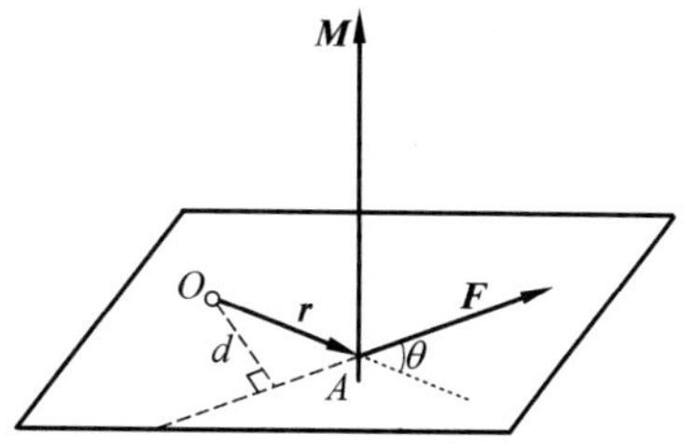

图 2-18　力矩 $\boldsymbol{M}$ 的方向垂直于 $\boldsymbol{r}$ 和 $\boldsymbol{F}$ 所构成的平面

3. 质点的角动量定理

引入力矩的定义后，式(2-26)可写为

$$\boldsymbol{M}=\frac{\mathrm{d}\boldsymbol{L}}{\mathrm{d}t} \tag{2-29}$$

上式表明，**作用于质点的合外力对 O 点力矩等于质点对该点的角动量随时间的变化率**，这就是**质点的角动量定理**。

式(2-29)与牛顿第二定律 $\boldsymbol{F}=\frac{\mathrm{d}\boldsymbol{p}}{\mathrm{d}t}$ 在形式上非常相似，将两式进行比较，对深入理解力矩、角动量以及它们的关系很有帮助。

2.4.2 角动量守恒定律

在式(2-29)中，如果 $\boldsymbol{M}=0$，则 $\mathrm{d}\boldsymbol{L}/\mathrm{d}t=0$，有

$$\boldsymbol{L}=\text{恒矢量} \tag{2-30}$$

上式表明，**如果质点所受的合外力对 O 点的力矩为零，则质点对该点的角动量保持不变。**这就是**质点角动量守恒定律**。

应该指出的是，质点角动量守恒的条件 $\boldsymbol{M}=0$，既可能是质点所受的外力为零，也可能是在任意时刻外力 $\boldsymbol{F}$ 总是与质点对于固定点的位矢 $\boldsymbol{r}$ 平行。如，当质点作匀速圆周运动时，所受的合力为向心力，向心力对圆心的力矩为零，所以质点对圆心的角动量守恒。与向心力类似，如果质点所受力的作用线总是通过某固定点(称为力心)，称这样的力为**有心力**。有心力对力心的力矩总是等于零，因此在有心力作用下，质点对力心的角动量守恒。太阳系中行星的轨道为椭圆，行星受到的太阳引力是指向太阳的有心力，如果以太阳为参考点 O，则行星的角动量守恒。

可以证明，角动量定理和角动量守恒定律对质点系也成立，公式中的 $\boldsymbol{M}$ 应该是质点系所受的所有外力对同一参考点力矩的矢量和，$\boldsymbol{L}$ 是质点系对该参考点的总角动量。

角动量守恒定律与动量守恒定律一样，也是自然界的一条最基本的定律，有着广泛的应用。

例 2.8 将一卫星发射到地球同步轨道的过程如图 2-19 所示。火箭载着卫星首先进入一距地球很近的初始轨道；在初始轨道的远地点(距地面高度 $h=205\mathrm{km}$)，发动机再次点火，把卫星加速到转移轨道(大椭圆轨道，其近地点就是初始轨道的远地点，其远地点在离地 $H=36000\mathrm{km}$ 的高度)上，此时火箭的末级与卫星分离；当卫星再次转到转移轨道的远地点时，卫星上的远地点发动机点火工作，把卫星推入地球同步轨道(静止轨道)。若卫星越过转移轨道的近地点时的速率 $v_A=10.2\mathrm{km}\cdot\mathrm{s}^{-1}$，地球的半径 $R=6370\mathrm{km}$，求卫星越过转移轨道的远地点时的速率 v_B。

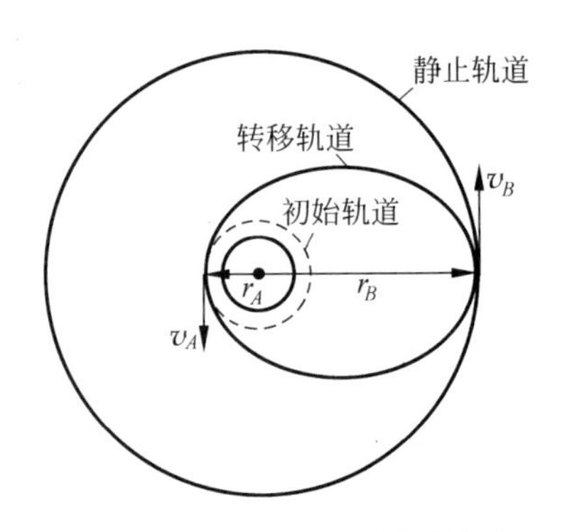

图 2-19 同步卫星的轨道转移

解：卫星在转移轨道上运动时，受到来自地球的万有引力作用，万有引力是有心力，其力矩为零，因而卫星与地球系统的角动量守恒。

设卫星质量为m，卫星近地点速度$\boldsymbol{v}_A$和远地点速度$\boldsymbol{v}_B$的方向分别与径矢$\boldsymbol{r}_A$和$\boldsymbol{r}_B$垂直，由角动量守恒定律得

$$r_A m v_A = r_B m v_B$$

整理得卫星越过转移轨道的远地点时的速率

$$v_B = \frac{r_A v_A}{r_B} = \frac{(R+h)v_A}{(R+H)} = \frac{(6370+205)\times 10.2\text{km}\cdot\text{s}^{-1}}{(6370+36000)} = 1.58\text{km}\cdot\text{s}^{-1}$$

2.5　功　质点的动能定理

前面，我们研究了力持续作用在物体上一段时间所产生的时间累积效应，并引入了冲量、动量的概念，讨论了冲量和动量变化的关系。实际工作和生活中，我们常常还要考虑力使物体在空间发生一段位移后所产生的空间累积效应。为此，我们将引入功、机械能(动能和势能)等物理量，并讨论功与机械能变化的关系。

2.5.1　功和功率

1. 功

我们把作用于质点的力对空间的累积效应称为力对质点所做的**功**。

在中学物理中，我们将质点在恒力$\boldsymbol{F}$的作用下沿直线运动时恒力做功定义为：**恒力对质点所做的功等于力在质点位移方向上的分量与位移大小的乘积**。

在图2-20中，一物体在恒力$\boldsymbol{F}$的作用下沿直线运动发生位移$\Delta\boldsymbol{r}$，$\boldsymbol{F}$与$\Delta\boldsymbol{r}$夹角为θ，则力$\boldsymbol{F}$在这段空间位移对物体做的功为

$$W = F\cos\theta\,|\Delta\boldsymbol{r}| = \boldsymbol{F}\cdot\Delta\boldsymbol{r} \tag{2-31}$$

显然，功是标量，功的大小随着力与位移的夹角θ的变化而变化。若$W>0$，表示力$\boldsymbol{F}$对质点做正功；若$W=0$，表示力$\boldsymbol{F}$不做功；若$W<0$，表示力$\boldsymbol{F}$对质点做负功，或者说质点反抗力$\boldsymbol{F}$做功。

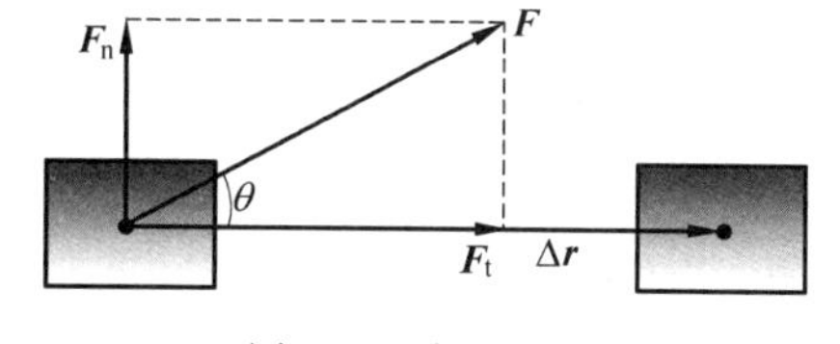

图2-20　恒力做功

在SI单位制中，功的单位是J(焦[耳])，1J=1N·m。

如果物体受到变力作用或作曲线运动，则必须用微积分的方法来计算功。如图2-21所示，质点在变力$\boldsymbol{F}$的作用下沿路径L运动，如果将质点运动的轨迹曲线分割成许多无穷小的**元位移**$\mathrm{d}\boldsymbol{r}$，在每段元位移$\mathrm{d}\boldsymbol{r}$内，作用在质点上的力$\boldsymbol{F}$就都可视为恒力，将力$\boldsymbol{F}$所做的功称为元功，用$\mathrm{d}W$表示，则有

$$\mathrm{d}W = \boldsymbol{F}\cdot\mathrm{d}\boldsymbol{r} \tag{2-32}$$

质点沿路径L从a点运动到b点的过程中，力$\boldsymbol{F}$所做的总功等于所有各段元位移上元功的和，即

$$W = \int_a^b \boldsymbol{F}\cdot\mathrm{d}\boldsymbol{r} \tag{2-33}$$

在直角坐标系下,可以把 $\boldsymbol{F}$ 和 $\mathrm{d}\boldsymbol{r}$ 沿坐标轴分解,分别表示为

$$\boldsymbol{F}=F_x\boldsymbol{i}+F_y\boldsymbol{j}+F_z\boldsymbol{k},\quad \mathrm{d}\boldsymbol{r}=\mathrm{d}x\boldsymbol{i}+\mathrm{d}y\boldsymbol{j}+\mathrm{d}z\boldsymbol{k}$$

这时,力 $\boldsymbol{F}$ 所做的功表示为

$$W=\int_a^b\boldsymbol{F}\cdot\mathrm{d}\boldsymbol{r}=\int_{x_a}^{x_b}F_x\,\mathrm{d}x+\int_{y_a}^{y_b}F_y\,\mathrm{d}y+\int_{z_a}^{z_b}F_z\,\mathrm{d}z \tag{2-34}$$

在自然坐标系中,$\boldsymbol{F}$ 和 $\mathrm{d}\boldsymbol{r}$ 沿坐标轴分解,如图 2-22 所示,分别表示为

$$\boldsymbol{F}=F_\mathrm{t}\boldsymbol{e}_\mathrm{t}+F_\mathrm{n}\boldsymbol{e}_\mathrm{n},\quad \mathrm{d}\boldsymbol{r}=\mathrm{d}s\boldsymbol{e}_\mathrm{t}$$

这时,力 $\boldsymbol{F}$ 所做的功表示为

$$W=\int_a^bF_\mathrm{t}\,\mathrm{d}s=\int_a^bF\cos\theta\,\mathrm{d}s \tag{2-35}$$

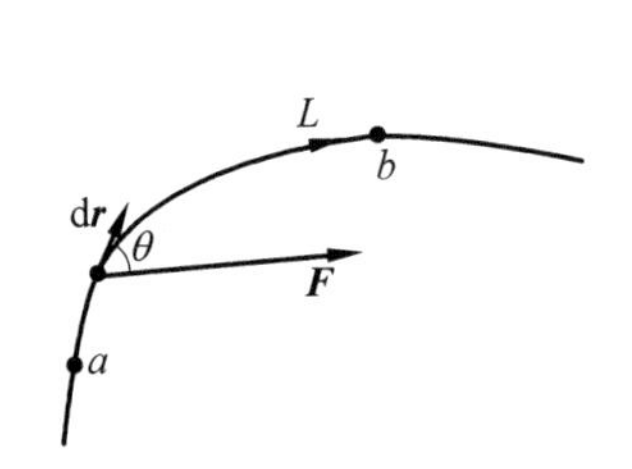

图 2-21 力沿一段曲线做的功

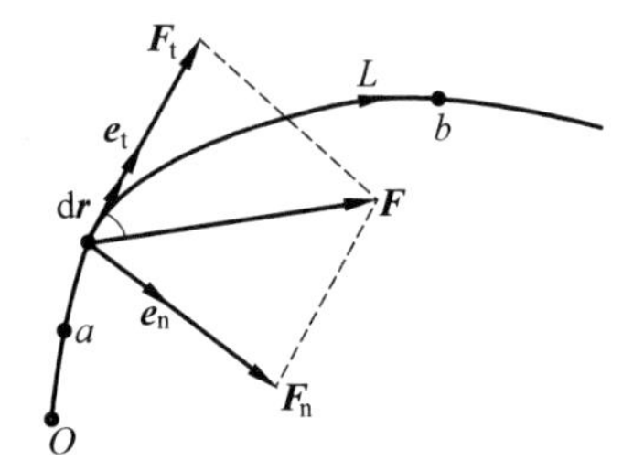

图 2-22 力的切向分量做功,法向分量不做功

2. 保守力和非保守力做功

从功的表达式(2-33)可以看出,功是过程量。研究发现,有些力的功只与质点的始、末位置有关,而与质点运动的路径无关;有些力的功不仅与质点的始、末位置有关,还与质点运动的路径有关。下面通过举例来了解各种力做功与质点运动路径的关系,并引入保守力和非保守力的概念。

例 2.9 重力做功。如图 2-23 所示,一滑雪运动员质量为 m,沿滑雪道从 $a(x_a,y_a)$点下滑到 $b(x_b,y_b)$点的过程中,重力对他做了多少功?(以滑雪道底部为 y 轴参考零点,坐标 y 表示运动员运动位置离地的高度。)

解:滑雪运动员下滑过程中,重力对他所做的功为

$$\begin{aligned}W&=\int_a^bm\boldsymbol{g}\cdot\mathrm{d}\boldsymbol{r}\\&=\int_a^b(-mg\boldsymbol{j})\cdot(\mathrm{d}x\boldsymbol{i}+\mathrm{d}y\boldsymbol{j})\\&=\int_{y_a}^{y_b}(-mg)\mathrm{d}y=-mg(y_b-y_a)\end{aligned} \tag{2-36}$$

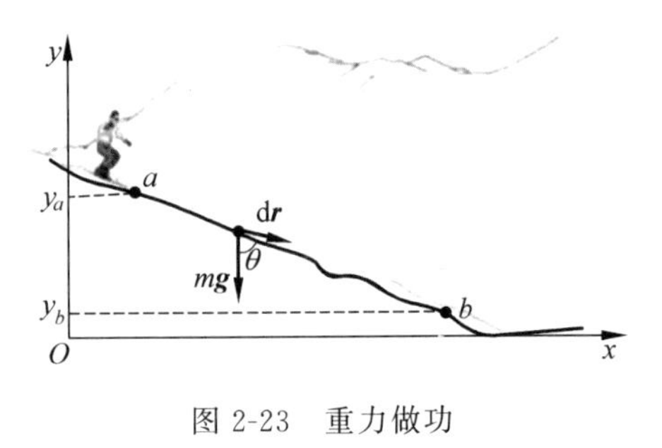

图 2-23 重力做功

上式表明,重力做功只与运动员下滑过程的始、末位置(离地的高度)y_a 和 y_b 有关,而与经过的滑雪轨道路径无关。

例 2.10 万有引力做功。如图 2-24(a)所示,一星际探测器在太阳系中飞行。已知太阳质量为 M,星际探测器质量为 m。若星际探测器沿如图 2-24(b)所示轨道,从距离太

阳 r_a 的 a 点运动到距离太阳 r_b 的 b 点，求此运动过程中，太阳对星际探测器的万有引力所做功。

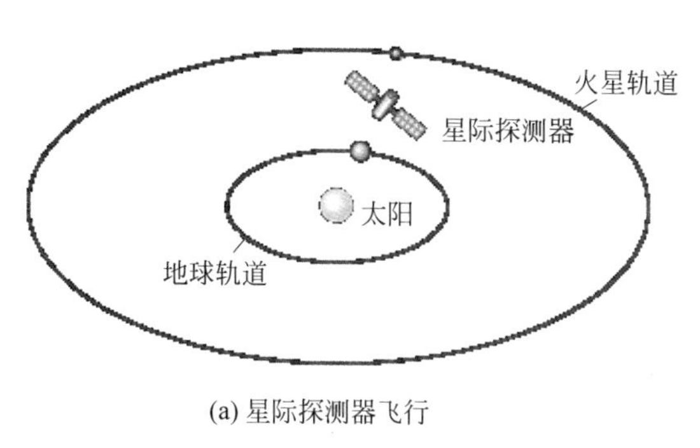

(a) 星际探测器飞行

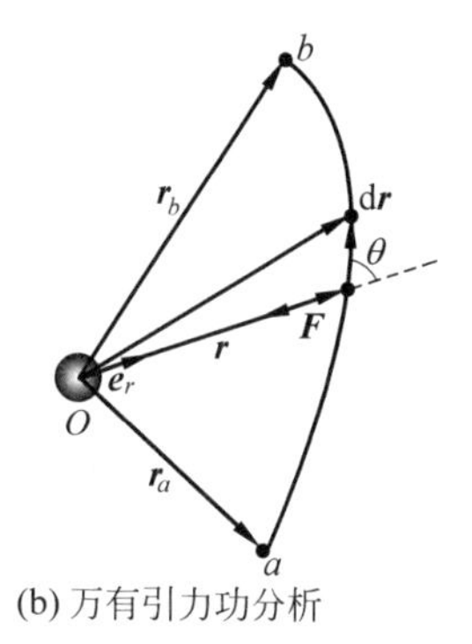

(b) 万有引力功分析

图 2-24　万有引力做功

解：将太阳和星际探测器均看做质点，以太阳为坐标原点 O，星际探测器在 a,b 两点的位置矢量分别为 $\boldsymbol{r}_a$ 和 $\boldsymbol{r}_b$，星际探测器沿轨道从 a 点运动到 b 点过程中，太阳对星际探测器的引力做功为

$$W_{ab} = \int_a^b \boldsymbol{F} \cdot \mathrm{d}\boldsymbol{r} = \int_a^b -G_0 \frac{Mm}{r^2} \boldsymbol{e}_r \cdot \mathrm{d}\boldsymbol{r}$$

由图 2-24 可以看出

$$\boldsymbol{e}_r \cdot \mathrm{d}\boldsymbol{r} = |\boldsymbol{e}_r| \, |\mathrm{d}\boldsymbol{r}| \cos\theta = |\mathrm{d}\boldsymbol{r}| \cos\theta = \mathrm{d}r$$

将这个结果代入上式，可得

$$W_{ab} = -G_0 \int_{r_a}^{r_b} \frac{Mm}{r^2} \mathrm{d}r = G_0 Mm \left(\frac{1}{r_b} - \frac{1}{r_a} \right) \tag{2-37}$$

上式表明，万有引力所做的功只与质点的始、末位置 r_a 和 r_b 有关，而与质点的运动路径无关。

例 2.11　弹簧弹力做功。劲度系数为 k 的轻弹簧一端固定，另一端与质量为 m 的物体相连接，构成一弹簧振子。将弹簧振子放置在光滑的水平面上，如图 2-25 所示。以弹簧自然伸长时物体所处的平衡位置 O 为坐标原点，水平向右为 x 轴正方向，求物体从位置 x_A 水平移动到位置 x_B 的过程中，弹簧的弹力对物体所做的功。

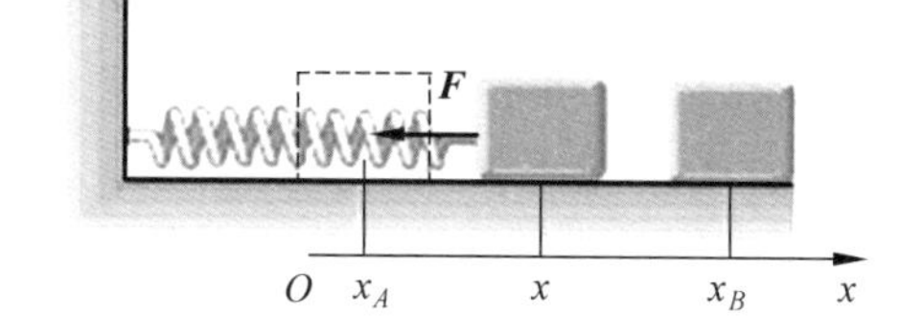

图 2-25　弹簧弹性力做功

解：依题意，物体在任一位置 x 处时，弹簧的形变量也是 x，物体受到的弹性力由胡克定律给出，即

$$F = -kx$$

物体从位置 A 水平移动到位置 B 的过程中，弹簧的弹力对物体所做的功

$$W_{AB} = \int_A^B \boldsymbol{F} \cdot \mathrm{d}\boldsymbol{r} = \int_{x_A}^{x_B} F \mathrm{d}x = -\int_{x_A}^{x_B} kx \mathrm{d}x = -\left(\frac{1}{2}kx_B^2 - \frac{1}{2}kx_A^2 \right) \tag{2-38}$$

上式表明，弹簧的弹力所做的功只与弹簧的始、末位置 x_A 和 x_B 有关，而与弹簧的形变过程无关。

从上述的三个例题可以看出，重力、万有引力、弹簧的弹性力做功仅与质点的始、末位置有关，而与质点经历的路径无关。物理学中，除了这些力之外，还有静电力、分子力等也具有同样的做功特点，我们将这一类力统称为**保守力**，用符号 $\boldsymbol{F}_c$ 表示。

保守力的性质还可描述为：质点沿任意闭合路径运动一周时，保守力对它做的功为零。数学上可表示为

$$W=\oint_l \boldsymbol{F}_c \cdot \mathrm{d}\boldsymbol{r}=0 \tag{2-39}$$

读者可自行从数学上对上式加以证明。

还有一类力是**非保守力**，这类力对质点所做的功既与质点的始、末位置有关，也与质点经历的路径有关，或者说质点沿任意闭合路径运动一周时，非保守力对它做的功不等于零。摩擦力、安培力等都是典型的非保守力。下面我们举例说明。

例 2.12　摩擦力做功。如图 2-26 所示，狗拉雪橇在水平雪地上沿一弯曲道路从 A 到 B 行进了 400m 的路程。已知雪橇质量为 40kg，雪橇上坐着两小孩总质量为 100kg，雪橇与路面的滑动摩擦系数 $\mu=0.12$，求该运动过程，路面摩擦力对雪橇做的功。

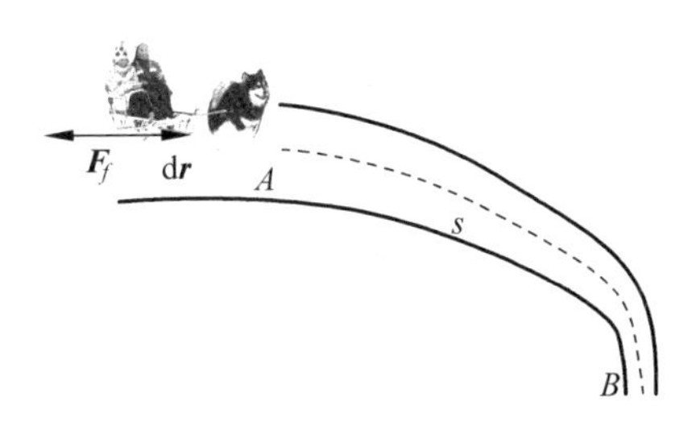

图 2-26　狗拉雪橇在雪地上行走

解：雪橇的运动轨迹为曲线，将轨迹曲线无限分割，雪橇在雪地上移动任一元位移 $\mathrm{d}\boldsymbol{r}$ 受的摩擦力 $\boldsymbol{F}_f$ 总是与 $\mathrm{d}\boldsymbol{r}$ 方向相反，大小为

$$F_f=\mu F_N=\mu mg$$

建立自然坐标系，则有

$$\boldsymbol{F}_f=-F_f\boldsymbol{e}_t=-\mu mg\boldsymbol{e}_t,\quad \mathrm{d}\boldsymbol{r}=\mathrm{d}s\boldsymbol{e}_t$$

摩擦力 $\boldsymbol{F}_f$ 所做的功为

$$W_{AB}=\int_A^B \boldsymbol{F}_f \cdot \mathrm{d}\boldsymbol{r}=\int_{s_A}^{s_B} F_f\mathrm{d}s=-\int_{s_A}^{s_B}\mu mg\,\mathrm{d}s=-\mu mgs$$

上式中，s 为雪橇行进所经过的路程，即 A 到 B 的运动轨迹的长度；m 为雪橇和小孩的总质量。将数据代入，可得

$$W_{AB}=-\mu mgs=-0.12\times 140\times 9.8\times 400\mathrm{N}=-6.6\times 10^4\mathrm{N}$$

负号表示摩擦力对雪橇做了负功。

计算结果表明，摩擦力做功既与质点的始、末位置有关，也与质点经历的路径有关。如果雪橇是沿直线从 A 到 B，则行走的路程 s 缩短，滑动摩擦力做的功值将变小。

3. 功率

在生产实践中，重要的是要知道物体做功的快慢，为此我们引入了功率的概念。**功率是指物体单位时间内所做的功**。即

$$P=\frac{\mathrm{d}W}{\mathrm{d}t} \tag{2-40}$$

由于元功 $\mathrm{d}W=\boldsymbol{F}\cdot\mathrm{d}\boldsymbol{r}$，因此

$$P=\frac{\boldsymbol{F}\cdot\mathrm{d}\boldsymbol{r}}{\mathrm{d}t}=\boldsymbol{F}\cdot\boldsymbol{v} \tag{2-41}$$

即瞬时功率等于力与物体速度的点乘积。

在SI单位制中,功率的单位是W(瓦[特]),1W=1J/s。

2.5.2 质点的动能定理

1. 动能

风可以推动帆船运动,子弹可以穿入墙壁,在这些过程中,运动的子弹和风都做了功,这说明运动的物体具有做功的能力。1801年,英国物理学家托马斯·杨引入能量概念,来描述物体做功的能力。于是,人们将运动的物体所具有的能量即做功的能力叫做**动能**,用 E_{k} 表示。质点的动能定义为

$$E_{\mathrm{k}}=\frac{1}{2}mv^2 \tag{2-42}$$

动能是动量之外的又一个反映物体运动状态的动力学量,动能和动量分别从两个不同的侧面反映了物体的运动状态。在讨论力的时间累积效应时,我们用动量的变化来量度物体运动状态的变化;而在讨论力的空间累积效应时,我们用动能的变化来量度物体运动状态的变化。

2. 质点的动能定理

下面我们从牛顿第二定律出发,推导反映力的空间累积效应即力对质点所做的功与质点动能变化关系的动能定理。

设一个质量为 m 的质点在合外力 $\boldsymbol{F}$ 作用下沿曲线 L 从 a 点移动到 b 点,它在 a 点和 b 点的速度分别为 $\boldsymbol{v}_1$ 和 $\boldsymbol{v}_2$,如图2-27所示。合外力 $\boldsymbol{F}$ 在运动过程中所做的功为

$$W=\int_a^b\boldsymbol{F}\cdot\mathrm{d}\boldsymbol{r}=\int_a^b F_{\mathrm{t}}\mathrm{d}s$$

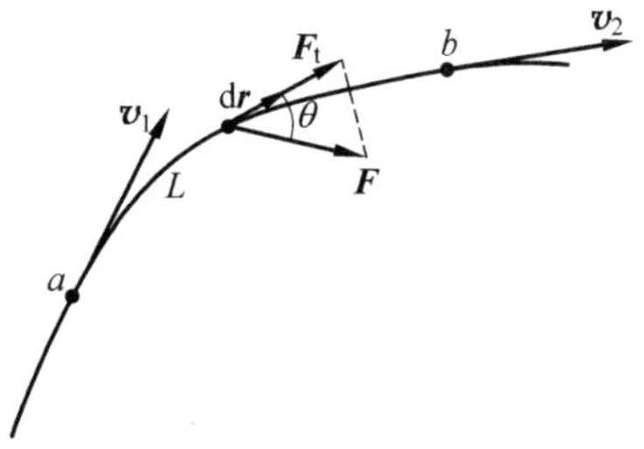

由牛顿第二定律有

$$F_{\mathrm{t}}=ma_{\mathrm{t}}=m\frac{\mathrm{d}v}{\mathrm{d}t}$$

图2-27 合外力对质点所做的功等于动能的增量

此外,$\mathrm{d}s=v\mathrm{d}t$,因此

$$W=\int_{v_1}^{v_2}mv\mathrm{d}v=\frac{1}{2}mv_2^2-\frac{1}{2}mv_1^2=E_{k2}-E_{k1} \tag{2-43}$$

上式表明:**合外力对质点所做的功等于质点动能的增量**。这个结论称为**质点动能定理**。

当合外力对质点做正功($W>0$)时,质点的动能增加;当合外力对质点做负功($W<0$)时,质点的动能减少。

在应用动能定理时有两点要特别注意:

(1) 动能和功是两个不同的概念。质点的运动状态一旦确定,它的动能也就唯一地确

定了，即动能是一个状态量（由运动状态决定的函数），而功与质点动能的变化过程有关，是过程量。

(2) 动能定理仅适用于惯性参考系。由于动能定理是在牛顿定律的基础上得到的，而牛顿定律只适用于惯性系，因此，动能定理中相关的功和动能的数值都依赖于所选取的惯性系。

例 2.13 如图 2-28 所示，在光滑水平桌面上，水平放置一固定的半圆形屏障，有一质量为 m 的滑块以初速度 $\boldsymbol{v}_0$ 沿切向进入屏障后从屏另一端滑出，滑出时的速度为 $\boldsymbol{v}$。求：整个滑动过程，屏障对滑块的摩擦力所做的功。

解：滑块在滑动过程受到重力 $\boldsymbol{G}$、地面的支持力 $\boldsymbol{N}$、屏障对滑块的摩擦力 $\boldsymbol{F}_f$、屏障对滑块的支持力 $\boldsymbol{F}_N$ 的作用。重力 $\boldsymbol{G}$、地面的支持力 $\boldsymbol{N}$ 在竖直方向，互相平衡。图 2-28 中，只画出屏障对滑块的摩擦力 $\boldsymbol{F}_f$ 和支持力 $\boldsymbol{F}_N$。

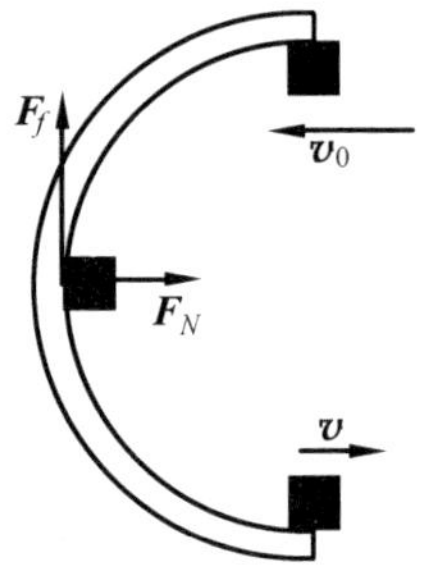

图 2-28　例 2.13 图

由质点动能定理可得，合外力 $\boldsymbol{F}_f+\boldsymbol{F}_N$ 对滑块所做的功等于滑块动能的增量，即

$$W=W_{F_f}+W_{F_N}=\frac{1}{2}mv^2-\frac{1}{2}mv_0^2$$

由于滑动过程中，屏障对滑块的支持力 $\boldsymbol{F}_N$ 始终与元位移 $\mathrm{d}\boldsymbol{r}$ 垂直，故 $W_{F_N}=0$，代入上式，可得屏障对滑块的摩擦力 $\boldsymbol{F}_f$ 所做的功为

$$W_{F_f}=\frac{1}{2}m(v^2-v_0^2)$$

利用动能定理，只要知道始、末状态的动能，即可求得合外力做的功，从而进一步求出摩擦力所做的功，整个求解过程相当简洁。若直接用功的定义式积分求解摩擦力做功，由于屏障对滑块的摩擦力 $\boldsymbol{F}_f$ 是变力，滑块的运动轨迹为半圆，计算过程将会很繁琐。

2.6 势能

上一节我们介绍了作为机械运动能量之一的动能。本节将介绍另一种机械能——势能。

打桩机重锤从高处落下，就能将地面的桩柱打入地下，说明举到高处的重锤拥有某种能量，下落时释放出了这种能量，用于桩柱克服地层阻力做功。那么，高处的重锤到底拥有何种潜在的能量？我们知道，在重锤落下的过程中，地球对重锤的作用力（重力）做了功，由于功是能量变化的量度，因此重力做功必将导致相应的能量变化。根据 2.5 节中讨论的重力做功的特点，显而易见，这种能量的变化应该只取决于重锤离地高度（位置）的变化。这种由于系统中各物体间存在相互作用而具有的由空间位置决定的潜在能量称为**势能**，用符号 E_p 表示。由于保守力做功仅与质点的始、末位置有关，故只有系统中存在保守力时，才能引入与之相关的势能。与重力相关的势能称为**重力势能**，与万有引力相关的势能称为**引力势能**，与弹性力相关的势能称为**弹性势能**。

对于不同的保守力，势能的表达形式是不同的。由于势能 E_p 是空间位置的函数，故其数值与势能零点的选取有关。势能零点的选取往往是任意的，可以根据处理问题的需要而定。

重力势能的零点常取在地面上，则物体 m 位于距地面高为 y 处时的重力势能

$$E_p = mgy \tag{2-44}$$

万有引力势能的零点常取在无穷远处，则物体 m 与 M 相距 r 时的引力势能

$$E_p = -G_0 \frac{Mm}{r} \tag{2-45}$$

弹性势能的零点取在弹簧原长的平衡位置上，则弹簧形变 x 时的弹性势能

$$E_p = \frac{1}{2}kx^2 \tag{2-46}$$

当质点从 A 点运动到 B 点时，以 E_{pA}、E_{pB} 分别表示质点在 A，B 点所具有的势能，ΔE_p 表示势能的增量，则式(2-36)、式(2-37)和式(2-38)可统一写成

$$W_{AB} = -(E_{pB} - E_{pA}) = -\Delta E_p \tag{2-47}$$

即保守力所做的功等于相应势能增量的负值。

如果我们选取 B 点为势能的零点，即令 $E_{pB}=0$，由式(2-38)可得质点在点 A 的势能为

$$E_{pA} = W_{AB} = \int_A^B \boldsymbol{F}_c \cdot \mathrm{d}\boldsymbol{r} \tag{2-48}$$

上式表明，质点在某一位置的势能等于质点从这个位置沿任意路径移至势能零点的过程中保守力所做的功。

关于势能，必须指出的是：

(1) 势能是属于以保守力相关联的整个质点系统的。

(2) 势能增量 ΔE_p 有绝对意义，但势能 E_p 只有相对意义。

2.7　质点系的动能定理　机械能守恒定律

前面两节我们讨论了质点的机械运动的能量以及质点的动能定理。可是，在许多实际问题中，我们需要研究由许多质点所构成的系统。本节我们先将质点动能定理推广到质点系的情况，得出质点系的动能定理，然后通过深入讨论功能关系，得出机械能守恒定律。

2.7.1　质点系的动能定理

设有 n 个质点构成一个质点系统，如图 2-29 所示。我们首先对质点系内的第 i 个质点应用动能定理。对第 i 个质点受力分析可知，对质点系而言，它所受到的力可分为两类，一类是来自于质点系外的物体对它的作用力，称为**外力**，用 $\boldsymbol{F}_i^{ex}$ 表示；另一类是来自质点系内其他质点对它的作用力，称为**内力**，用 $\boldsymbol{F}_i^{in}$ 表示(对第 i 个质点而言，这两种力都是其他物体对它的作用，都是外力)。设它们所做的功分别为 W_i^{ex}，W_i^{in}，该质点初、末两态的动能分别为 E_{ki}，E_{ki0}，则由质点的动能定理可知，

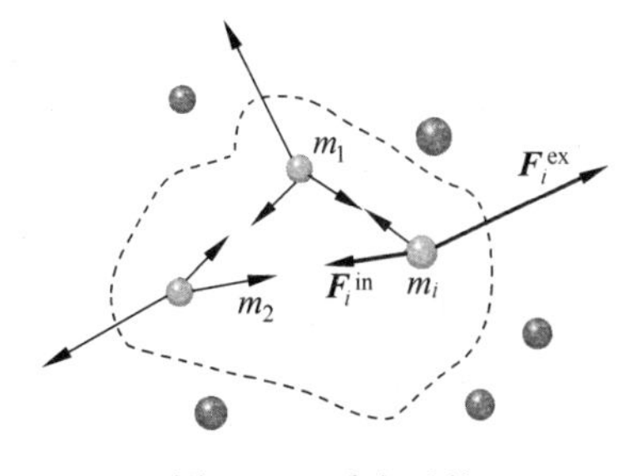

图 2-29　质点系统

$$W_i^{ex} + W_i^{in} = E_{ki} - E_{ki0},\quad i=1,2,3,\cdots,n$$

将质点系内各个质点所满足的动能定理相加得

$$\sum_{i=1}^{n} W_i^{\text{ex}} + \sum_{i=1}^{n} W_i^{\text{in}} = \sum_{i=1}^{n} E_{\text{k}i} - \sum_{i=1}^{n} E_{\text{k}i0}$$

其中$\sum_{i=1}^{n} W_i^{\text{ex}}$是一切外力对质点系所做的功,用$W^{\text{ex}}$表示;$\sum_{i=1}^{n} W_i^{\text{in}}$是质点系内一切内力所做的功,用$W^{\text{in}}$表示;$\sum_{i=1}^{n} E_{\text{k}i0}$是质点系初状态的动能,用$E_{\text{k}0}$表示;$\sum_{i=1}^{n} E_{\text{k}i}$是质点系末状态的动能,用$E_{\text{k}}$表示。这样上式可以写为

$$W^{\text{ex}} + W^{\text{in}} = E_{\text{k}} - E_{\text{k}0} \tag{2-49}$$

式(2-49)表明:外力对质点系所做的功与内力对质点系所做的功的和等于质点系的动能增量。这个结论称为**质点系动能定理**。

必须注意区分的是,质点系的内力的冲量矢量和为零,因而内力不能改变系统的总动量;而质点系的内力的功之和可以不为零,因而可以改变系统的总动能。如在2.3.2节的图2-13中,原本静止在光滑冰面上的两个运动员,在相互推开过程中,系统的内力$\boldsymbol{F}_a$,$\boldsymbol{F}_b$作用的冲量和为零,不能改变系统的总动量;但由于系统的内力$\boldsymbol{F}_a$,$\boldsymbol{F}_b$分别对两个运动员都做正功,因而他们的总动能从$E_{\text{k}0}=0$增加到$E_{\text{k}}=\frac{1}{2}mv_a^2+\frac{1}{2}mv_b^2$,发生了系统总动能的改变。

2.7.2 质点系的功能原理

质点系的动能定理告诉我们内力可以做功,而内力既有保守力也有非保守力,因此,如以W_{c}^{in}表示质点系内各保守内力做功之和,$W_{\text{nc}}^{\text{in}}$表示质点系内各非保守内力做功之和,则质点系内一切内力做的功应为

$$W^{\text{in}} = W_{\text{c}}^{\text{in}} + W_{\text{nc}}^{\text{in}}$$

这样质点系的动能定理式(2-49)就可以改写为

$$W^{\text{ex}} + W_{\text{c}}^{\text{in}} + W_{\text{nc}}^{\text{in}} = E_{\text{k}} - E_{\text{k}0} \tag{2-50}$$

式(2-47)告诉我们,保守内力所做的功等于势能增量的负值,若质点系初状态的势能为$\sum_{i=1}^{n} E_{\text{p}i0}$,用$E_{\text{p}0}$表示;质点系末状态的势能为$\sum_{i=1}^{n} E_{\text{p}i}$,用$E_{\text{p}}$表示,则有

$$W_{\text{c}}^{\text{in}} = -(E_{\text{p}} - E_{\text{p}0})$$

将这个关系式代入式(2-50)中,得到

$$W^{\text{ex}} + W_{\text{nc}}^{\text{in}} = (E_{\text{k}} + E_{\text{p}}) - (E_{\text{k}0} + E_{\text{p}0}) \tag{2-51}$$

在力学中,动能与势能的和叫做**机械能**。若以E_0和E分别代表质点系的初机械能和末机械能,上式可以改写为

$$W^{\text{ex}} + W_{\text{nc}}^{\text{in}} = E - E_0 \tag{2-52}$$

上式表明,外力和非保守内力对质点系所做的功之和等于质点系的机械能增量。这一结论叫做**质点系的功能原理**。

由功能原理可以看出,功和能量是密切关联但又有区别的两个物理量。功总是与能量的变化与转换过程相联系,是能量变化与转换的量度。而能量则表示质点系统在一定状态下所具有的做功本领,它与质点系统的状态有关。

2.7.3　机械能守恒定律与能量守恒定律

从质点系的功能原理式(2-52)可以看出,如果质点系既没有受到外力也没有受到非保守内力作用,或者外力和非保守内力所做的功都为零,即 $W^{ex}+W_{nc}^{in}=0$,则有

$$E=E_0 \tag{2-53}$$

即

$$E_k+E_p=E_{k0}+E_{p0} \tag{2-54}$$

上式称为**机械能守恒定律**,即当作用于质点系的外力和非保守内力不做功时,或者说质点系内只有保守内力做功时,这个系统的总机械能保持不变。

$W^{ex}=0$ 是说系统与外界没有能量交换;$W_{nc}^{in}=0$ 是说系统内部不发生机械能与其他形式的能的转换。当两个条件都满足时,质点系内的动能和势能之间的转换只是通过质点系内的保守力做功来实现的,而总机械能则保持不变。

机械能守恒定律的表达式(2-54)还可以写成

$$E_k-E_{k0}=-(E_p-E_{p0})$$

即

$$\Delta E_k=-\Delta E_p \tag{2-55}$$

如果系统内部除了保守内力做功,还有非保守内力做功,则系统的机械能就要与其他形式的能量发生转换。与自然界无任何联系的系统(称为**孤立系统**),内部各种形式的能量是可以相互转换的,在转换过程中一种形式的能量减少多少,其他形式的能量就增加多少,而能量的总和保持不变。这一结论叫做**能量守恒定律**。它是自然界的基本定律之一。

例 2.14　如图 2-30 所示,质量为 M 的水平放置的平板接在另一端固定在地面的轻弹簧上,弹簧的劲度系数为 k。有一质量为 m 的杂技演员从离平板高度为 h 处自由下落,与平板相撞后弹起。设演员与平板的碰撞为完全弹性碰撞,求:(1)撞后演员弹起达到的最大高度 H;(2)撞后弹簧的最大压缩量 x。

解:(1) 将演员和平板看成系统,由于碰撞时间很短,碰撞过程中,冲撞内力对系统产生的冲量远大于重力和弹簧弹力等外力的冲量,故系统的总动量碰撞前后守恒。设演员与平板碰撞前后的速度分别为$\boldsymbol{v}_0$ 和$\boldsymbol{v}$,碰后平板速度为$\boldsymbol{v}'$,则有

$$mv_0=Mv'-mv$$

由于碰撞为完全弹性碰撞,碰撞前后系统机械能守恒,有

$$\frac{1}{2}mv_0^2=\frac{1}{2}mv^2+\frac{1}{2}Mv'^2$$

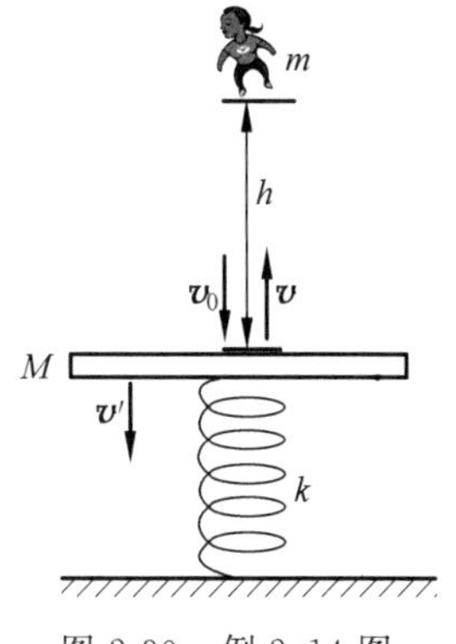

图 2-30　例 2.14 图

联立上述方程,得

$$v=v_0\sqrt{1-\frac{4mM}{(M+m)^2}}$$

$$v'=\frac{2mv_0}{M+m}$$

由自由落体和上抛运动的特点,有

$$v_0=\sqrt{2gh},\quad v=\sqrt{2gH}$$

代入$\left(v=v_0\sqrt{1-\frac{4mM}{(M+m)^2}}\right)$可得演员弹起达到的最大高度为

$$H=\left(\frac{M-m}{M+m}\right)^2h$$

(2) 撞后弹簧压缩过程中,以平板、弹簧和地球组成的系统为研究对象,由于只有重力、弹力等保守内力做功,系统的机械能守恒。

以碰撞结束时为系统的初态,弹簧压缩到最大压缩量时为系统的末态,如图 2-31 所示。初态时,弹簧的压缩量为 $x_0=\frac{Mg}{k}$,平板的速度为$\boldsymbol{v}'$;末态时,弹簧的最大压缩量为 x,平板的速度为零,设弹性势能零点和重力势能零点都在弹簧无形变时其上端所在位置,则有

$$\frac{1}{2}Mv'^2+\frac{1}{2}kx_0^2-Mgx_0=\frac{1}{2}kx^2-Mgx$$

将 $v'=\frac{2mv_0}{M+m}$,$v_0=\sqrt{2gh}$,$x_0=\frac{Mg}{k}$代入上式,可求得撞后弹簧的最大压缩量为

$$x=v'\sqrt{\frac{M}{k}}+x_0=\frac{2mv_0}{M+m}\sqrt{\frac{M}{k}}+\frac{Mg}{k}=\frac{2m}{M+m}\sqrt{\frac{2Mgh}{k}}+\frac{Mg}{k}$$

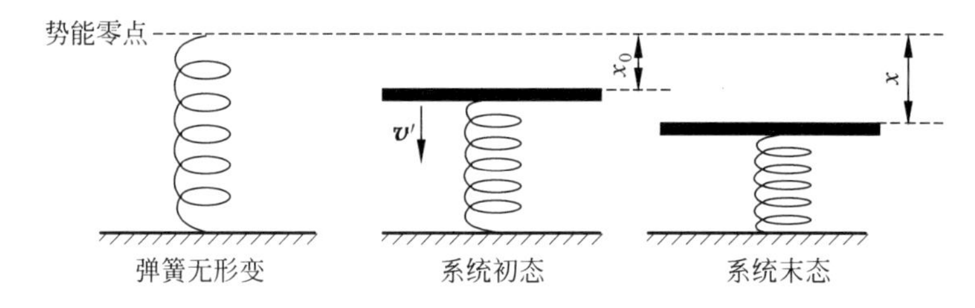

图 2-31 弹簧压缩状态

习题

一、选择题

2.1 一质量为 m 的船,在速率为 v_0 时发动机停止工作。若水对船的阻力为 $f=-Av$,其中 v 是船的速率,A 为正常数,则发动机停止工作后船速的变化规律为: [ ]

(A) $v=v_0e^{-At/m}$ (B) $v=v_0e^{At/m}$ (C) $v=v_0e^{-At}$ (D) $v=v_0e^{At}$

2.2 一轻绳跨过一具有水平光滑轴、质量忽略不计的定滑轮,绳的两端分别悬有质量 m_1 和 m_2 的物体($m_1>m_2$),如图 2-32 所示,此时重物的加速度为 a,今若用一竖直向下的恒力 $F=m_1g$ 代替质量 m_1 的物体,质量 m_2 的物体加速度为 a',则: [ ]

(A) $a=a'$ (B) $a'>a$ (C) $a'<a$ (D) 无法判断

2.3 质量为 m 的质点沿 x 轴方向运动,其运动方程为 $x=A\cos\omega t$。式中 A,ω 均为正的常数,t 为时间变量,则该质点所受的合外力 F 为: [ ]

(A) $F=\omega^2 x$　　(B) $F=m\omega^2 x$　　(C) $F=-m\omega x$　　(D) $F=-m\omega^2 x$

2.4　把一块砖轻放在原来静止的斜面上，砖不往下滑动，如图 2-33 所示，斜面与地面之间无摩擦，则：　[　　]

(A) 斜面保持静止　　(B) 斜面向左运动

(C) 斜面向右运动　　(D) 无法判断斜面是否运动

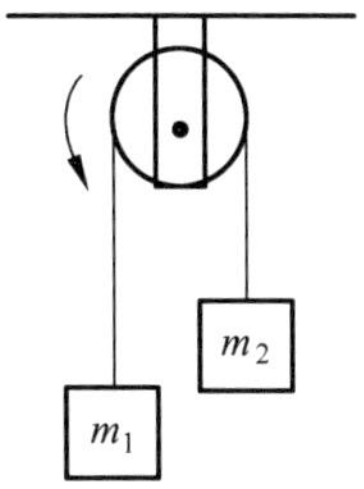

图 2-32　习题 2.2 图

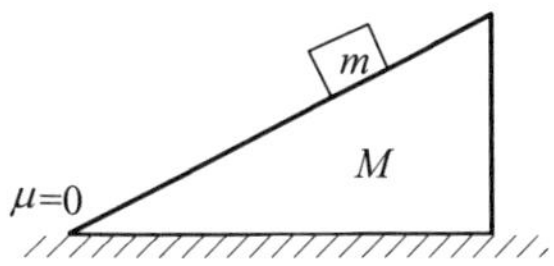

图 2-33　习题 2.4 图

2.5　以下说法正确的是：　[　　]

(A) 大力的冲量一定比小力的冲量大　　(B) 小力的冲量有可能比大力的冲量大

(C) 速度大的物体动量一定大　　(D) 质量大的物体动量一定大

2.6　质量为 m 的铁锤铅直向下打在木桩上后静止，设打击时间为 Δt，打击前速率为 v，则打击时铁锤受到的合力大小应为：　[　　]

(A) $\dfrac{mv}{\Delta t}+mg$　　(B) mg　　(C) $\dfrac{mv}{\Delta t}-mg$　　(D) $\dfrac{mv}{\Delta t}$

2.7　质量为 m 的物体作斜上抛运动，初速度大小为 v，方向与水平方向夹角为 θ。忽略空气阻力，物体在从抛出点到最高点过程中所受合外力冲量的大小和方向为：　[　　]

(A) $mv\cos\theta$，水平向右　　(B) $mv\cos\theta$，水平向左

(C) $mv\sin\theta$，竖直向上　　(D) $mv\sin\theta$，竖直向下

2.8　粒子 B 是粒子 A 的质量的 4 倍，开始时粒子 A 的速度为 $3\boldsymbol{i}+4\boldsymbol{j}$，粒子 B 的速度为 $2\boldsymbol{i}-7\boldsymbol{j}$，由于两者的相互作用，粒子 A 的速度变为 $7\boldsymbol{i}-4\boldsymbol{j}$，则粒子 B 的速度变为：

[　　]

(A) $\boldsymbol{i}-5\boldsymbol{j}$　　(B) $2\boldsymbol{i}-7\boldsymbol{j}$　　(C) 0　　(D) $5\boldsymbol{i}-3\boldsymbol{j}$

2.9　作匀速圆周运动的物体运动一周后回到原处，这一周期内物体：　[　　]

(A) 动量守恒，合外力为零

(B) 动量守恒，合外力不为零

(C) 动量变化为零，合外力不为零，合外力的冲量为零

(D) 动量变化为零，合外力为零，合外力的冲量为零

2.10　以下四种说法中，正确的是：　[　　]

(A) 作用力与反作用力的功一定是等值异号

(B) 内力不能改变系统的总机械能

(C) 摩擦力只能做负功

(D) 同一个力做功在不同的参考系中，也不一定相同

2.11　如图 2-34,圆锥摆的小球在水平面内作匀速率圆周运动,判断下列哪些说法正确。　[　　]

(A) 重力和绳子的张力对小球都不做功

(B) 重力和绳子的张力对小球都做功

(C) 重力对小球做功,绳子张力对小球不做功

(D) 重力对小球不做功,绳子张力对小球做功

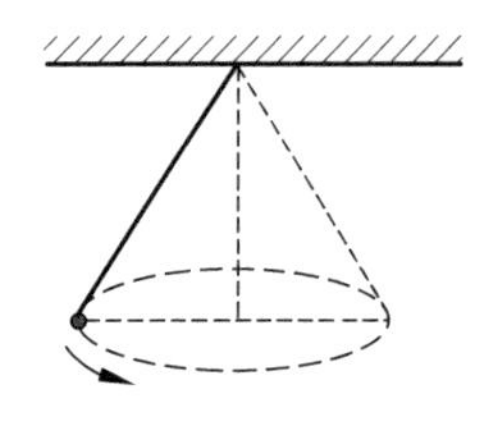

图 2-34　习题 2.11 图

2.12　如图 2-35 所示,有一个小物体,置于一个光滑的水平桌面上,有一绳其一端连结此物体,另一端穿过桌面中心的小孔,该物体原以角速度 ω 在距孔为 R 的圆周上转动,今将绳从小孔缓慢往下拉。则物体：　[　　]

(A) 角动量改变,动量改变　　(B) 角动量不变,动量不变

(C) 角动量改变,动量不变　　(D) 角动量不变,动量改变

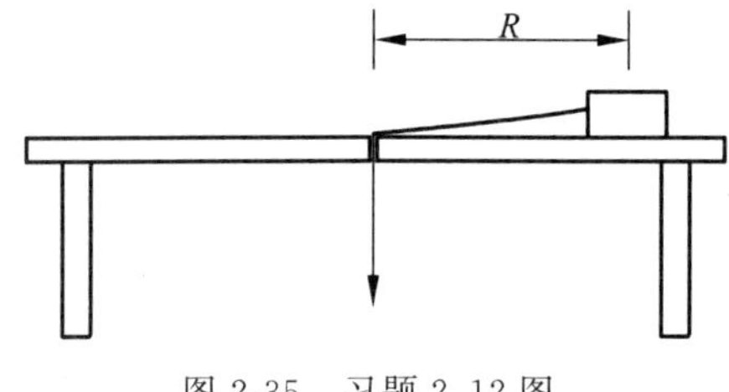

图 2-35　习题 2.12 图

2.13　人造地球卫星,绕地球中心作椭圆轨道运动,地球在椭圆的一个焦点上,则在运动过程中,卫星对地球中心的：　[　　]

(A) 角动量守恒,动量守恒　　(B) 角动量不守恒,动量不守恒

(C) 角动量不守恒,机械能守恒　　(D) 角动量守恒,机械能守恒

(E) 角动量守恒,动能守恒

2.14　如图 2-36 所示,物体 A,B 置于光滑的桌面上,物体 A 和 C,B 和 D 之间摩擦系数均不为零,首先用外力沿水平方向相向推压 A 和 B,使弹簧压缩,后拆除外力,则 A 和 B 弹开过程中,对 A,B,C,D 组成的系统：　[　　]

(A) 动量守恒,机械能守恒　　(B) 动量不守恒,机械能守恒

(C) 动量不守恒,机械能不守恒　　(D) 动量守恒,机械能不一定守恒

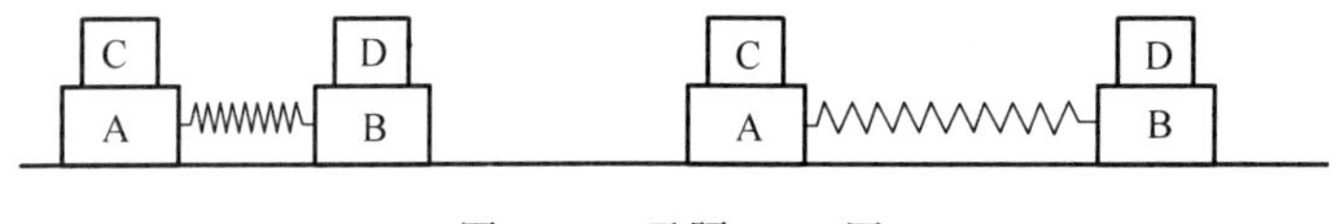

图 2-36　习题 2.14 图

2.15　如图 2-37 所示,足够长的木条 A 静止置于光滑水平面上,另一木块 B 在 A 的粗糙平面上滑动,则 A,B 组成的系统的总动能：　[　　]

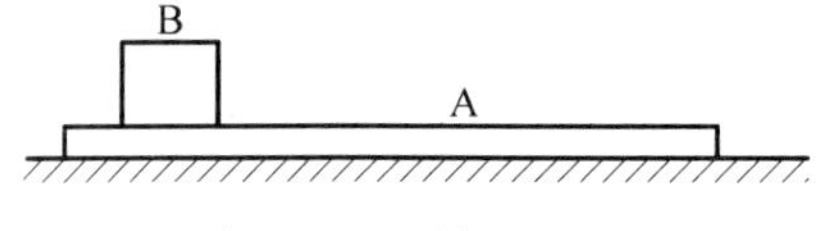

图 2-37　习题 2.15 图

(A) 不变　　　　　　　　　　　(B) 增加到一定值

(C) 减少到零　　　　　　　　　(D) 减少到一定值后不变

二、填空题

2.16　质量为 $m=2\text{kg}$ 的质点，受合力 $\boldsymbol{F}=12t\boldsymbol{i}$(SI)的作用沿 x 轴作直线运动。$t=0$ 时，$x_0=0$，$v_0=0$，则从 $t=0$ 到 $t=3\text{s}$ 这段时间内，合力的冲量 $\boldsymbol{I}$ 为________；3s 末质点的速率为________。

2.17　一个力作用在质量为 1.0kg 的质点上，使之沿 x 轴运动。已知在此力作用下质点的运动方程为 $x=3-4t^2+t^3$(SI)。质点的运动速度为________；在 0 到 4s 的时间间隔内，此力 F 的冲量大小 $I=$________。

2.18　有一质量为 m 的小球，系在一细绳的下端，作如图 2-38 所示的圆周运动。圆的半径为 R，运动的速率为 v，小球运动一周时，小球所受合外力冲量的大小为________；重力冲量的大小为________；细绳拉力冲量的大小为________。

2.19　一小球在弹簧作用下作振动，弹力 $F=-kx$，而位移 $x=A\cos\omega t$，其中 k，A，ω 都是常量。则在 $t=0$ 到 $t=\pi/(2\omega)$ 的时间间隔内弹力施于小球的冲量为________。

2.20　一小车质量 $m_1=200\text{kg}$，车上放一装有沙子的箱子，沙箱的质量 $m_2=100\text{kg}$。已知小车与沙箱以 $v_0=3.5\text{km/h}$ 的速率一起在光滑的直线轨道上前进，现将一质量 $m_3=50\text{kg}$ 的物体垂直落入沙箱中，如图 2-39 所示，则此后小车的运动速率为________ km/h。

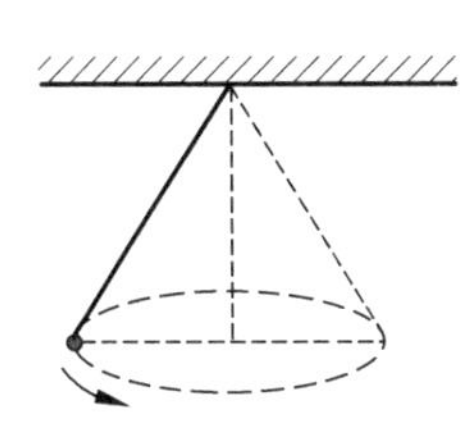

图 2-38　习题 2.18 图

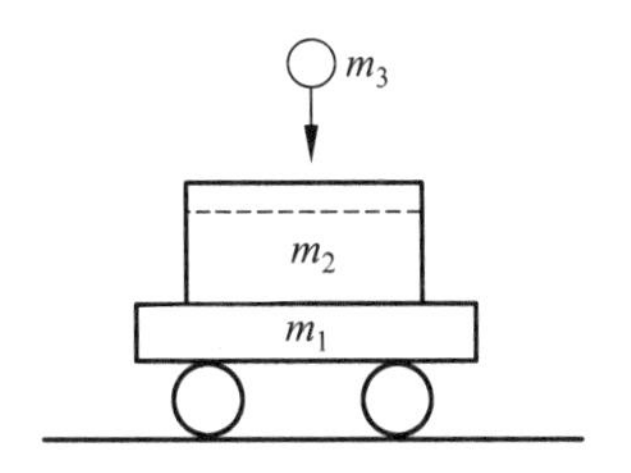

图 2-39　习题 2.20 图

2.21　质量为 m 的质点以速度 $\boldsymbol{v}$ 沿一直线运动，则它对直线上任一点的角动量为________；它对直线外垂直距离为 d 的一点的角动量为________。

2.22　一质量为 0.10kg 的质点由静止开始运动，运动函数为 $\boldsymbol{r}=\frac{5}{3}t^3\boldsymbol{i}+2\boldsymbol{j}$(SI)，则在 $t=0$ 到 $t=2\text{s}$ 时间内，作用在该质点上的合力所做的功为________。

2.23　质量 $m=1\text{kg}$ 的物体，在坐标原点处从静止出发在水平面内沿 x 轴运动，其所受合力方向与运动方向相同，合力大小为 $F=3+2x$(SI)，那么，物体在开始运动的 3m 内，合力所做功 $W=$________；且 $x=3\text{m}$ 时，其速率 $v=$________。

2.24　一弹簧原长为 0.1m，劲度系数 $k=50\text{N}\cdot\text{m}^{-1}$，其一端固定在半径为 0.1m 的半圆环的端点 A，另一端套在半圆环上的小环上，如图 2-40 所示。在把小环由 B 点移到 C 点的过程中，弹簧的拉力对小环所做的功为________。

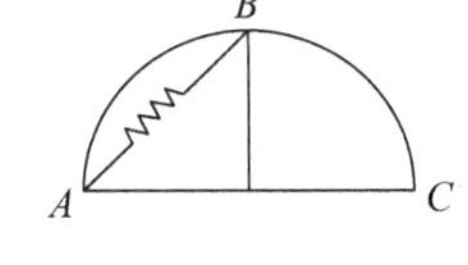

图 2-40　习题 2.24 图

三、计算题

2.25　一轻绳跨过一具有水平光滑轴、质量忽略不计的定滑轮，绳的两端分别悬有质量

为 m_1 和 m_2 的物体（$m_1>m_2$），如图 2-41 所示，若滑轮和绳子间的摩擦忽略不计，滑轮和绳子间无相对滑动，试求物体的加速度和绳子的张力。

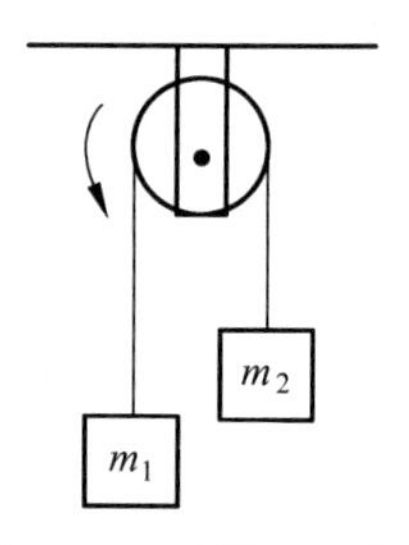

图 2-41　习题 2.25 图

2.26　轻型飞机连同驾驶员总质量为 1.0×10^3kg。飞机以 $55.0\mathrm{m\cdot s^{-1}}$ 的速率在水平跑道上着陆后，驾驶员开始制动。若阻力与时间成正比，比例系数 $b=5.0\times10^2\mathrm{N\cdot s^{-1}}$，求：

(1) 10s 后飞机的速率；

(2) 飞机着陆后 10s 内滑行的距离。

2.27　一质量为 m 的小球最初位于如图 2-42 所示的 A 点，然后沿半径为 r 的光滑圆轨道 $ABCD$ 下滑，试求小球到达点 C 时的角速度和对圆轨道的作用力。

2.28　如图 2-43 所示，绳子一端固定，另一端系一小球，小球绕竖直轴在水平面上作匀速圆周运动，这称为圆锥摆。已知绳长为 L，绳与竖直轴的夹角为 θ，求小球绕竖直轴一周所需时间。

2.29　如图 2-44 所示，在水平面上，有一横截面为 $S=0.20\mathrm{m}^2$ 的直角弯管，管中有流速 $v=3.0\mathrm{m\cdot s^{-1}}$ 的水通过，求弯管所受的水流对其管壁的冲力的大小和方向。

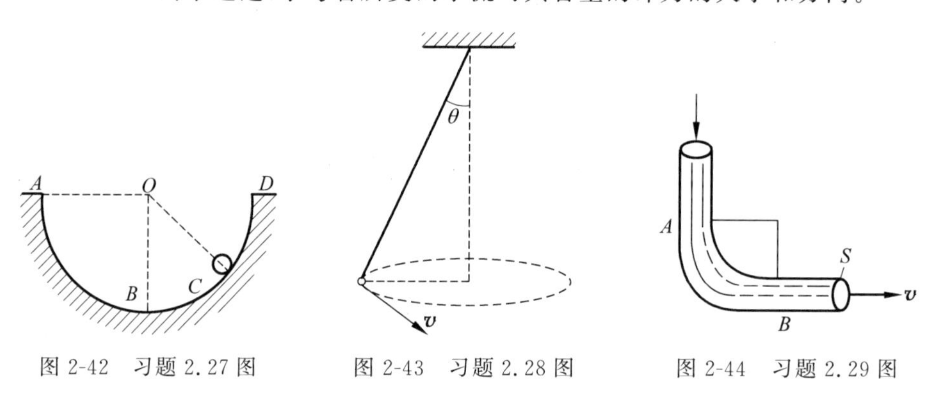

图 2-42　习题 2.27 图　　图 2-43　习题 2.28 图　　图 2-44　习题 2.29 图

2.30　子弹脱离枪口的速度为 $300\mathrm{m\cdot s^{-1}}$，在枪管内子弹受力为 $F=400-\dfrac{4\times10^5}{3}t$(SI)，设子弹到枪口时受力变为零。求：(1)子弹在枪管中运行的时间；(2)该力冲量的大小；(3)子弹的质量。

2.31　如图 2-45 所示，质量为 $m=2.5$g 的小球，以初速度 v_1 射向桌面，撞击桌面后以速度 v_2 弹开。(1)若测得 $v_1=20\mathrm{m\cdot s^{-1}}$，$v_2=16\mathrm{m\cdot s^{-1}}$，$v_1$ 和 v_2 与桌面法线方向之间的夹角分别为 45°和 30°，试求小球所受到的冲量；(2)若撞击时间为 0.01s，试求桌面施于小球的平均冲击力。

2.32　某人质量为 M，手中拿着质量为 m 的小球跳远，起跳速度 $\boldsymbol{v}_0$，仰角为 θ_0，跳至最高点时以相对人的速率 $\boldsymbol{u}$ 将小球水平向后抛出，如图 2-46 所示，问跳远成绩因此增加多少？(即 $\Delta x=?$)

2.33　哈雷彗星绕太阳运动的轨道是一个椭圆。它离太阳最近距离为 $r_1=8.75\times10^{10}$m 时的速率是 $v_1=5.46\times10^4\mathrm{m\cdot s^{-1}}$，它离太阳最远时的速率是 $v_2=9.08\times10^2\mathrm{m\cdot s^{-1}}$，这时它离太阳的距离 r_2 为多少？(太阳位于椭圆的一个焦点)

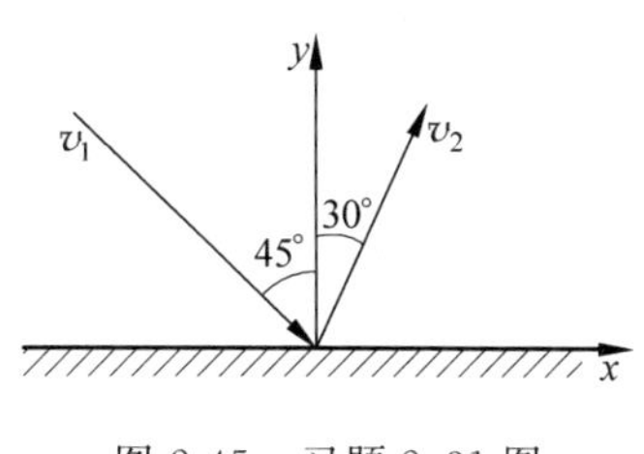

图 2-45　习题 2.31 图

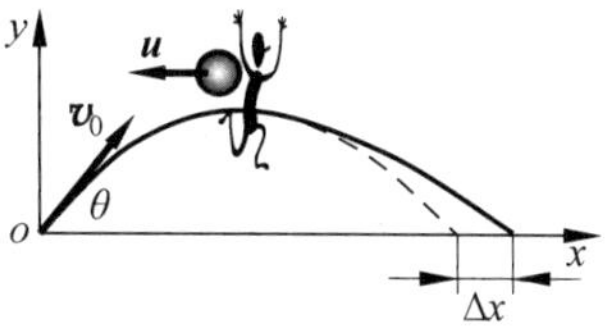

图 2-46　习题 2.32 图

2.34　如图 2-47 所示，平板中央开一小孔，质量为 m 的小球用细线系住，细线穿过小孔后挂一质量为 M_1 的重物。小球作匀速圆周运动，当半径为 r_0 时重物达到平衡。今在 M_1 的下方再挂一质量为 M_2 的物体，试问这时小球作匀速圆周运动的角速度 ω'和半径 r'为多少？

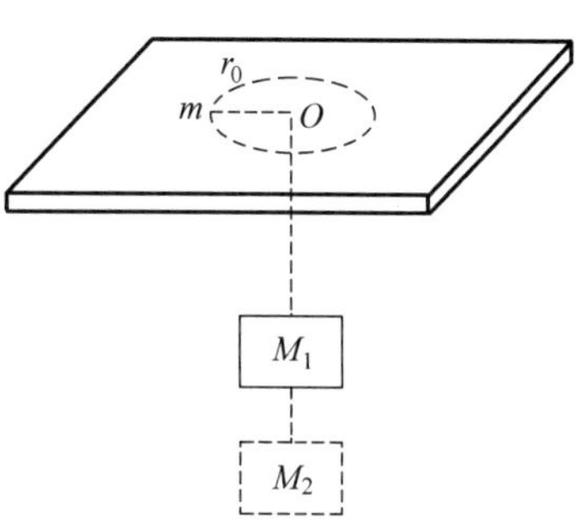

图 2-47　习题 2.34 图

2.35　一人从深 10m 的井中提水，开始时桶中装有 10kg 的水，桶的质量为 1kg，由于水桶漏水，每升高 1m 要漏去 0.2kg 的水，水桶被匀速地从井中提到井口，求人所做的功。

2.36　一物体在介质中按规律 $x=ct^2$ 作直线运动，c 为常量。设介质对物体的阻力正比于速度的平方。试求物体由 $x_0=0$ 运动到 $x=l$ 时，阻力所做的功(已知阻力系数为 k)。

2.37　一质量 $m=1\text{kg}$ 的质点在力 $\boldsymbol{F}=(7\boldsymbol{i}-6\boldsymbol{j})\text{N}$ 作用下，从坐标原点运动到位置矢量 $\boldsymbol{r}=(-3\boldsymbol{i}+4\boldsymbol{j}+16\boldsymbol{k})\text{m}$ 处。已知整个过程所需的时间 $t=0.6\text{s}$，求运动过程：(1)力 $\boldsymbol{F}$ 所做的功；(2)平均功率；(3)动能的变化量。

2.38　质量为 m 的飞船返回地球时将发动机关闭，认为它仅在地球引力场中运动。设地球质量为 M，求飞船从与地心距离为 R_1 下降至 R_2 的过程中，地球引力所做的功和飞船势能的增量分别为多少？

2.39　测子弹速度的一种方法是把子弹水平射入一端固定在弹簧上的木块内(木块可以在水平桌面上滑动)，由弹簧的压缩距离求出子弹的速度。如图 2-48 所示，已知子弹和木块的质量分别为 0.02kg 和 8.98kg，弹簧的劲度系数为 $100\text{N}\cdot\text{m}^{-1}$，设弹簧初始时处于自然长度，子弹射入木块后，弹簧被压缩 10cm。木块与水平面之间的滑动摩擦系数为 0.2，求子弹的速度。

2.40　质量为 M 的大木块具有半径为 R 的四分之一弧形槽，如图 2-49 所示。质量为 m 的小立方体从曲面的顶端滑下，大木块放在光滑水平面上，二者都作无摩擦的运动，而且都从静止开始，求小木块脱离大木块时的速度。

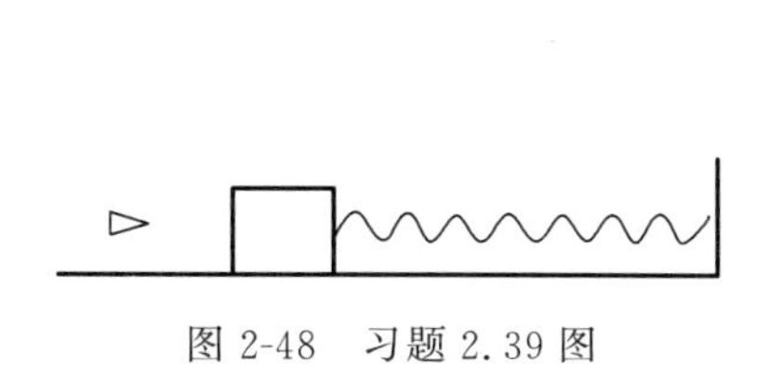

图 2-48　习题 2.39 图

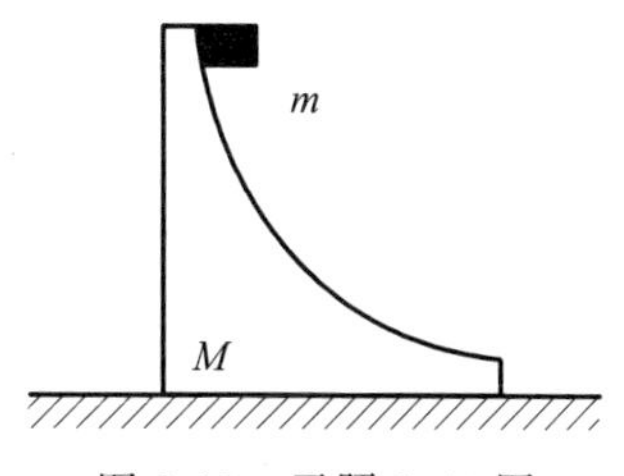

图 2-49　习题 2.40 图

第3章

刚体的定轴转动

前面两章，我们讨论了质点运动的规律，质点是最简单的最基本的理想模型。可是，很多运动着的实际物体不能忽略其形状、大小而将其视为质点，如车轮的运动、陀螺的旋转、电子的自旋等。不仅如此，实际物体在外力作用下总会或多或少地发生形变，如甩动的面团会拧成麻花状，高速转动的吊扇的叶片会变形等，分析它们的运动非常复杂。但像火车的轮子那类物体，其形变与其线度相比非常小，对运动的影响可以忽略，我们可以建立一种新的理想模型——刚体来研究其运动变化规律。所谓**刚体**就是在运动和受力过程中形状、大小不发生变化的理想化的物体。

我们对质点运动的研究，分为质点运动学和动力学两部分进行讨论，对刚体转动的研究，我们也将分为运动学和动力学两部分。本章主要研究刚体最基本的运动——刚体的定轴转动，先对刚体定轴转动进行描述，然后研究刚体定轴转动的动力学基本规律。内容包括描述刚体定轴转动的角位移、角速度、角加速度、转动惯量、力矩、角动量以及转动动能等物理量，刚体定轴转动的转动定律、角动量守恒定律、动能定理、机械能守恒定律以及它们的应用。

莱昂哈德·欧拉(Leonhard Euler，1707—1783)，瑞士数学家、物理学家，科学史上最多产的杰出科学家。一生共写下886本书籍和论文，涵盖数学、物理学、航海学等多个领域。欧拉第一个将分析方法引入力学，是刚体力学和流体力学的奠基者，弹性系统稳定性理论的创始人。欧拉在著作《刚体运动理论》中，得到了刚体运动学和刚体动力学最基本的结果。在其著作《航海学》中，给出了流体运动的欧拉描述法，提出了理想流体模型，建立了流体运动的基本方程。欧拉为力学和物理学的变分原理研究奠定了数学基础，这种变分原理至今仍在科研中采用。

3.1 刚体定轴转动的描述

刚体的运动形式是多种多样的，最基本的运动是刚体的平动和转动。

如果刚体在运动过程中，刚体上任意两点的连线始终保持平行，则这种运动称为**平动**。电梯的升降(图3-1)、汽车的行驶运动、刨床刀具的运动等都是平动的例子。刚体平动时，刚体内所有质点都具有相同的运动状态，任何一点的运动都可代表整个刚体的平动，可以直接用前两章讲述的有关质点的运动规律来描述。

如果刚体在运动过程中，刚体上各质点都绕同一直线作圆周运动，则这种运动称为**转动**，这条直线称为**转轴**。若刚体转动过程中转轴固定不动，称为**定轴转动**，否则为非定轴转动。例如，摩天轮的转动（图 3-2）、钟表指针的转动、砂轮、电机转子的转动等都是定轴转动。

复杂的刚体运动如运动中的车轮、发射到空中的炮弹等，都可以看作是平动和转动的合成。

图 3-1　电梯的升降是平动

图 3-2　摩天轮的转动是定轴转动

下面我们对刚体的定轴转动进行描述。

在研究刚体运动规律时，我们可以将刚体看作是由许多体积非常微小的质量元（简称质元）组成的质点系，且各质元之间的相对位置保持不变。

刚体作定轴转动时，各质元作半径不同的圆周运动，它们的位移、速度、加速度各不相同，但在相同的时间内，各个质元的角位移相同，在某一时刻，它们的角速度相同、角加速度也相同，根据这一特点，可采用角量来描述刚体的定轴转动。

在刚体上任取一点 P，如图 3-3 所示，过 P 点作垂直于转轴的平面，该平面称为转动平面。刚体的定轴转动可以等效成转动平面上质点 P 的圆周运动，质点作圆周运动的角量描述完全适用于刚体的定轴转动。

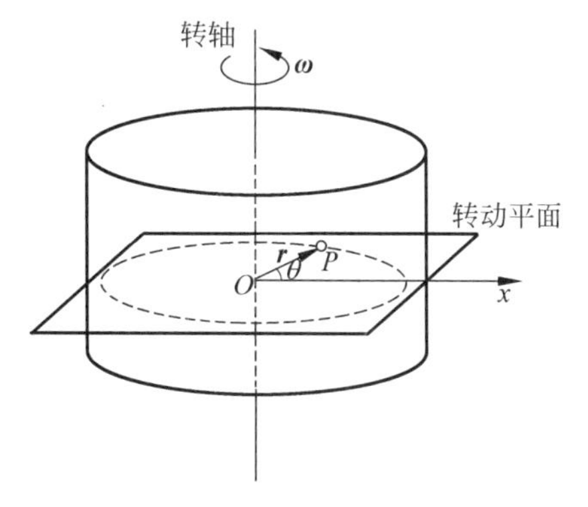

图 3-3　刚体定轴转动

以转动平面与转轴的交点 O（称为转心）为原点，在转动平面内建立坐标系 Ox，则 P 点的位矢 $\boldsymbol{r}$ 与 Ox 轴的夹角 $\theta(t)$ 即为刚体的角位置。

刚体作定轴转动的角速度为

$$\omega=\frac{\mathrm{d}\theta}{\mathrm{d}t} \tag{3-1}$$

角速度是矢量，其方向由右手螺旋法则来确定。刚体作定轴转动的方向只有顺时针或逆时针两种可能，角速度也只可能有沿转轴向上或向下两个方向，因此角速度不必写成矢量形式，在具体问题中采用正负号表示其方向。

刚体定轴转动的角加速度为

$$\alpha=\frac{\mathrm{d}\omega}{\mathrm{d}t} \tag{3-2}$$

角加速度也是矢量，方向也沿着转轴。如果刚体作加速转动，角加速度的方向与角速度的方向相同；作减速转动时其方向与角速度的方向相反。

有时也需要知道刚体上某点的线量。距离转轴为 r 的质点的线速度、切向加速度和法向加速度分别为

$$v=r\omega,\quad a_{\mathrm{n}}=r\omega^2,\quad a_{\mathrm{t}}=r\alpha$$

刚体定轴转动的一种最简单情况是匀变速转动。刚体匀变速转动时，角加速度等于恒量。刚体匀变速转动的公式与 1.2 节中的质点匀变速圆周运动公式相同。

3.2 刚体定轴转动的转动定律　转动惯量

前两章关于质点运动的研究，我们分为质点运动学和动力学两部分讨论。与质点运动的研究类似，在完成对刚体定轴转动的描述后，本节我们将讨论刚体运动状态改变的原因，介绍刚体定轴转动的动力学基本方程——转动定律。

3.2.1 刚体定轴转动的转动定律

牛顿指出力是物体运动状态改变的原因。力有三要素：大小、方向和作用点。在研究力对质点运动的影响时，我们只要考虑其大小和方向，物体所受的所有外力都可以平移到一个点上视为共点力。但是，研究刚体的转动时，力的三要素都至关重要。生活经验告诉我们，要想使静止的门转动起来，必须注意力的方向和作用点。门把（力作用点）装得越远，转动起来越不费力；而力的方向与门转轴平行或力作用线过转轴时门根本转不动。

现在讨论力对刚体定轴转动的影响。研究刚体动力学规律时，将刚体看作质点系，首先对各个质点应用质点力学定律，再将全部质点所遵从的力学规律加以综合，就可以得到整个刚体所遵从的力学规律。

如图 3-4 所示，刚体在力的作用下绕轴 Oz 作定轴转动。设第 i 个质元的质量为 Δm_i，与转轴的距离为 r_i，同时受到外力 $\boldsymbol{F}_i$ 和刚体内其他质元对它施加的内力合力 $\boldsymbol{f}_i$ 的作用（这里我们只考虑力 $\boldsymbol{F}_i$，$\boldsymbol{f}_i$ 在转动平面内情形。若力不在转动平面内，则可将其分解成在转动平面与垂直转动平面两个分力，前者对刚体转动产生影响，后者由于平行于转轴不影响刚体转动）。

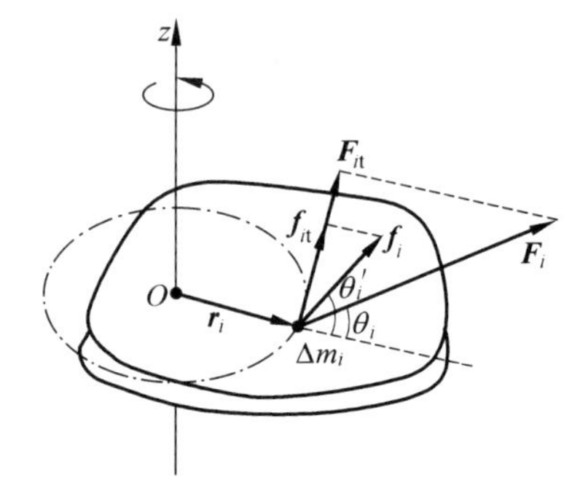

图 3-4　转动定律

用 $F_{i\mathrm{t}}$ 和 $f_{i\mathrm{t}}$ 分别表示力 $\boldsymbol{F}_i$ 和 $\boldsymbol{f}_i$ 沿 Δm_i 运动轨道切向的分量，则对质元 Δm_i 应用牛顿第二定律，其切向方向的表达式为

$$F_{it}+f_{it}=\Delta m_i a_{it}=\Delta m_i r_i \alpha \tag{3-3}$$

式中，α 为刚体的角加速度(也是其中各质元共同的角加速度)。

将上式两边同乘以 r_i，得

$$r_i F_{it}+r_i f_{it}=(\Delta m_i r_i^2)\alpha \tag{3-4}$$

由力矩定义式(2-27)可知，上式中的 $r_i F_{it}=r_i F_i \sin\theta_i$，$r_i f_{it}=r_i f_i \sin\theta_i'$，分别为外力 $\boldsymbol{F}_i$ 和内力 $\boldsymbol{f}_i$ 产生的力矩。

对刚体中所有质元求和，得

$$\sum_i r_i F_{it}+\sum_i r_i f_{it}=\sum_i(\Delta m_i r_i^2)\alpha \tag{3-5}$$

上式中，$\sum_i r_i F_{it}$ 是所有外力对刚体转轴产生的力矩之和，称为合外力矩，用 M 表示；$\sum_i r_i f_{it}$ 是所有内力对刚体转轴的力矩之和，由于内力总是成对出现的，它们大小相等，方向相反，且在一条直线上，具有相同的力臂 d，如图 3-5 所示，因此每一对内力矩相互抵消，即$\sum_i r_i f_{it}=0$；$\sum_i(\Delta m_i r_i^2)$ 是刚体内各质元的质量与它们各自到转轴的距离的平方的乘积之总和，称为刚体对定轴的**转动惯量**，用 J 表示。这样上式简写为

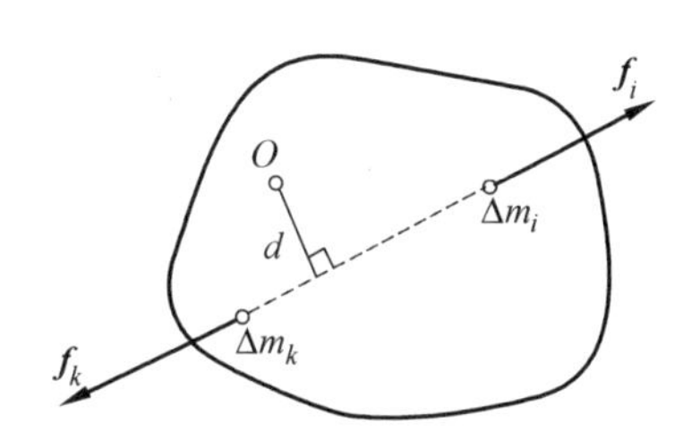

图 3-5　一对相互作用的内力的力矩和为零

$$M=J\alpha \tag{3-6}$$

上式表明，刚体的角加速度与它所受的合外力矩成正比，与刚体的转动惯量成反比。这一结论叫做**刚体定轴转动的转动定律**。转动定律定量描述了刚体运动状态改变的原因，它是刚体作定轴转动时所遵守的基本定律，转动的其他规律都是由这条定律推导出来的。

3.2.2　转动惯量

转动定律与牛顿第二定律不仅在形式上非常相似，而且对应的物理量的意义也非常相近。合外力矩 $\boldsymbol{M}$ 相当于合外力 $\boldsymbol{F}$，角加速度$\boldsymbol{\alpha}$ 相当于加速度 $\boldsymbol{a}$，转动惯量 J 相当于惯性质量 m。我们知道，m 是物体惯性大小的量度，同理，J 是刚体转动惯性大小的量度。J 越大，刚体的惯性越大，施加同样的外力矩 M，产生的角加速度 α 就越小。例如，施加制动力矩使高速转动的飞轮停下来，飞轮转动惯量越大，它的转动惯性越大，停下来就越困难。

转动惯量的定义式为

$$J=\sum_i \Delta m_i r_i^2 \tag{3-7}$$

对于离散的质点系统，可以直接利用上式计算该系统的转动惯量。例如，图 3-6 所示的是一个轻质材料制成的长为 a 的杆，两端分别固定着质量为 m 和 $2m$ 的小球，它们的体积很小可以当成质点看待。整个系统可以绕过杆中心 O 点且垂直于杆的轴转动，则该系统的转动惯量为

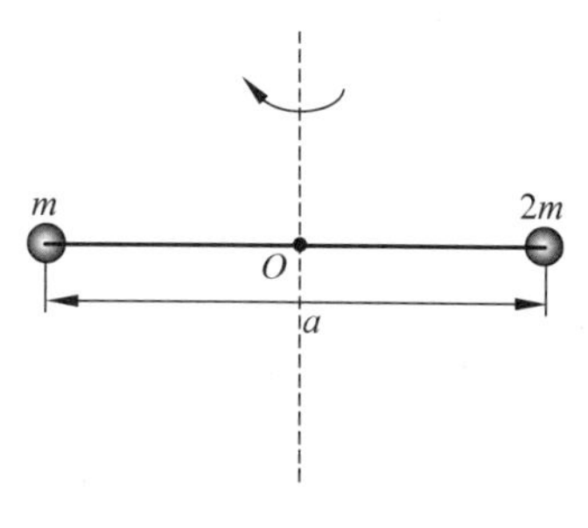

图 3-6　杆与小球系统

$$J=m\cdot\left(\frac{a}{2}\right)^2+2m\cdot\left(\frac{a}{2}\right)^2=\frac{3}{4}ma^2$$

如果刚体的质量是连续分布的，求和应以积分代之。设刚体中任意一个质元的质量为 $\mathrm{d}m$，到转轴的垂直距离为 r，则该质元对转轴的转动惯量为 $r^2\mathrm{d}m$，整个刚体对转轴的转动惯量为所有质元的转动惯量之和，即

$$J=\int_{\Omega}r^2\mathrm{d}m \tag{3-8}$$

公式中 Ω 泛指刚体质量分布的区域。

在国际单位制中，转动惯量的单位是 $\mathrm{kg\cdot m^2}$。

由上面两式可知，对于绕定轴转动的刚体，转动惯量 J 为一恒量，其大小不仅与刚体的总质量有关，而且和质量相对于轴的分布有关。

式(3-8)用于求解具有规则几何形状的刚体的转动惯量比较方便。但是，实际物体的形状大都不规则，它们的转动惯量往往采用实验的方法来测量。例如，对物体施加一定的外力矩，测量其转动的角加速度，再利用转动定律推算出转动惯量。

例 3.1 求质量为 m、长为 l 的匀质细棒的转动惯量：

(1)对于通过棒的中点且与棒垂直的轴；(2)对于通过棒的一端且与棒垂直的轴。

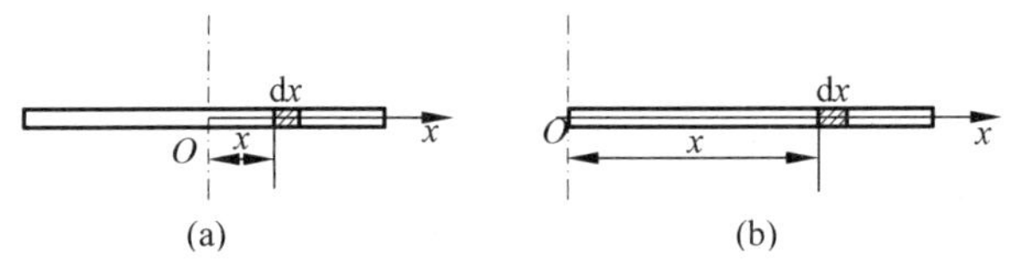

图 3-7 例 3.1 图

解：(1) 沿着棒长方向建立坐标轴 x，选棒的中心为坐标原点 O，如图 3-7(a)所示。在棒上取长度为 $\mathrm{d}x$ 的质元，以 λ 表示单位长度的质量(线密度)，则此质元质量为

$$\mathrm{d}m=\lambda\mathrm{d}x=\frac{m}{l}\mathrm{d}x$$

棒对通过其中点且与棒垂直的轴的转动惯量为

$$J_1=\int_L x^2\mathrm{d}m=\int_{-\frac{l}{2}}^{\frac{l}{2}}x^2\frac{m}{l}\mathrm{d}x=\frac{1}{3}\frac{m}{l}x^3\Big|_{-\frac{l}{2}}^{\frac{l}{2}}=\frac{1}{12}ml^2$$

(2) 将坐标原点 O 移到棒的一端，如图 3-7(b)所示。同样可求出，棒对通过其一端且与棒垂直的轴的转动惯量为

$$J_2=\int_L x^2\mathrm{d}m=\int_0^l x^2\frac{m}{l}\mathrm{d}x=\frac{1}{3}\frac{m}{l}x^3\Big|_0^l=\frac{1}{3}ml^2$$

表 3-1 给出了几种常见匀质刚体的转动惯量。

表 3-1 几种常见匀质刚体的转动惯量

刚体和轴	刚体示意图	转动惯量
细棒绕中心轴	l m	$J=\frac{1}{12}ml^2$

续表

刚体和轴	刚体示意图	转动惯量
细棒绕一端轴	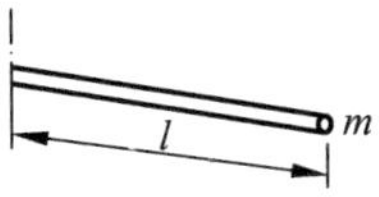	$J=\frac{1}{3}ml^2$
薄圆环(筒)绕中心轴	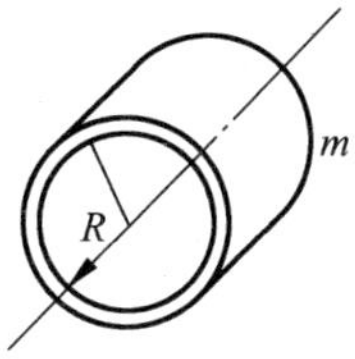	$J=mR^2$
圆盘(柱)绕中心轴	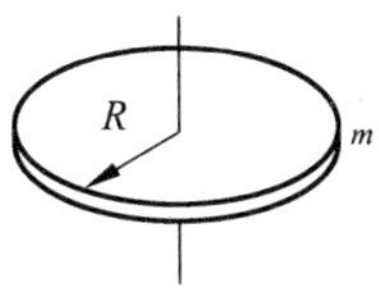	$J=\frac{1}{2}mR^2$
球体绕直径	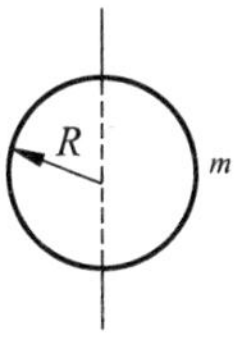	$J=\frac{2}{5}mR^2$

3.2.3 转动定律的应用

转动定律的应用与牛顿运动定律的应用类似,解题思路如下:

(1) 确定研究对象(确定刚体及其转轴位置);

(2) 受力分析,隔离物体画出受力图(注意力的方向和作用点,正确计算力矩);

(3) 选取坐标(注意转动和平动的坐标取向要一致);

(4) 列方程求解(平动物体列牛顿定律方程,转动刚体列转动定律方程,再列出角量与线量关系等约束条件方程)。

例 3.2 汽车盘式制动器及其工作原理如图 3-8 所示。盘式制动器由制动盘、制动钳、液压装置等构成,制动盘为一合金圆盘,固定在车轮上随车轮转动,制动钳内部两侧各装有一个刹车片。刹车时,液压活塞推动制动钳刹车片压向制动盘边缘,产生摩擦力矩制动。现对刹车盘空载(未装在车轮上)时的制动情况进行简单分析,若制动盘质量 $m=15\text{kg}$,半径 $R=0.18\text{m}$,从转速 $n=3.0\times10^3\text{r}\cdot\text{min}^{-1}$ 开始制动,均匀减速经时间 $t=3.0\text{s}$ 停止转动,求制动钳每个刹车片对制动盘的正压力 F_N。设制动盘的转动惯量为 $J=\frac{1}{2}mR^2$,刹车片与制动盘之间的摩擦系数 $\mu=0.40$,刹车片大小可忽略。

解:本题为转动定律应用的典型题,属于已知运动求力的题型。

以制动盘为研究对象,视为定轴转动的刚体——绕中心轴转动的圆盘。

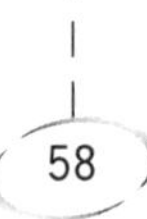

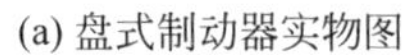
(a) 盘式制动器实物图

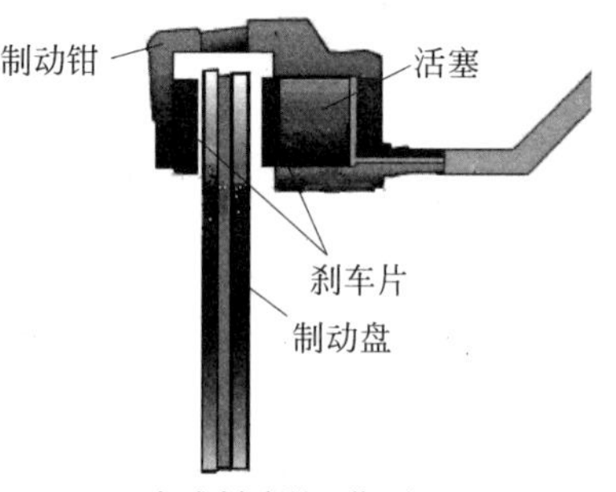

(b) 盘式制动器工作原理图

图 3-8　汽车盘式制动器

依题意，制动盘制动时的初角速度 $\omega_0=2\pi n=\dfrac{2\pi\times3.0\times10^3\,\text{rad}\cdot\text{s}^{-1}}{60}=314\text{rad}\cdot\text{s}^{-1}$，末角速度 $\omega=0$，制动时间 $t=3.0\text{s}$，代入刚体匀变速转动公式，可求得角加速度

$$\alpha=\frac{\omega-\omega_0}{t}=\frac{(0-314)\text{rad}\cdot\text{s}^{-1}}{3.0\text{s}}=-105\text{rad}\cdot\text{s}^{-2}$$

负值表示 α 与 ω_0 方向相反，与减速转动相对应。

受力分析可知，当制动钳刹车片压紧制动盘边缘时，两个刹车片都与制动盘产生摩擦，制动盘所受的合外力矩为两摩擦力矩之和。以 ω_0 方向为坐标正向，则摩擦力矩应沿反向，为负值。设每片刹车片与制动盘的摩擦力数值用 F_f 表示，则 $F_\text{f}=\mu F_\text{N}$，合外力矩为

$$M=-2F_\text{f}R=-2\mu F_\text{N}R$$

根据刚体定轴转动定律 $M=J\alpha$，可得

$$-2\mu F_\text{N}R=J\alpha$$

将 $J=\dfrac{1}{2}mR^2$ 代入，可得

$$F_\text{N}=-\frac{mR\alpha}{4\mu}$$

代入数据，可得

$$F_\text{N}=-\frac{15\times0.18\times(-105)}{4\times0.40}\text{N}=177\text{N}$$

本题仅对刹车盘空载（未装在车轮上）情况进行简单分析，实际计算要复杂得多。

例 3.3　如图 3-9 所示，一质量为 m，长为 l 的均匀细棒，可绕其一端的光滑水平轴 O 在竖直平面内转动。今使细棒从水平位置静止释放，求细棒下摆至 θ 角位置时的角加速度和角速度。

解：讨论下摆运动时，不能把细棒看作质点，而应作为刚体转动来处理，需要用转动定律求解，本题属于已知力求运动的题型。

细棒受到的力为重力和 O 轴对棒的作用力（该作用力对转轴 O 的力矩为零，可不画），棒所受外力矩就是重力对转轴 O 的力矩。

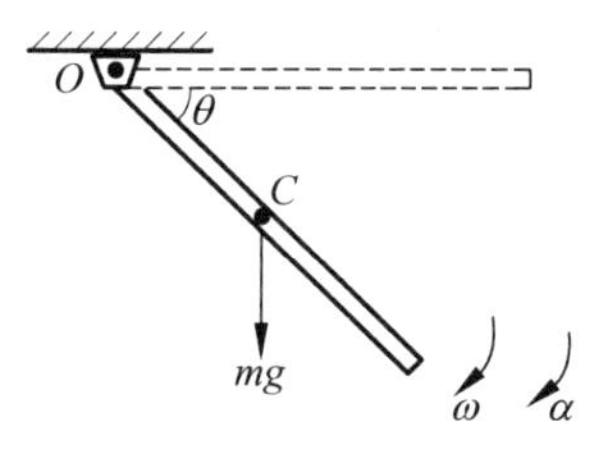

图 3-9　细棒下摆运动

以下摆(顺时针)方向为坐标正向,重力的作用点在重心 C 上,由力矩定义式可得,细棒下摆至 θ 角位置时的外力矩为

$$M=M_G=mg\cdot\frac{l}{2}\cos\theta$$

由刚体定轴转动定律 $M=J\alpha$,可得

$$mg\cdot\frac{l}{2}\cos\theta=J\alpha$$

将 $J=\frac{1}{3}ml^2$ 代入,可得角加速度为

$$\alpha=\frac{3g}{2l}\cos\theta$$

由角加速度与角速度的关系得

$$\alpha=\frac{\mathrm{d}\omega}{\mathrm{d}t}=\frac{\mathrm{d}\omega}{\mathrm{d}\theta}\cdot\frac{\mathrm{d}\theta}{\mathrm{d}t}=\omega\frac{\mathrm{d}\omega}{\mathrm{d}\theta}$$

则

$$\omega\mathrm{d}\omega=\frac{3g}{2l}\cos\theta\mathrm{d}\theta$$

已知细棒在水平位置($\theta=0$)时的初角速度为零,设细棒下摆至 θ 角位置时的角速度为 ω,对上式积分得

$$\int_0^{\omega}\omega\mathrm{d}\omega=\int_0^{\theta}\frac{3g}{2l}\cos\theta\mathrm{d}\theta$$

得

$$\omega=\sqrt{\frac{3g\sin\theta}{l}}$$

例 3.4　测轮子的转动惯量。如图 3-10 所示,用一根轻绳缠绕在半径为 R,质量为 M 的轮子上若干圈后,一端挂一质量为 m 的物体,设物体从静止下落距离 h 用了时间 t,求轮子的转动惯量 J。

解:选择轮子 M 与物体 m 为研究对象。转动的轮子视为刚体,下落的物体视为质点,分别受力分析,建立坐标系如图 3-10 所示。

对质点 m,列牛顿定律方程

$$mg-T=ma$$

对刚体 M,列转动定律方程

$$T'R=J\alpha$$

由牛顿第三定律,有

$$T'=T$$

由角量与线量关系有

$$a=R\alpha$$

物体 m 从静止下落时满足

$$h=\frac{1}{2}at^2$$

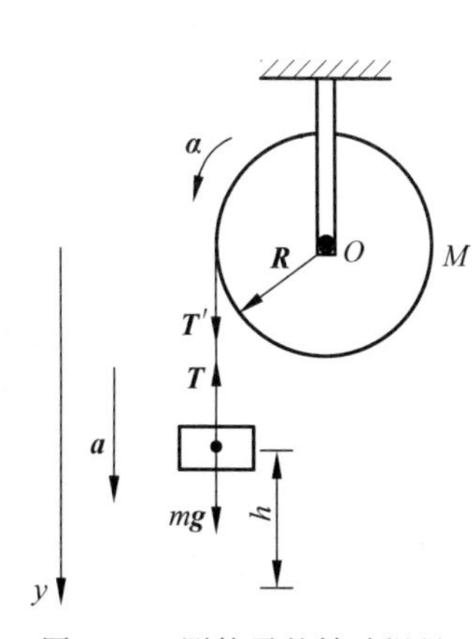

图 3-10　测轮子的转动惯量

联立求解得

$$J=\frac{mR^2(gt^2-2h)}{2h}$$

计算表明，只要测出轮子的半径 R，物体的质量 m，下落距离 h 及所用的时间 t，即可算出轮子的转动惯量。这是一种简便易行的测量刚体转动惯量的实验方法。

3.3 刚体的角动量　角动量守恒定律

3.3.1 刚体对定轴转动的角动量

刚体的运动状态除了可以用角速度来描述外，考虑到刚体的转动惯性，我们还可以引入角动量来描述。下面我们来定义刚体的角动量。

如图 3-11 所示，刚体以角速度 ω 绕一定轴转动。设刚体中第 i 个质元的质量为 Δm_i，距转轴为 r_i，则该质元对转轴的角动量应为

$$L_i=\Delta m_i v_i r_i=(\Delta m_i r_i^2)\omega \tag{3-9}$$

由于刚体对转轴的角动量 L 等于刚体内所有质元的角动量之和，而所有质元的角动量都是对同一个定轴的，且方向相同，因此

$$L=\sum_i[(\Delta m_i r_i^2)\omega]=\left(\sum_i \Delta m_i r_i^2\right)\omega$$

由于 $\sum_i \Delta m_i r_i^2$ 就是刚体对给定轴的转动惯量 J，因此**刚体绕定轴转动的角动量**可表示为

$$L=J\omega \tag{3-10}$$

上式表明，定轴转动刚体的角动量等于刚体转动惯量和角速度的乘积，它也是矢量，方向与角速度的方向一致。

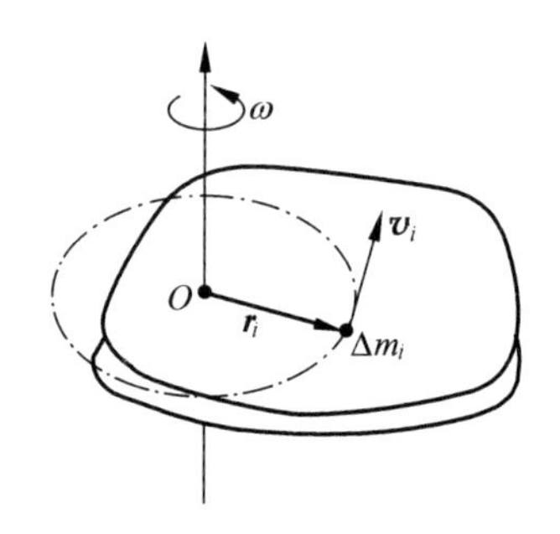

图 3-11　刚体质元对转轴角动量

3.3.2 刚体对定轴的角动量守恒定律

在第 2 章质点动力学中，我们讨论了牛顿运动定律的两种表达形式。其中，$\boldsymbol{F}=m\boldsymbol{a}$ 描述质点运动的加速度 $\boldsymbol{a}$ 与所受合外力 $\boldsymbol{F}$ 间的瞬时关系；而 $\boldsymbol{F}=\frac{\mathrm{d}\boldsymbol{p}}{\mathrm{d}t}$ 则讨论了质点动量随时间的变化率 $\mathrm{d}\boldsymbol{p}/\mathrm{d}t$ 与其所受的合外力 $\boldsymbol{F}$ 的关系。刚体定轴转动的转动定律也有类似的两种表述。式(3-6)$M=J\alpha$ 是转动定律的第一种表述，它描述刚体转动的角加速度 α 与所受合外力矩 M 间的瞬时关系。下面我们来推导转动定律的第二种表述，讨论刚体角动量随时间的变化率 $\mathrm{d}L/\mathrm{d}t$ 与其所受的合外力矩 M 的关系。

将角加速度的定义式 $\alpha=\frac{\mathrm{d}\omega}{\mathrm{d}t}$ 代入式 $M=J\alpha$ 中，得

$$M=J\alpha=J\,\frac{\mathrm{d}\omega}{\mathrm{d}t}=\frac{\mathrm{d}(J\omega)}{\mathrm{d}t}$$

其中 $J\omega$ 就是刚体定轴转动的角动量 L，因此，**刚体定轴转动的转动定律的另外一种表达**

式为

$$M=\frac{\mathrm{d}L}{\mathrm{d}t} \tag{3-11}$$

此式表明,刚体绕定轴转动时,作用于刚体的合外力矩等于刚体角动量随时间的变化率。这就是**刚体的角动量定理**。

在上式中,如果 $M=0$,则

$$L=J\omega=\text{恒量} \tag{3-12}$$

即如果作定轴转动的刚体所受的合外力矩为零,则刚体对定轴的角动量保持不变。这一结论称为**刚体对定轴的角动量守恒定律**。

应该指出的是,角动量守恒定律不但适用于刚体,也适用于绕定轴转动的非刚体系统。

应用角动量守恒定律分析解决问题时,应该注意以下几点:

(1) 对于定轴转动的单个刚体,转动惯量 J 是个定值。当刚体所受的合外力矩 $M=0$ 时,其角动量 L 守恒,意味着角速度 ω 矢量的大小和方向将保持不变,刚体绕定轴依惯性作匀角速度转动。

在现代导航技术中有重要应用的陀螺仪就是根据这一原理制成的,如图 3-12 所示,陀螺仪的转子是一个边缘厚重的轴对称物体,转子与内外两个平衡环三者的转轴两两垂直,并相交于回转仪的重心,使转子不受重力矩作用。如果忽略轴承的摩擦力和空气阻力的力矩,当转子高速旋转时,无论支架如何翻转,转子都将保持其转轴方向不变。利用这种定轴性,陀螺仪被安装在船舶、飞机、火箭、宇宙飞船上用作导航定向。如今,陀螺仪还被安装在手机上实现手机导航。除此之外,陀螺仪还可以和手机上的摄像头配合使用,实现拍照防抖功能;作为飞行游戏,射击游戏等各类手机游戏的传感器,陀螺仪能完整监测游戏者手的位移,从而实现各种游戏操作效果。

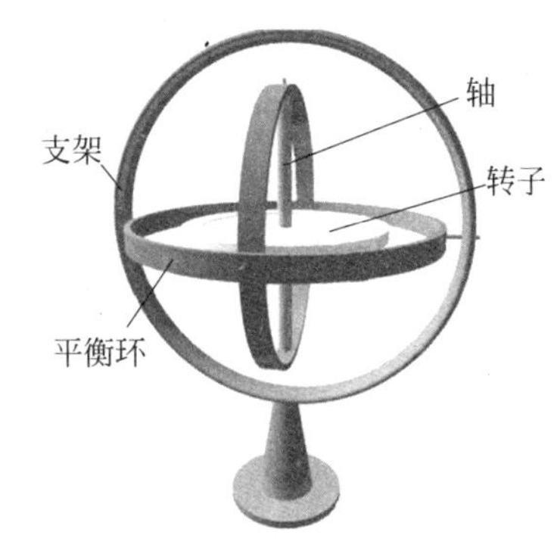

图 3-12 陀螺仪

(2) 对于定轴转动的单个非刚体,由于非刚体的各部分相对于转轴的距离会发生变化,其转动惯量 J 为变量。在满足角动量 L 守恒条件($M=0$)下,J 变大时,ω 就变小;J 变小时,ω 就变大。例如,一个芭蕾舞演员在作旋转动作时,如果先将手臂伸开,绕通过足尖的竖直轴以一定的角速度旋转,如图 3-13(a) 所示,然后再将手臂收拢,我们会看到她的旋转加快了,如图 3-13(b) 所示。原因是她在旋转时,由于重力作用点在人体的重心,与转轴重合,对转轴的力矩为零,而人的手臂用力产生的力矩是内力矩,所以满足角动量守恒的条件,即转动惯量与角速度的乘积是一个不变量。在将手臂收拢的过程中,由于转动惯量减小,因此角速度增大。类似的例子还有很多,如体操运动员或跳水运动员在空中的翻转等,都是角动量守恒的实例。

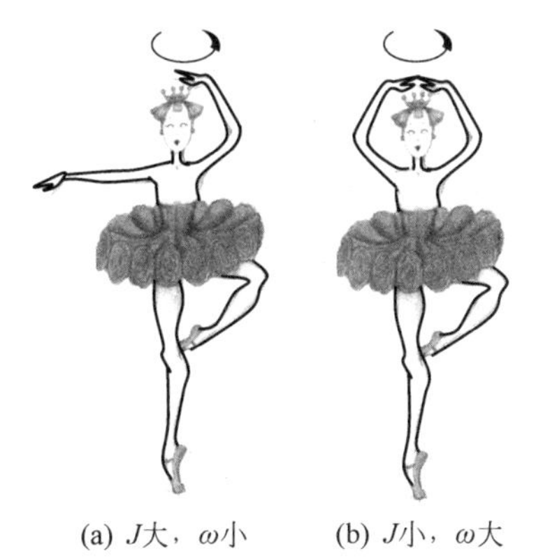

(a) J大,ω小　　(b) J小,ω大

图 3-13 芭蕾舞演员的旋转

（3）当转动系统由若干质点或刚体组成时，转动系统内部刚体与刚体（或质点）之间的作用都是内力矩作用，系统的内力矩之和为零，不会改变系统的总角动量。系统所受到的合外力矩为零时，系统的总角动量守恒，即$\sum_i L_i=\sum_i J_i\omega_i=$恒量，但系统内各个质点或刚体的角动量不守恒。

（4）角动量守恒定律与动量守恒定律成立的条件不一样。动量守恒定律成立的条件是合外力为零，角动量守恒定律成立的条件则是合外力矩为零。在讨论质点与定轴转动刚体的碰撞问题时，由于转轴对刚体的约束力一般不能忽略，动量守恒定律成立的条件一般不满足。但是，约束力的力矩通常为零，角动量守恒定律成立的条件可以满足，因此讨论此类碰撞可用角动量守恒定律。另外，在讨论两个同轴转动的刚体的耦合过程时，若忽略对轴的摩擦力矩，也可用角动量守恒定律。

例 3.5 如图 3-14 所示，一个质量为 M、半径为 R 的均质圆盘，可以绕垂直圆盘且通过其中心 O 的竖直光滑固定轴转动。开始时圆盘静止，一颗质量为 m 的子弹以水平速度$\boldsymbol{v}_0$垂直于圆盘半径射向圆盘边缘并嵌在盘边中，试求子弹击中圆盘后，圆盘所获得的角速度。

解： 将子弹和圆盘看作一个系统，在子弹击中圆盘的过程中，系统所受的合外力矩为零，系统对转轴的总角动量守恒。

取竖直向上为转轴的正向，设子弹击中圆盘后，圆盘所获得的角速度为 ω，则有

$$mv_0R=\left(\frac{1}{2}MR^2+mR^2\right)\omega$$

解得

$$\omega=\frac{2mv_0}{(M+2m)R}$$

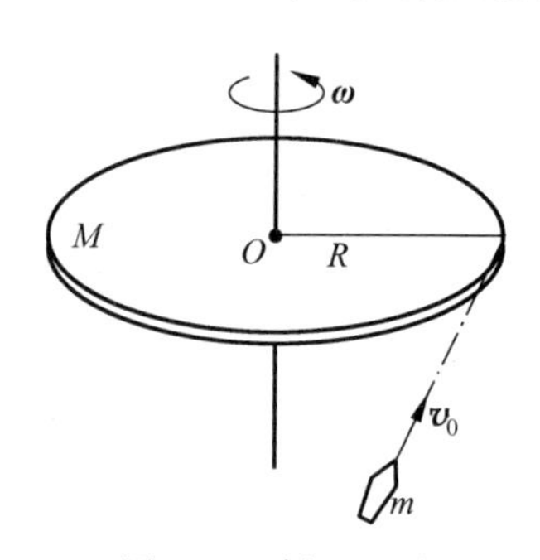

图 3-14 例 3.5 图

3.4 转动中的功和能

3.4.1 刚体定轴转动的动能

在第 2 章质点动力学中，我们是用动能的变化来量度力做功引起的物体运动状态的变化。同样的，在讨论力对转动刚体所做的功时，我们也要先定义一下刚体转动的动能。

当刚体绕定轴以角速度 ω 转动时，设刚体中第 i 个质元的质量为 Δm_i，距转轴为 r_i，则其动能为

$$E_{ki}=\frac{1}{2}\Delta m_i v_i^2=\frac{1}{2}\Delta m_i r_i^2\omega^2$$

整个刚体的转动动能就是刚体内所有质元动能的代数和，即

$$E_k=\sum_i E_{ki}=\sum_i\left(\frac{1}{2}\Delta m_i r_i^2\omega^2\right)=\frac{1}{2}\sum_i(\Delta m_i r_i^2)\omega^2$$

其中$\sum_i(\Delta m_i r_i^2)$是刚体对给定轴的转动惯量 J，故**刚体绕定轴的转动动能**可表示为

$$E_k = \frac{1}{2}J\omega^2 \tag{3-13}$$

这是一个与刚体转动状态相关的标量，与物体的平动动能 $E_k = \frac{1}{2}mv^2$ 类似。

3.4.2　刚体的重力势能

与质点一样，在重力场中，刚体因受到重力这种保守力的作用而具有一定的**重力势能**。刚体的重力势能就是刚体内所有质元势能的总和。可以证明，**对于一个不太大的刚体，刚体的重力势能等于它的全部质量集中在质心时所具有的重力势能**。（所谓**质心**就是物体质量的中心，对于质量分布均匀、形状对称的物体，质心的位置就在其几何中心上。）

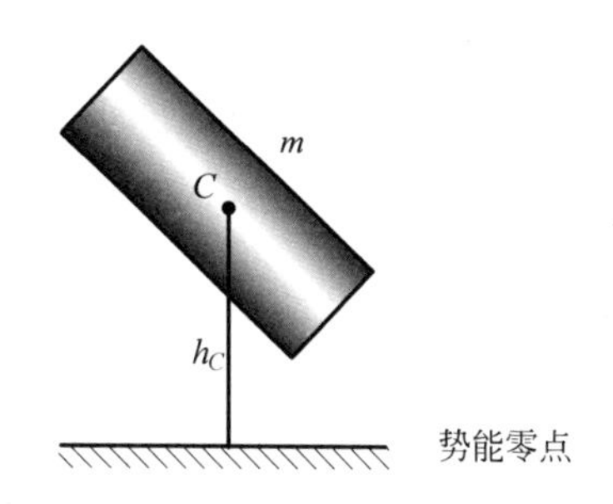

图 3-15　刚体的重力势能

如图 3-15 所示，选定好重力势能零点后，刚体的重力势能可表示为

$$E_p = mgh_C \tag{3-14}$$

其中，m 为刚体质量，h_C 为刚体质心 C 距势能零点的高度。

3.4.3　力矩的功和功率

我们知道，当质点在外力作用下发生一定的位移时，力对质点做功。同样的，当刚体在外力矩的作用下发生一定角位移时，外力矩也对刚体做了功。

如图 3-16 所示，外力 $\boldsymbol{F}$ 作用在刚体质元 P 上，刚体绕过 O 点并与转动平面垂直的轴转动。当刚体转过微小角位移 $\mathrm{d}\theta$ 时，质元 P 沿圆周发生了 $\mathrm{d}\boldsymbol{r}$ 的位移。

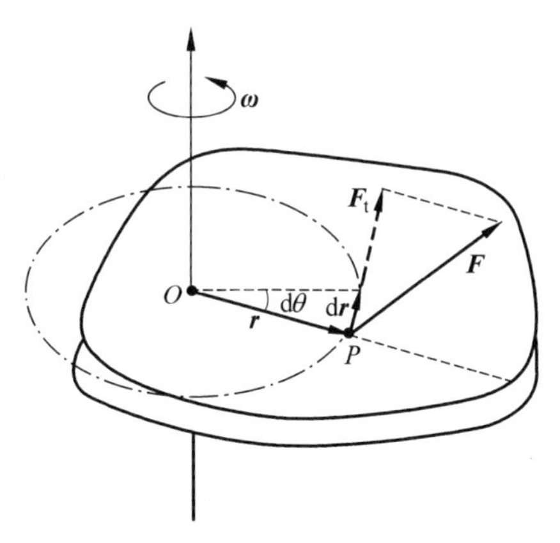

图 3-16　外力作用在刚体上

由功的定义式(2-31)可得，力 $\boldsymbol{F}$ 所做的元功为

$$\mathrm{d}W = \boldsymbol{F} \cdot \mathrm{d}\boldsymbol{r} = F_t \mathrm{d}s$$

因 $\mathrm{d}s = r\mathrm{d}\theta$，故上式可改写成

$$\mathrm{d}W = F_t r \mathrm{d}\theta$$

其中 $F_t r=M$ 是力 $\boldsymbol{F}$ 对转轴的力矩，故上式可写成

$$dW = M d\theta \tag{3-15}$$

即力矩对刚体做的元功等于力矩和角位移的乘积。

若刚体在力矩 M 的作用下，角位置由 θ_1 变到 θ_2，则在此过程中，**力矩 $\boldsymbol{M}$ 对刚体所做的功**为

$$W = \int_{\theta_1}^{\theta_2} M d\theta \tag{3-16}$$

按功率的定义，可得力矩的**瞬时功率**为

$$P = \frac{dW}{dt} = M\frac{d\theta}{dt} = M\omega \tag{3-17}$$

即力矩对刚体转动的瞬时功率等于力矩与角速度的乘积，在形式上与力的功率类似。

我们常用汽车发动机的最大功率来描述汽车的动力性能。功率的单位一般用公制 PS（马力）或 kW（千瓦）来表示，1PS=0.735kW。发动机的最大功率越大，转速越高，汽车的最高速度也越高。在汽车行驶过程中功率恒定，在低挡位时，牵引力大，产生的力矩（汽车的扭矩）大，汽车发动机的转速较慢，汽车行驶速度也较慢；在高挡位时，牵引力小，力矩小，汽车发动机的转速和汽车行驶速度较快。因此，汽车在爬坡时，需要的牵引力大，汽车应处于低挡位运行；而汽车在高速公路上行驶时，速度快，需要的牵引力小，汽车应处于高挡位运行。

3.4.4 刚体定轴转动的动能定理

我们知道，合外力对质点所做的功等于质点动能的增量，这个关系可以用质点动能定理式（2-41）表示。同样的，外力矩对刚体做功，刚体的转动动能也会发生相应的变化。转动动能的改变与外力矩做功的关系可由转动定律推得。

设在合外力矩 M 作用下，刚体的角速度由 ω_1 变到 ω_2，把 $M=J\alpha=J\dfrac{d\omega}{dt}$ 代入力矩对刚体所做的功表达式（3-16）中，得

$$W = \int_{\theta_1}^{\theta_2} M d\theta = \int J\frac{d\omega}{dt}d\theta = \int_{\omega_1}^{\omega_2} J\omega d\omega = \frac{1}{2}J\omega_2^2 - \frac{1}{2}J\omega_1^2$$

令 $E_{k1}=\dfrac{1}{2}J\omega_1^2, E_{k2}=\dfrac{1}{2}J\omega_2^2$，则有

$$W = E_{k2} - E_{k1} \tag{3-18}$$

即合外力矩对定轴转动的刚体所做的功等于刚体转动动能的增量。这个结论叫做**刚体作定轴转动的动能定理**。

3.4.5 含有刚体的力学系统的机械能守恒定律

可以证明，对于含有刚体的力学系统，如果在运动过程中只有保守内力做功，则系统的机械能守恒，即

$$E = E_k + E_p = \text{恒量} \tag{3-19}$$

从形式上看，这与质点系的机械能守恒定律完全相同，但对于含有刚体的力学系统，计算机械能时既要考虑质点的动能、质点的重力势能、弹性势能，还要考虑刚体的转动动能及重力势能。

刚体定轴转动规律与质点的运动规律的形式和研究思路很类似，同时，两者之间存在联系。读者应进行归纳、对比学习，有助于从整体上系统地理解力学定律。

例 3.6　按做功和能量的观点重解例 3.3，求细棒下摆至 θ 角位置时的角速度。

解：(1) 用动能定理计算。由图 3-9 可知，在细棒由水平位置下摆至 θ 角位置的过程中，重力矩所做的功为

$$W=\int_0^\theta M\mathrm{d}\theta=\int_0^\theta mg\ \frac{l}{2}\cos\theta\mathrm{d}\theta=\frac{1}{2}mgl\sin\theta$$

由刚体作定轴转动的动能定理，得

$$\frac{1}{2}mgl\sin\theta=\frac{1}{2}J\omega^2-0$$

将 $J=\dfrac{1}{3}ml^2$ 代入上式，得

$$\omega=\sqrt{\frac{3g\sin\theta}{l}}$$

(2) 用机械能守恒定律计算。在细棒由水平位置下摆至 θ 角位置的过程中，只有重力做功，棒的机械能守恒。取棒处于水平位置的高度为势能零点，则有

$$\frac{1}{2}J\omega^2-mg\ \frac{1}{2}l\sin\theta=0$$

也得

$$\omega=\sqrt{\frac{3g\sin\theta}{l}}$$

求出角速度后，再通过求导就可求出角加速度。

应用刚体定轴转动定律(例 3.3 的解法)，原则上可以解决定轴转动动力学的所有问题。但是，与质点动力学类似，在一定条件下，用能量观点(例 3.6 的解法)解决刚体转动问题，常常能使问题的求解简便迅速。比较例 3.6 的两种解法，在只有保守力做功的条件下，用机械能守恒定律求解此类问题最简单。

例 3.7　一长为 l 的匀质直杆和一等长的单摆悬挂在同一点 O，杆的质量是单摆摆球质量的 3 倍。开始时直杆自然下垂，将单摆摆球拉到水平位置后由静止释放，单摆下摆至竖直位置时与直杆作完全弹性碰撞。求碰撞后(1)摆球的速率 v 和直杆的角速度 ω；(2)直杆摆动的最大角度 θ。

解：整个运动分为三个阶段讨论。单摆下摆过程、摆球与直杆碰撞、直杆上摆过程。

(1) 单摆自由下摆过程，只有重力矩做功，机械能守恒。设单摆刚下摆至竖直位置时(与直杆碰撞前)摆球的速率为 v_0，则

$$v_0=\sqrt{2gl}$$

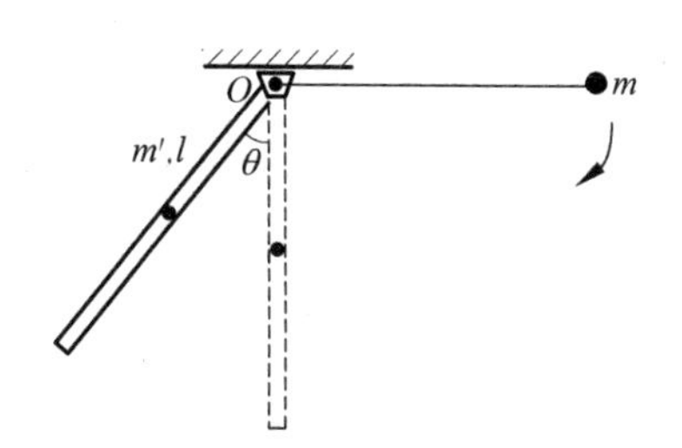

图 3-17　细棒下摆运动

摆球与直杆作完全弹性碰撞时，以单摆和直杆为系统，由于摆球和直杆所受的重力以及转轴 O 对它们的支承力均通过转轴，因此系统所受的合外力矩为零，系统的总角动量守恒。设摆球的质

量为 m，杆的质量为 m'，已知碰撞前摆球的速率为 v_0，杆的角速度为 0，$m'=3m$，则

$$mlv_0=J\omega+mlv$$

又因两者是完全弹性碰撞，故还满足系统的动能守恒，即

$$\frac{1}{2}mv_0^2=\frac{1}{2}mv^2+\frac{1}{2}J\omega^2$$

其中杆的转动惯量 $J=\frac{1}{3}m'l^2=ml^2$。

联立上述两个方程，求解可得

$$v=0$$

$$\omega=\frac{v_0}{l}$$

把 $v_0=\sqrt{2gl}$ 代入，可得

$$\omega=\sqrt{\frac{2g}{l}}$$

（2）以杆和地球为系统，直杆上摆过程，只有重力矩做功，因此系统的机械能守恒，设垂直悬挂时为重力势能零点，有

$$\frac{1}{2}J\omega^2=m'g\ \frac{l}{2}(1-\cos\theta)$$

得碰撞后直杆摆动的最大角度为

$$\theta=70.5°$$

习题

一、选择题

3.1　关于刚体的表述中，下列说法中不正确的是：　[　　]

（A）刚体作定轴转动时，其上各点的角速度相同，线速度不同

（B）刚体定轴转动的转动定律为 $M=J\alpha$，式中 M,J,α 均对同一条固定轴而言的，否则该式不成立

（C）对给定的刚体而言，它的质量和形状是一定的，则其转动惯量也是唯一确定的

（D）刚体的转动动能等于刚体上各质元的动能之和

3.2　有两个半径相同，质量相等的细圆环 A 和 B。A 环的质量分布均匀，B 环的质量分布不均匀。它们对通过环心并与环面垂直的轴的转动惯量分别为 J_A 和 J_B，则：[　　]

（A）$J_A>J_B$　　（B）$J_A<J_B$

（C）$J_A=J_B$　　（D）不能确定 J_A、J_B 哪个大

3.3　均匀细棒 OA 可绕通过其一端 O 而与棒垂直的水平固定光滑轴转动，如图 3-18 所示。今使棒从水平位置由静止开始自由下落，在棒摆动到竖直位置的过程中，下列情况哪一种说法是正确的？　[　　]

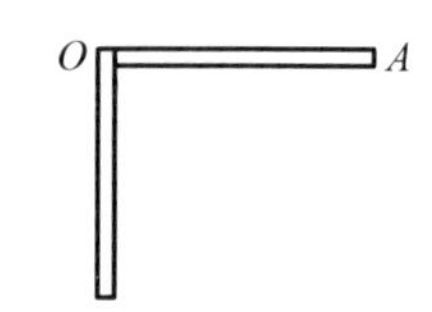

图 3-18　习题 3.3 图

（A）角速度从小到大，角加速度从大到小

(B) 角速度从小到大，角加速度从小到大

(C) 角速度从大到小，角加速度从大到小

(D) 角速度从大到小，角加速度从小到大

3.4　一圆盘绕通过盘心且垂直于盘面的水平轴转动，轴间摩擦不计。如图3-19所示，两个质量相同、速度大小相同方向相反并在一条直线上的子弹，同时射入圆盘并且留在盘内。在子弹射入后的瞬间，圆盘和子弹系统的总角动量 L、圆盘的角速度 ω 的变化情况是：［　　］

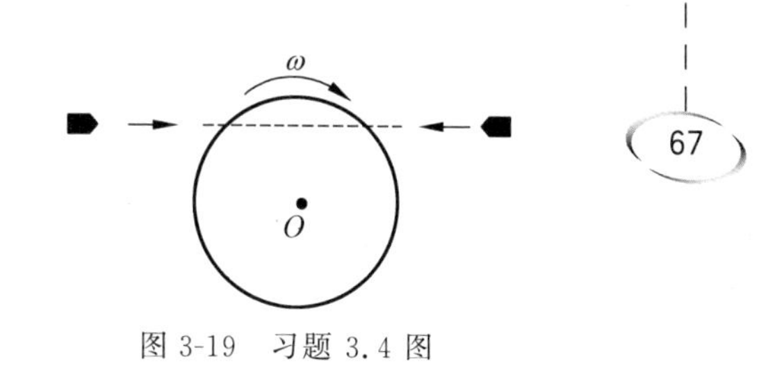

图3-19　习题3.4图

(A) L 不变，ω 增大　　(B) 两者均不变

(C) L 不变，ω 减少　　(D) 两者均不确定

3.5　花样滑冰运动员绕过自身的竖直轴转动，开始时两臂伸开，转动惯量为 J_0，角速度为 ω_0。然后她将两臂收回，使转动惯量减少为$\frac{1}{3}J_0$，这时她转动的角速度变为：［　　］

(A) $\frac{1}{3}\omega_0$　　(B) $\frac{1}{\sqrt{3}}\omega_0$　　(C) $3\omega_0$　　(D) $\sqrt{3}\omega_0$

二、填空题

3.6　绕定轴转动的飞轮均匀地减速，$t=0$s 时角速度 $\omega_0=5$rad/s，$t=20$s 时角速度 $\omega=0.8\omega_0$，则飞轮的角加速度 $\alpha=$________；$t=0$s 到 100s 时间内飞轮所转过的角度 $\theta=$________。

3.7　长为 l、质量为 m 的细杆 OA，与一固定在细杆的端点 A 处的质量为 m 的小球构成一刚体系(图3-20)，在竖直平面内可绕过杆端点 O 且与杆垂直的水平光滑固定轴转动，则该刚体系绕 O 轴的转动惯量为 $J=$________；杆从水平位置由静止开始自由下落，在杆摆动到竖直位置时，其角加速度 $\alpha=$________。

3.8　如图3-21所示，两个质量和半径都相同的均匀滑轮，轴处无摩擦，α_1 和 α_2 分别表示图(a)、(b)中滑轮的角加速度，则 α_1 ________ α_2(填<、=或 >)。

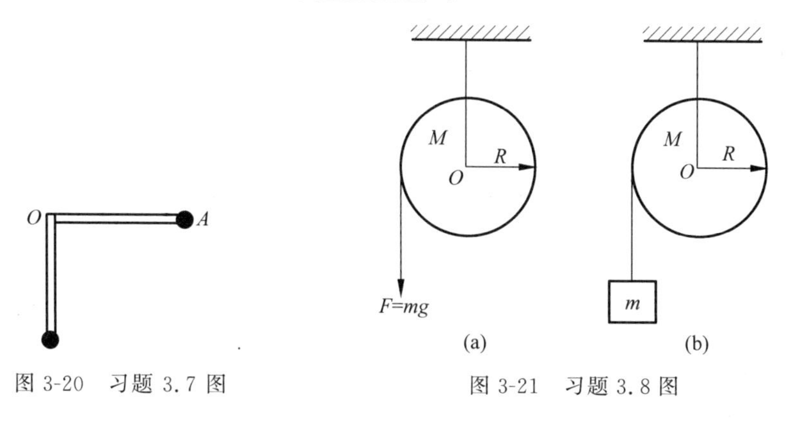

图3-20　习题3.7图　　图3-21　习题3.8图

3.9　一质量为 m，长为 l 的匀质棒可绕其底端的轴自由旋转，如果让它从竖直立起开始自由落下，则棒以角速度 ω 撞击地面；如果将棒截去一半，初始条件不变，则棒撞击地面的角速度将变为________。

3.10　如图 3-22 所示,一质量为 M,半径为 R 的均匀圆盘,通过其中心且与盘面垂直的水平轴以角速度 ω 转动,若在某时刻,一质量为 m 的小碎块从盘边缘裂开,则破裂后小碎块的角动量为________;圆盘的角动量为________。

3.11　弹簧、定滑轮和物体的连接如图 3-23 所示,弹簧的劲度系数为 $2.0\mathrm{N\cdot m^{-1}}$;定滑轮的转动惯量是 $0.5\mathrm{kg\cdot m^2}$,半径为 0.30m,则当 6.0kg 质量的物体落下 0.40m 时,它的速率 $v=$________。(假设开始时物体静止而弹簧无伸长。)

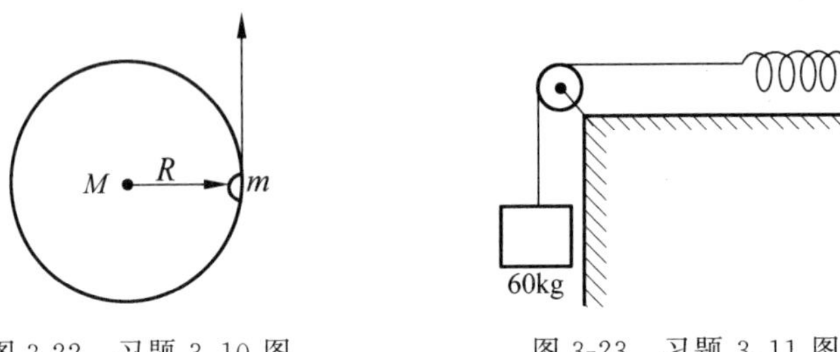

图 3-22　习题 3.10 图　　　图 3-23　习题 3.11 图

3.12　一冲床的飞轮,转动惯量 $J=20\mathrm{kg\cdot m^2}$,并以角速度 $\omega_0=20\mathrm{rad/s}$ 转动。在带动冲头对板材作成型冲压过程中,所需的能量全部由飞轮来提供。已知冲压一次,需做功 $W=3.0\times10^3\mathrm{J}$,则在冲压过程之末飞轮的角速度 $\omega=$________ rad/s。

三、计算题

3.13　一发动机的转速在 7s 内由 $200\mathrm{r\cdot min^{-1}}$ 匀速增加到 $3000\mathrm{r\cdot min^{-1}}$。求:

(1) 这段时间内的初、末角速度以及角加速度;

(2) 这段时间内转过的角度和圈数;

(3) 轴上有一半径为 $r=0.2\mathrm{m}$ 的飞轮,求它边缘上一点在 7s 末的切向加速度、法向加速度和总加速度。

3.14　转动惯量 J 的飞轮绕定轴转动,其角位置 θ 随时间 t 的变化规律为 $\theta=at+bt^3-ct^4$(SI),式中 a,b,c 都是常量,求它在 t 时刻的角速度 ω,角加速度 α 以及所受力矩 M。

3.15　质量为 60kg,半径为 0.25m 的匀质圆盘,绕其中心轴以 $900\mathrm{r\cdot min^{-1}}$ 的转速转动。现用一个闸杆和一个外力 F 对盘进行制动,如图 3-24 所示,设闸与盘之间的摩擦系数为 0.4。求:

(1) 当 $F=100\mathrm{N}$,圆盘可在多长时间内停止,此时已经转了多少转;

(2) 如果在 2s 内盘转速减小一半,需用多大的力 F。

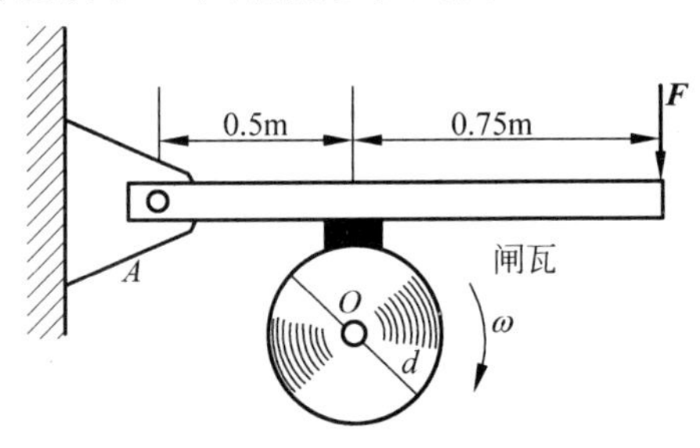

图 3-24　习题 3.15 图

3.16 一长为 l，质量为 m 的均匀细杆，两端分别固定质量为 m 和 $2m$ 的小球，此杆球刚体系统在竖直平面内可绕过中点 O 且与杆垂直的水平光滑固定轴转动，如图 3-25 所示。开始时杆在竖直位置，处于静止状态。无初转速地释放以后，绕 O 轴转动。求：(1)此刚体绕 O 轴的转动惯量；(2)释放后，当杆转到与竖直方向成 θ 角位置时，刚体受到的合外力矩、角加速度和角速度；(3)当杆转到水平位置时，刚体受到的合外力矩、角加速度和角速度。

3.17 如图 3-26 所示，一质量为 20.0kg 的小孩，站在一半径为 3.00m，转动惯量为 $450\text{kg}\cdot\text{m}^2$ 的静止水平转台的边缘上，此转台可绕通过转台中心的竖直轴转动，转台与轴间的摩擦不计。如果此小孩相对转台以 $1.00\text{m}\cdot\text{s}^{-1}$ 的速率沿转台边缘行走，求转台的角速度。

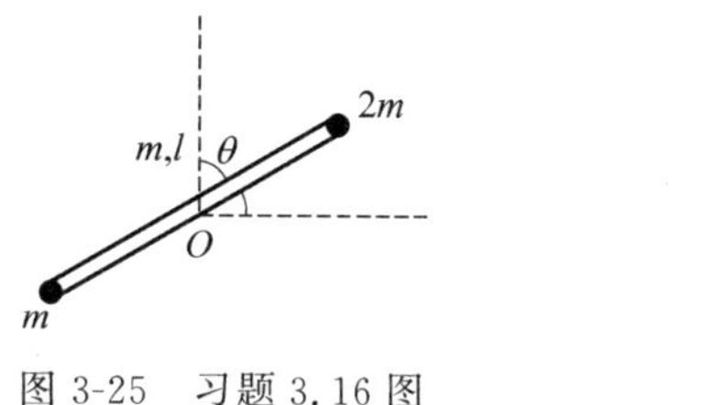

图 3-25 习题 3.16 图　　图 3-26 习题 3.17 图

3.18 两滑冰运动员，质量分别为 60kg 和 70kg，他们的速率分别为 $7.0\text{m}\cdot\text{s}^{-1}$ 和 $6.0\text{m}\cdot\text{s}^{-1}$，在相距 1.5m 的两平行线上相向滑行。当两者最接近时，互相拉手并开始绕质心作圆周运动。运动中，两者间距离保持 1.5m 不变。求该瞬时：(1)系统的总角动量；(2)系统的角速度；(3)两人拉手前、后的总动能。

3.19 如图 3-27 所示，A 与 B 两飞轮的轴杆由摩擦啮合器连接，A 轮的转动惯量 $J_1=10.0\text{kg}\cdot\text{m}^2$，开始时 B 轮静止，A 轮以 $n_1=600\text{r}\cdot\text{min}^{-1}$ 的转速转动，然后使 A 与 B 连接，因而 B 轮得到加速而 A 轮减速，直到两轮的转速都等于 $n=200\text{r}\cdot\text{min}^{-1}$ 为止。求：(1)B 轮的转动惯量；(2)在啮合过程中损失的机械能。

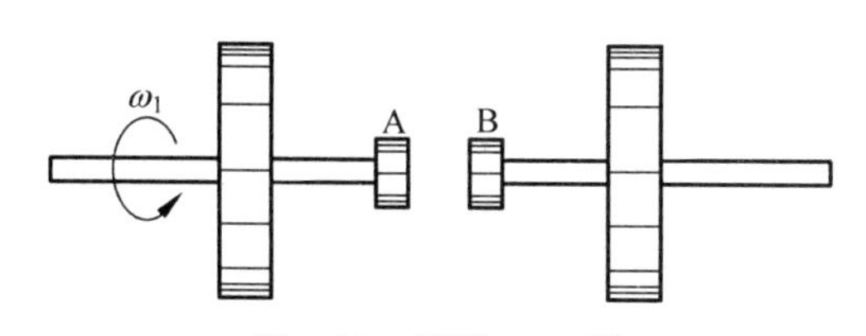

图 3-27 习题 3.19 图

3.20 如图 3-28 所示，一质量为 m，半径为 R 的自行车轮，假定质量均匀分布在轮缘上，可绕轴自由转动。设开始时车轮是静止的，现另一质量为 m_0 的子弹以速度 v_0 射入图中轮缘处。求：

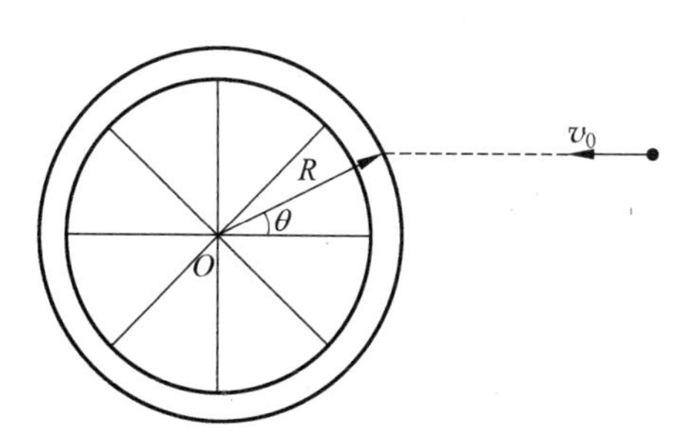

图 3-28 习题 3.20 图

(1) 在子弹打入后，车轮获得的角速度；

(2) 用 m，m_0 和 θ 表示在子弹打入前、后系统(包括车轮和子弹)的总动能之比。

3.21　如图 3-29 所示，质量为 M，长为 l 的均匀直棒，可绕垂直于棒一端的水平轴 O 无摩擦地转动，它原来静止在平衡位置上。现有一质量为 m 的弹性小球飞来，正好在棒的下端与棒垂直地相撞。相撞后，使棒从平衡位置处摆动到最大角度 $\theta=30°$处。

(1) 设这碰撞为弹性碰撞，试计算小球初速 v_0 的值；

(2) 相撞时小球受到多大的冲量？

3.22　如图 3-30 所示，长为 l，质量为 m 的均质杆，可绕点 O 在竖直平面内转动。令杆自水平位置由静止摆下，在竖直位置与质量为$\frac{m}{2}$的物体发生完全非弹性碰撞，碰撞后物体沿摩擦因数为 μ 的水平面滑动。求此物体滑动的最远距离 s。

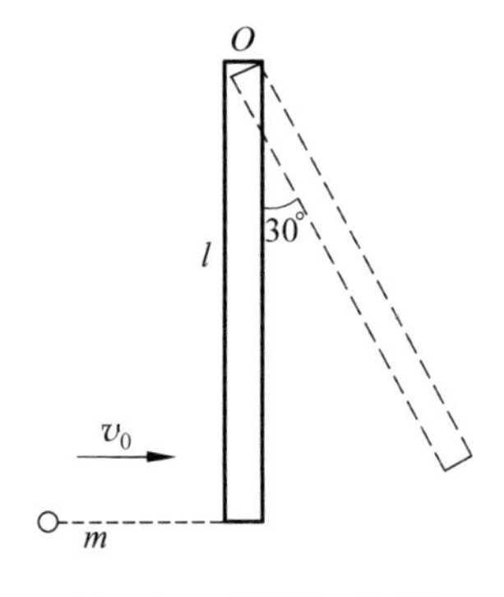

图 3-29　习题 3.21 图

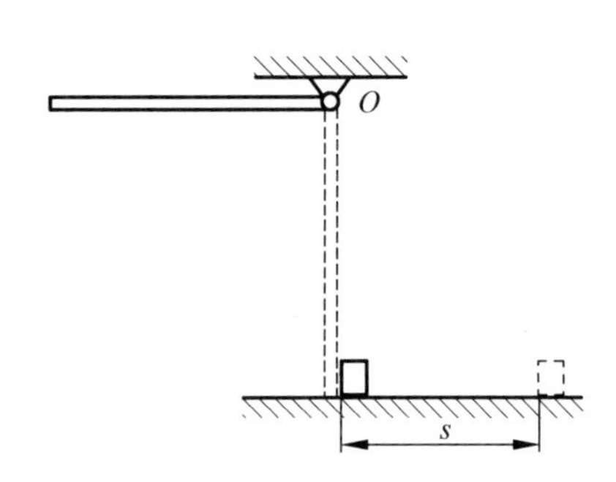

图 3-30　习题 3.22 图

第4章

机 械 振 动

振动是自然界中普遍存在的运动现象。实际上,人类就生活在振动的世界里,地面上的车辆、空气中的飞行器、海洋中的船舶等都在不断振动着。房屋建筑、桥梁水坝等在受到激励后也会发生振动。就连茫茫的宇宙中,也到处存在着各种形式的振动,如风、雨、雷、电等随时间不断变化。就人类的身体来说,心脏的跳动、肺叶的摆动、血液的循环、胃肠的蠕动、脑电的波动、肌肉的搐动、耳膜的振动和声带的振动等都属于振动。就连组成人类自身的原子,也都在振动着。广义地讲,任何一个物理量在某一定值附近作周期性的往复变化,都可以称为振动。尽管各种振动的本质不同,但是它们遵循的基本规律都可以用统一的数学形式来描述。

物体在一定位置附近所作的周期性往复运动称为**机械振动**。如钟表的摆动、桥梁与房屋的振动、飞行器与船舶的振动、各种动力机械的振动等。机械振动的基本规律是研究其他振动以及波动、波动光学、电磁学等的基础,在机械、交通、建筑、地震学、无线电技术等工程技术领域中有着广泛的应用。

本章以简谐振动为机械振动的理想模型,介绍振动的特征、描述、遵循的规律,进而讨论振动的合成,并简要介绍阻尼振动、受迫振动和共振现象。

4.1 简谐振动的描述

4.1.1 简谐振动的基本特征

简谐振动是最简单、最基本的振动。任何复杂的振动都可以认为是许多简谐振动的合成。因此,研究简谐振动是进一步研究复杂振动的基础。下面以振动的理想模型——弹簧振子为例来研究简谐振动。

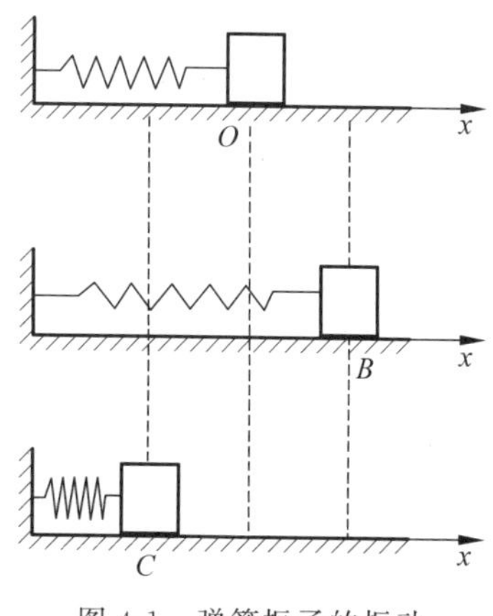

图 4-1 弹簧振子的振动

如图 4-1 所示,在光滑的水平面上,劲度系数为 k、质量不计的轻弹簧左端固定,右端系一个质量为 m 的物体,构成一个振动系统,称为**弹簧振子**。最初,物体位于平衡位置 O,此时弹簧处于自然状态,物体在水平方向所受的合外力为零。取 O 点为坐标原点,建立坐标轴 Ox。若在外力作用下使物体移到位置 B,在外力撤去后,物体将在弹簧弹力的作用下在 O 点附

近沿 Ox 轴作振动。

根据胡克定律，物体在距 O 点 x 处所受到的弹力为

$$F=-kx \tag{4-1}$$

物体所受的弹簧弹力始终指向平衡位置 O，与位移大小成正比而方向相反，具有这种特征的力称为**线性回复力**。根据牛顿第二定律，物体的加速度为

$$a=\frac{F}{m}=-\frac{k}{m}x$$

令

$$\omega=\sqrt{\frac{k}{m}} \tag{4-2}$$

上式改写为

$$a=-\omega^2 x \tag{4-3}$$

上式说明，弹簧振子的加速度与位移的大小成正比，而方向相反，人们把具有这种特征的振动叫做**简谐振动**。除弹簧振子外，单摆、复摆作小角度摆动等都可以视为简谐振动，讨论的方法和弹簧振子完全类似。

4.1.2 简谐振动方程

由于加速度 $a=\frac{\mathrm{d}^2 x}{\mathrm{d}t^2}$，故由式(4-3)可得简谐振动的动力学方程

$$\frac{\mathrm{d}^2 x}{\mathrm{d}x^2}+\omega^2 x=0 \tag{4-4}$$

该方程为一个二阶线性常系数齐次微分方程，其通解为

$$x=A\cos(\omega t+\varphi) \tag{4-5}$$

式中 A，φ 为积分常数，其意义在后面叙述。上式说明，振子的位移按余弦函数的规律随时间变化，这是简谐振动的运动特征。式(4-5)为**简谐振动方程**。

由位移、速度和加速度的微分关系，可得简谐振动物体的速度和加速度分别为

$$v=\frac{\mathrm{d}x}{\mathrm{d}t}=-\omega A\sin(\omega t+\varphi)$$

$$=\omega A\cos\left(\omega t+\varphi+\frac{\pi}{2}\right) \tag{4-6}$$

$$a=\frac{\mathrm{d}v}{\mathrm{d}t}=-\omega^2 A\cos(\omega t+\varphi)$$

$$=\omega^2 A\cos(\omega t+\varphi+\pi) \tag{4-7}$$

可见，物体作简谐振动时，其速度和加速度也按余弦函数的规律随时间变化，也是一种简谐振动。由式(4-5)、式(4-6)和式(4-7)，可以作出如图 4-2 所示的 x-t，v-t 和 a-t 关系曲线，其中 x-t 曲线称为振动曲线。

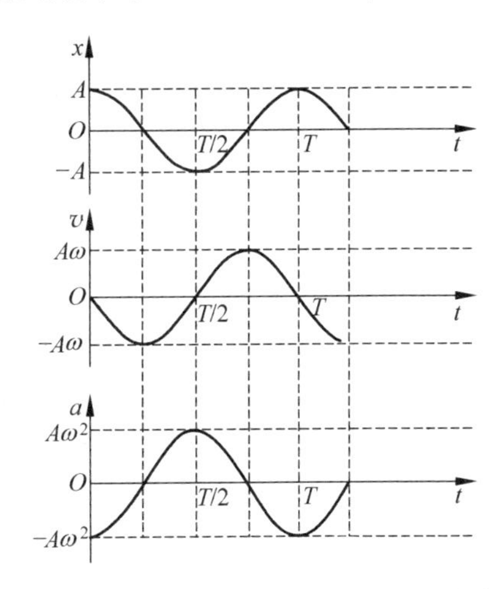

图 4-2 简谐振动的 x-t，v-t 和 a-t 曲线

4.1.3　描述简谐振动的物理量

在简谐振动方程 $x=A\cos(\omega t+\varphi)$ 中,有三个物理量 A,ω,φ,它们是具体描述简谐振动特征的物理量。

1. 振幅

由式(4-5)可知,A 是简谐振动的物体离开平衡位置的最大位移的大小,因此把它称为**振幅**,振幅 A 给出了物体的振动范围: $-A\geqslant x\geqslant A$。振幅的大小由系统的初始状态决定。

2. 周期、频率和圆频率

简谐振动的周期性,用周期和频率来描述。

振动物体完成一次振动所需要的时间称为简谐振动的**周期**,用 T 表示,单位为 s(秒)。由于简谐振动的振子在 t 时刻和 $t+T$ 时刻的振动状态完全相同,故有

$$x=A\cos(\omega t+\varphi)=A\cos[\omega(t+T)+\varphi]=A\cos[(\omega t+\varphi)+\omega T]$$

由于余弦函数的周期为 2π,所以有

$$\omega T=2\pi$$

即

$$T=\frac{2\pi}{\omega} \tag{4-8}$$

单位时间内物体所作的完全振动的次数,称为简谐振动的**频率**,用 ν 表示,单位为 Hz(赫[兹])。故频率是周期的倒数,有

$$\nu=\frac{1}{T}=\frac{\omega}{2\pi} \tag{4-9}$$

由上式得

$$\omega=2\pi\nu \tag{4-10}$$

ω 的物理意义是:在 2πs 内物体所作的完全振动的次数,我们将它称为谐振动的**圆频率**(或角频率),其单位是 rad/s。

对于弹簧振子,其圆频率 $\omega=\sqrt{k/m}$,故振动周期和频率分别为

$$T=2\pi\sqrt{\frac{m}{k}} \tag{4-11}$$

$$\nu=\frac{1}{T}=\frac{1}{2\pi}\sqrt{\frac{k}{m}} \tag{4-12}$$

可见,弹簧振子的周期和频率只与弹簧振子的质量 m 和劲度系数 k 相关,完全是由振动系统本身固有的物理性质决定。这种只由振动系统本身固有属性决定的周期和频率,称为固有周期和固有频率。某些振动的固有周期的数值如表 4-1 所示。

表 4-1　某些振动的固有周期

振动系统	周期/s	振动系统	周期/s
中子星的脉冲辐射	0.03～4.3	超声振动	10^{-4}
人的心脏跳动	≈1	原子振动	10^{-15}
交流电	2×10^{-2}	核振动	10^{-21}

3. 相位

由式(4-5)、式(4-6)和式(4-7)可知，振幅 A 和圆频率 ω 都已给定的简谐振动，在某一时刻，物体振动的位移、速度和加速度都决定于物理量 $\omega t+\varphi$，即运动状态由 $\omega t+\varphi$ 决定。我们将 $\omega t+\varphi$ 称为**相位**，单位为 rad(弧度)。

φ 是 $t=0$ 时的相位，我们把它称为**初相位**(或初相)，它反映了振动的初始状态，它的取值由初始条件决定。

必须注意，在简谐振子的一个完全振动周期内，有些时刻振子具有相同的位移 x 但却有不同的速度 v，如图 4-2 中的 $t=T/4$ 和 $t=3T/4$ 时刻，振子都在平衡位置，但速度方向相反。因此，振子的运动状态需要由(x,v)共同描述。每一个时刻运动状态(x,v)是唯一的，所对应的相位$(\omega t+\varphi)$也是唯一的，相位决定质点的振动状态。例如，当$(\omega t+\varphi)=\pi/2$ 时，$x=0$，$v=-\omega A$；而当$(\omega t+\varphi)=3\pi/2$ 时，$x=0$，$v=\omega A$。

在一个简谐振动过程中，前后两个时刻 t_1 和 t_2 的相位之差称为**相位差**，用 $\Delta\varphi$ 表示。有

$$\Delta\varphi=(\omega t_2+\varphi)-(\omega t_1+\varphi)=\omega(t_2-t_1)=\omega\Delta t \tag{4-13}$$

从上式可知，当 $\Delta t=T$ 时，$\Delta\varphi=\omega T=2\pi$，即每经过一个周期，相位随时间变化 2π，三角函数回到原来的值，振动物体又回到原来的运动状态。说明用相位来描述物体的运动状态，能充分体现运动的周期性。

对于两个同方向、同频率的简谐振动，它们之间也有相位差。设有两个简谐振动

$$x_1=A_1\cos(\omega t+\varphi_1),\quad x_2=A_2\cos(\omega t+\varphi_2)$$

则它们在某个任意时刻 t 的相位差为

$$\Delta\varphi=(\omega t+\varphi_2)-(\omega t+\varphi_1)=\varphi_2-\varphi_1 \tag{4-14}$$

可见，两个同方向、同频率的简谐振动在任意时刻的相位差都等于其初始时刻的相位差。利用相位差可以方便地比较两个同方向、同频率的简谐振动的步调。我们在后面分析同方向、同频率的简谐振动的合成时再具体展开讨论。

相位是一个十分重要的概念，它不仅在振动、波动及光学、电工学、无线电技术等传统的物理学和工程技术领域有着广泛的应用，而且在物理学近年来发现的许多新奇现象里(如 AB 效应、AC 效应、分数量子霍尔效应等)扮演着有声有色的角色。

4. 振幅和初相的确定

三个物理量 A，ω，φ 中，圆频率 ω 是由振动系统本身的性质所决定的，而振幅 A 和初相 φ 则是由振动的初始条件确定的。令 $t=0$ 时，振子的初始位移为 x_0，初速度为 v_0，则代入式(4-5)、式(4-6)得

$$x_0=A\cos\varphi$$

$$v_0=-A\omega\sin\varphi$$

由上面两式可以得到

$$A=\sqrt{x_0^2+\frac{v_0^2}{\omega^2}} \tag{4-15}$$

$$\varphi=\arctan\left(-\frac{v_0}{\omega x_0}\right) \tag{4-16}$$

上述方法称为解析法，振幅 A 和初相 φ 还可用即将叙述的旋转矢量表示法确定，比解析法更为方便。

4.1.4　简谐振动的旋转矢量表示法

简谐振动除了用三角函数式及振动曲线描述外，常采用一种比较直观的几何描述方法，称为**旋转矢量法**。

如图 4-3 所示，自 Ox 轴的原点 O(平衡位置)作一矢量 $\boldsymbol{A}$，使其模长等于简谐振动的振幅 A，使矢量 $\boldsymbol{A}$ 绕 O 点以等于简谐振动的圆频率 ω 的角速度沿逆时针方向匀速旋转，我们把矢量 $\boldsymbol{A}$ 称为**旋转矢量**。$t=0$ 时，使矢量 $\boldsymbol{A}$ 与 Ox 轴正向的夹角等于简谐振动的初相位 φ，在任意时刻 t，矢量 $\boldsymbol{A}$ 转过角度 ωt，此时它与 Ox 轴的夹角为 $\omega t+\varphi$，其矢端 P 在 x 轴上的投影点 M 的位置坐标为 $x=A\cos(\omega t+\varphi)$，这正是简谐振动方程。显然，旋转矢量 $\boldsymbol{A}$ 旋转一周，其矢端在 x 轴上的投影点作了一次完全的简谐振动。这种用旋转矢量在 x 轴上的投影来描述简谐振动的方法称为**旋转矢量法**。

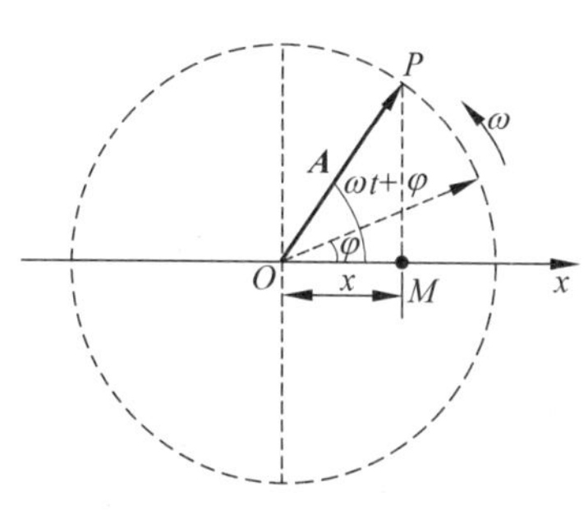

图 4-3　旋转矢量法

由于旋转矢量 $\boldsymbol{A}$ 的某一特定位置对应于简谐振动系统的一个运动状态，因此，旋转矢量法可以直观地表示出简谐振动各个时刻的相位，用它来确定振幅 A 和初相位 φ 十分方便。另外，旋转矢量法还可以用来方便地讨论有关相位差 $\Delta\varphi$ 的问题，无论是同一个简谐振动前后两个时刻的相位差，还是两个简谐振动在同一时刻的相位差，都可以用相应的两个旋转矢量的夹角来表示。这在后面分析简谐振动的合成时更为有用。在电工技术和光学中，常用旋转矢量法来分析交流电相位和光的干涉现象等。

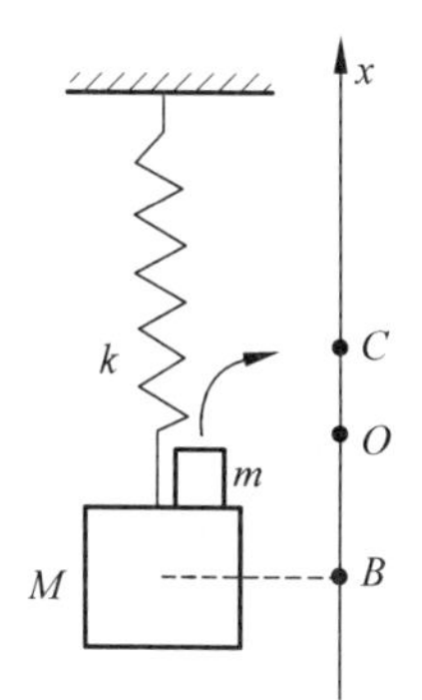

图 4-4　挂重物的轻弹簧

例 4.1　如图 4-4 所示，劲度系数为 k 的轻弹簧下悬挂着质量分别为 M 和 m 的物体，在系统处于平衡位置 B 时，轻轻取走物体 m 并开始计时，轻弹簧和 M 组成的新系统将在新的平衡位置 O 点附近作简谐振动。以 O 点为坐标原点，向上为坐标正向，建立 Ox 轴坐标，求：(1)简谐振动的圆频率 ω，振幅 A，初相位 φ，并写出振动方程；(2)振动的速度和加速度；(3)系统从开始计时到位置 C $\left(x_C=\dfrac{A}{2}\right)$所需的最短时间。

解：(1) 对劲度系数为 k 的轻弹簧和 M 组成的系统，可用弹簧振子圆频率公式求得其圆频率为

$$\omega=\sqrt{\frac{k}{M}}$$

如图 4-4 所示。设 $t=0$ 时，B 位置坐标为 x_0，依题意有

$$x_0=-\frac{mg}{k},\quad v_0=0$$

于是，振幅为

$$A=\sqrt{x_0^2+\frac{v_0^2}{\omega^2}}=\frac{mg}{k}$$

下面用两种方法求初相 φ。

【方法一】 解析法

由 $x_0=A\cos\varphi$ 可得

$$\cos\varphi=\frac{x_0}{A}=-1$$

求得初相

$$\varphi=\pi$$

【方法二】 旋转矢量法

由于 $t=0$ 时，$x_0=-A$，$v_0=0$，故也可画出初始时刻的旋转矢量 $\boldsymbol{A}_B$，如图 4-5 所示。$\boldsymbol{A}_B$ 与 Ox 轴正向的夹角 φ_B 即为初相 φ，容易看出 $\varphi=\varphi_B=\pi$。

简谐振动方程为

$$x=A\cos(\omega t+\varphi)=\frac{mg}{k}\cos\left(\sqrt{\frac{k}{M}}t+\pi\right)$$

（2）振动的速度和加速度分别为

$$v=-\omega A\sin(\omega t+\varphi)=-\frac{mg}{\sqrt{kM}}\sin\left(\sqrt{\frac{k}{M}}t+\pi\right)$$

$$a=-\omega^2A\cos(\omega t+\varphi)=-\frac{mg}{M}\cos\left(\sqrt{\frac{k}{M}}t+\pi\right)$$

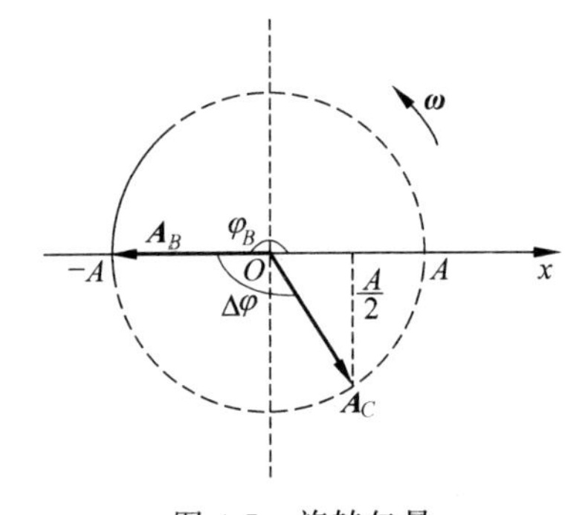

图 4-5 旋转矢量

（3）系统第一次到位置 C 时，速度向上，即 $x_C=\frac{A}{2}$，且 $v_C>0$，可作出旋转矢量 $\boldsymbol{A}_C$，如图 4-5 所示。旋转矢量 $\boldsymbol{A}_B$ 与 $\boldsymbol{A}_C$ 的夹角就是两个运动状态 B、C 的相位差 $\Delta\varphi$，从图上，可得

$$\Delta\varphi=\frac{2\pi}{3}$$

故系统从位置 B（开始计时）到位置 C 所需的最短时间为

$$\Delta t=\frac{\Delta\varphi}{\omega}=\frac{2\pi/3}{\sqrt{k/M}}=\frac{2\pi}{3}\sqrt{\frac{M}{k}}$$

4.1.5 简谐振动的能量

我们仍然以弹簧振子为例，研究简谐振动系统的机械能的转换和守恒。从前面对弹簧振子的受力分析可知，在其振动过程中只有弹簧弹性力在做功，而弹性力是保守内力，显然系统的机械能应该守恒，即动能和势能之和不变。

当弹簧振子的位移为 x，速度为 v 时，系统的弹性势能和动能分别为

$$E_p=\frac{1}{2}kx^2=\frac{1}{2}kA^2\cos^2(\omega t+\varphi) \tag{4-17}$$

$$E_k=\frac{1}{2}mv^2=\frac{1}{2}m\omega^2A^2\sin^2(\omega t+\varphi) \tag{4-18}$$

从上面两个式子可以看出，当物体的位移达到最大值($x=\pm A$)时，弹性势能最大，但是此刻的动能为零，当物体处于平衡位置($x=0$)时，弹性势能为零，而动能达到最大。

弹簧振子的机械能为

$$E=E_k+E_p=\frac{1}{2}kA^2=\frac{1}{2}m\omega^2A^2 \tag{4-19}$$

可见，弹簧振子的弹性势能和动能虽然都随时间作周期性变化，但总机械能却为一恒量。对于一个有着固定圆频率 ω 的弹簧振子系统，**弹簧振子的总的机械能与振幅的平方成正比**，说明振幅 A 的大小可以用来表征简谐振动的强弱。这个结论对其他简谐振动系统同样适用。

4.2　简谐振动的合成

前面我们介绍了简谐振动的运动规律，事实上，一个质点同时参与两个或多个振动的现象是经常会遇到的事情。例如耳朵的鼓膜，经常听到多种不同的声音，天线同时收到多种电磁波而产生的多种电振动等，在这种情况下就出现了振动的合成问题。

4.2.1　同方向同频率简谐振动的合成

下面先以两个同方向同频率的简谐振动的合成为例，讨论振动的合成。

设一质点同时参与两个振动方向相同、频率相同的简谐振动，两个振动的表达式分别为

$$x_1=A_1\cos(\omega t+\varphi_1)$$

$$x_2=A_2\cos(\omega t+\varphi_2)$$

实践证明，振动也和其他运动一样遵从叠加原理，因此合振动的位移为

$$x=x_1+x_2$$

合位移 x 可以用旋转矢量的合成求出。如图 4-6 所示，两个分振动分别用旋转矢量 $\boldsymbol{A}_1$ 和 $\boldsymbol{A}_2$ 表示，由平行四边形法则可得，合矢量为

$$\boldsymbol{A}=\boldsymbol{A}_1+\boldsymbol{A}_2$$

由于 $\boldsymbol{A}_1$ 和 $\boldsymbol{A}_2$ 均以相同的角速度 ω 作匀速旋转，所以旋转过程中，平行四边形的形状将保持不变。这样，合矢量 $\boldsymbol{A}$ 的长度就保持不变，并也以角速度 ω 匀速旋转。可见，合矢量 $\boldsymbol{A}$ 代表的合振动仍然是简谐振动，其振动方程为

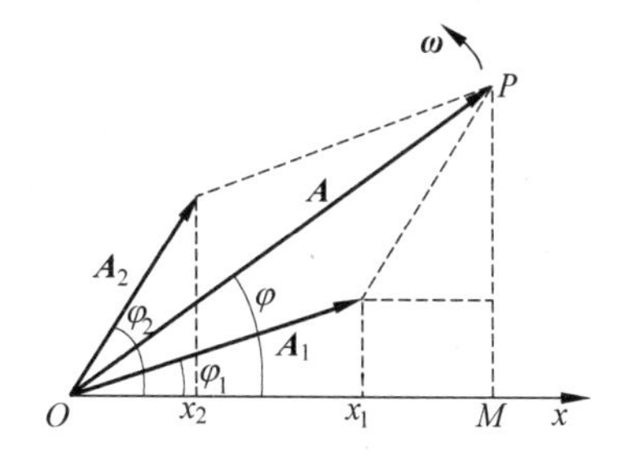

图 4-6　两个同方向同频率简谐振动的合成

$$x=A\cos(\omega t+\varphi)$$

可由余弦定理求得合振动的振幅为

$$A=\sqrt{A_1^2+A_2^2+2A_1A_2\cos(\varphi_2-\varphi_1)} \tag{4-20}$$

可利用△OMP 的三角关系求得初相位为

$$\varphi=\arctan\frac{A_1\sin\varphi_1+A_2\sin\varphi_2}{A_1\cos\varphi_1+A_2\cos\varphi_2}\tag{4-21}$$

从式(4-20)可以看出，当两分振动的振幅 A_1，A_2 一定时，合振动的振幅 A 取决于两分振动的相位差 $\varphi_2-\varphi_1$。下面的讨论具有十分重要的意义，在讨论声波和电磁波（光波）的干涉和衍射时是很有用处的。

(1) 当 $\varphi_2-\varphi_1=2k\pi(k=0,\pm1,\pm2\cdots)$ 时，合振动的振幅为

$$A=\sqrt{A_1^2+A_2^2+2A_1A_2}=A_1+A_2$$

即合振动的振幅最大，振动合成的结果使振动加强。

这种情况两分振动的步调完全一致，通常称为两振动**同相**，振动曲线合成如图 4-7(a)所示，旋转矢量合成如图 4-7(b)所示。

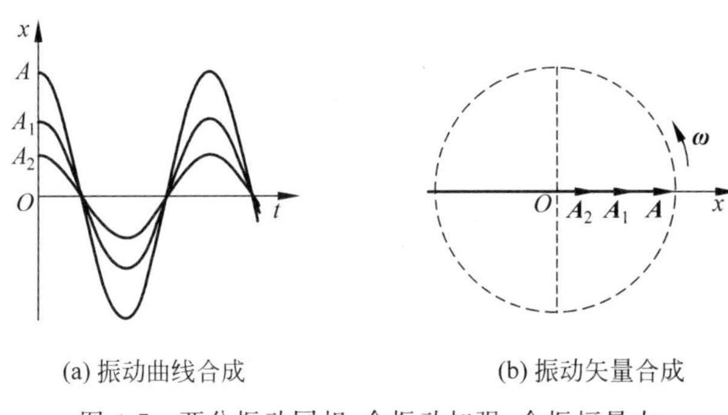

(a) 振动曲线合成 (b) 振动矢量合成

图 4-7 两分振动同相，合振动加强，合振幅最大

(2) 当 $\varphi_2-\varphi_1=(2k+1)\pi(k=0,\pm1,\pm2\cdots)$ 时，合振动的振幅为

$$A=\sqrt{A_1^2+A_2^2-2A_1A_2}=|A_1-A_2|$$

即合振动的振幅最小，振动合成的结果使振动减弱。若是 $A_1=A_2$，则 $A=0$。

这种情况两分振动的步调完全相反，通常称为两振动**反相**，振动曲线合成如图 4-8(a)所示，旋转矢量合成如图 4-8(b)所示。

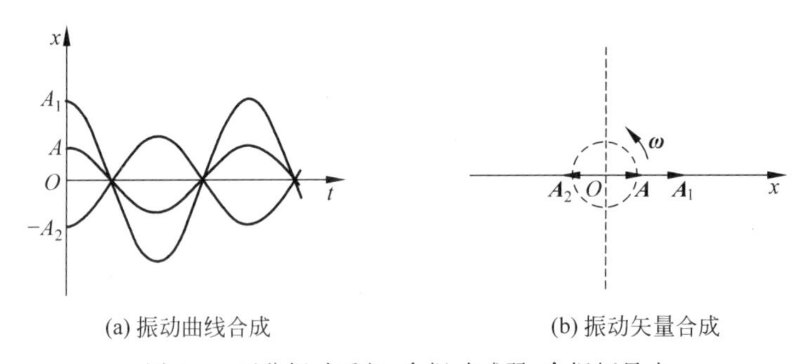

(a) 振动曲线合成 (b) 振动矢量合成

图 4-8 两分振动反相，合振动减弱，合振幅最小

(3) 当相位差 $\varphi_2-\varphi_1$ 取其他值时，两个分振动存在一定的步调差，既不同相也不反相。若 $\Delta\varphi=\varphi_2-\varphi_1>0$，我们就说 x_2 振动超前 x_1 振动 $\Delta\varphi$（或者说 x_1 振动落后于 x_2 振动 $\Delta\varphi$），合振动的振幅为 $|A_1-A_2|<A<A_1+A_2$，旋转矢量合成如图 4-6 所示。

上述用旋转矢量法求简谐振动合成的方法，可以推广到多个简谐振动的合成。如 n 个

同方向同频率的简谐振动的合成，若各振动方程为

$$\begin{cases} x_1 = A_1\cos(\omega t+\varphi_1) \\ x_2 = A_2\cos(\omega t+\varphi_2) \\ \vdots \\ x_n = A_n\cos(\omega t+\varphi_n) \end{cases}$$

则用旋转矢量法求解，如图4-9所示，可知多个同方向同频率简谐振动合成仍为简谐振动。

$$x = x_1 + x_2 + \cdots + x_n = A\cos(\omega t+\varphi)$$

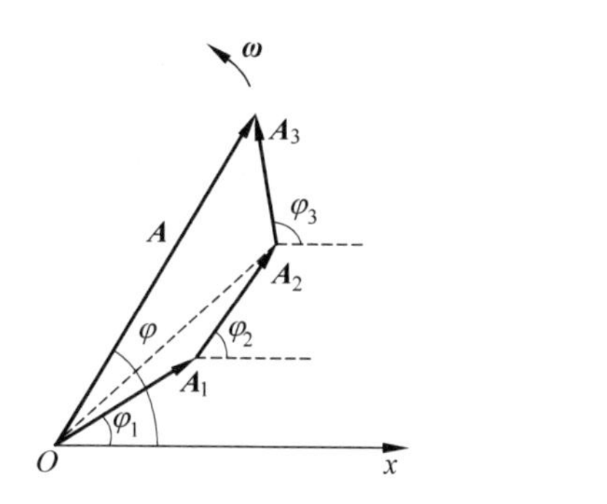

图4-9　多个同方向同频率简谐振动合成

*4.2.2　同方向不同频率简谐振动的合成

对于同方向、不同频率的简谐振动的合成，一般来说，合振动就已不是简谐振动，但仍具有周期性。下面讨论两种简单情况。

1. 拍现象

我们讨论两个振幅相同，初相相同，振动方向相同，但频率略有差别的简谐振动的合成。设它们的振动方程分别为 $x_1=A\cos(\omega_1 t+\varphi)$，$x_2=A\cos(\omega_2 t+\varphi)$，则合振动方程为

$$x = x_1 + x_2 = A\cos(\omega_1 t+\varphi) + A\cos(\omega_2 t+\varphi)$$
$$= 2A\cos\left(\frac{\omega_2-\omega_1}{2}t\right)\cos\left(\frac{\omega_2+\omega_1}{2}t+\varphi\right) \tag{4-22}$$

显然合振动不再是简谐振动，振动曲线如图4-10所示，合振动振幅为 $\left|2A\cos\left(\frac{\omega_2-\omega_1}{2}t\right)\right|$，是随时间 t 周期性变化（图中虚线所绘的包络曲线）。我们把这种合振动的振幅时而加强时而减弱的现象叫**拍**。单位时间内振动加强或减弱的次数叫**拍频**。理论计算表明，拍频为两分振动频率之差，即

$$\nu = \nu_2 - \nu_1 \tag{4-23}$$

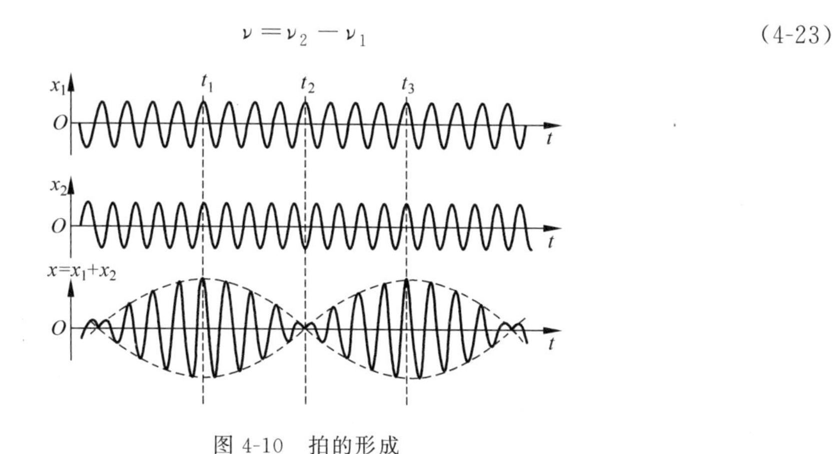

图4-10　拍的形成

拍现象是一种很重要的现象，在电磁学和声学中有着广泛的应用。如利用拍现象测定超声波以及无线电波的频率。将一个未知频率的超声波信号与一个频率已知且相近的谐振信号合成，测量合成振动的拍频，利用式(4-22)，就可以求出前者的频率。在无线电技术中，

“拍”常被称为“差拍”，利用差拍现象可调准电视机输出的 38MHz 的中频调幅信号。让电视机的中频调幅信号与一高频信号源输出的 38MHz 正弦波信号叠加，用示波器观察叠加后的波形图，若产生差拍波形，说明电视机中频调幅信号没调准，调节电视机的调谐微调键，使差拍波形消失，此时拍频为零或接近零，即告调谐准确。类似地，拍的现象可以用来校准乐器。例如利用标准音叉校准钢琴，当钢琴发出的频率与音叉发出的标准频率有些微小的差别时，叠加后就会产生出时高时低的“拍音”，调整到拍音消失，就校准好钢琴的一个琴音。

2. 频谱分析

现在讨论一系列角频率为某个基本角频率 ω 的整数倍的简谐振动叠加。设各分振动方程分别为 $x_1=A_1\cos\omega t$，$x_2=A_2\cos 2\omega t$，$x_3=A_3\cos 3\omega t$，…，则合振动方程为

$$x=x_1+x_2+x_3+\cdots$$
$$=A_1\cos\omega t+A_2\cos 2\omega t+A_3\cos 3\omega t+\cdots$$

理论计算表明，合振动仍然是以 ω 为角频率的周期性振动，但一般不再是简谐振动。反过来，对于任一个角频率为 ω 的复杂的周期性振动，也可分解为一系列角频率为 $n\omega(n=1,2,3,\cdots)$ 的简谐振动。以一“方波”的周期性振动为例，其振动曲线如图 4-11(a)所示。它可用傅里叶级数分解为

$$f(t)=A_0+\sum_{i=1}^{\infty}A_n\cos(n\omega t+\varphi_n)$$

其中，ω 称为基频，$n\omega$ 称为 n 次谐频。分解出的一系列简谐振动曲线，如图 4-11(b)所示。

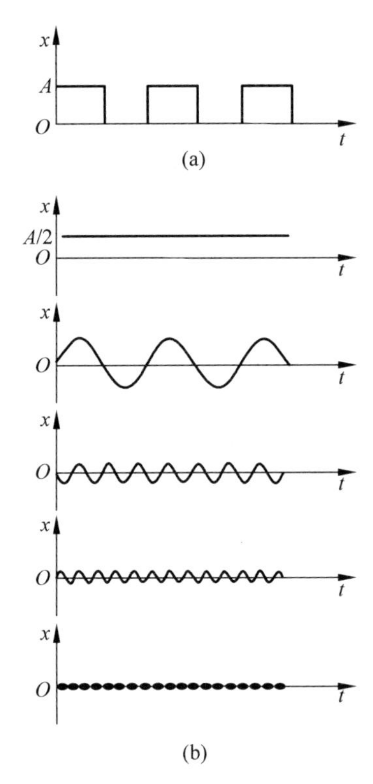

图 4-11 “方波”振动的分解

将复杂的周期性振动分解为一系列简谐振动的操作称为频谱分析。频谱分析主要是分析复杂振动的频率构成。将由复杂振动分解出来的一系列简谐振动的振幅与对应的角频率画成如图 4-12 所示的图线，这就是该复杂振动的频谱，其中的短线称为谱线。频谱分析应用广泛。如频谱分析应用于噪声控制。可根据噪声谱线构成及各谱线的振幅大小，了解噪声源的特性；还可通过噪声频谱找出振幅最大的主频谱线（该成分对噪声贡献最大），分析主要的噪声污染源，为噪声控制提供依据。又如，在机械设备发生故障时，对各种故障信号进行频谱分析，是故障诊断的关键。频谱分析还可用于语音处理、图像处理、数字音频、光谱分析、地震勘探等。

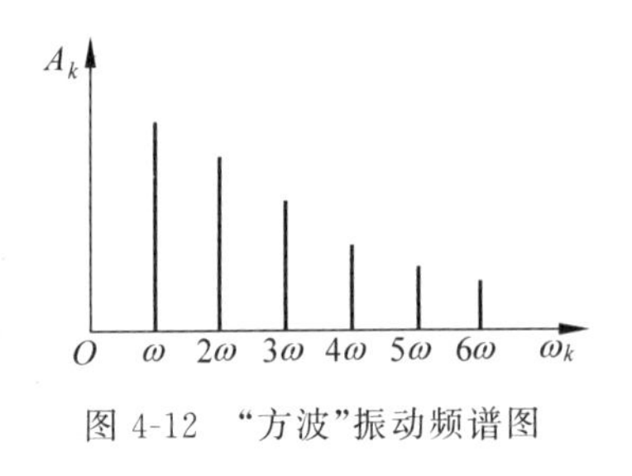

图 4-12 “方波”振动频谱图

*4.2.3 相互垂直的简谐振动的合成

前面讨论了同方向简谐振动的合成，另外还存在方向不同的简谐振动合成的问题，尤其

是两个相互垂直的简谐振动的合成，在电学、光学和电子通信技术中有着广泛而重要的应用。下面先讨论振动方向垂直、同频率的谐振动合成。

设一个质点同时参与了两个振动方向相互垂直的同频率的简谐振动，振动方程分别为

$$x = A_1\cos(\omega t + \varphi_1)$$

$$y = A_2\cos(\omega t + \varphi_2)$$

该质点在 x-y 平面内如何运动呢？我们可以从其轨迹方程中明显地看出来。将上式中的时间 t 消去，得到质点运动的轨迹方程

$$\frac{x^2}{A_1^2} + \frac{y^2}{A_2^2} - \frac{2xy}{A_1A_2}\cos(\varphi_2 - \varphi_1) = \sin^2(\varphi_2 - \varphi_1) \tag{4-24}$$

这是一个椭圆方程。椭圆的具体形状由相位差 $\Delta\varphi = \varphi_2 - \varphi_1$ 决定，如图 4-13 所示。

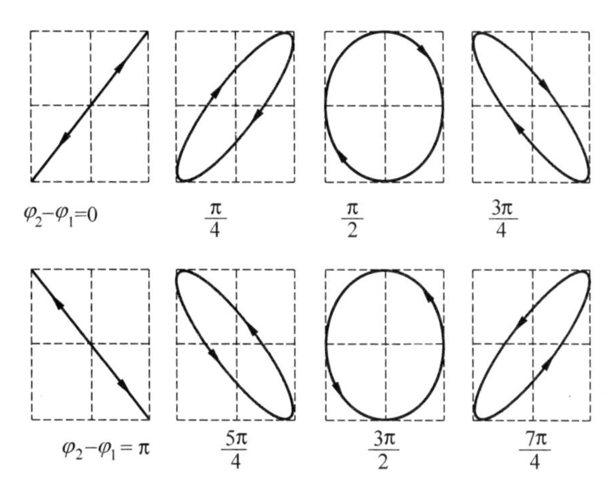

图 4-13　两相互垂直的同频率简谐振动的合成

有两个特殊情况：

(1) 当 $\Delta\varphi = \pi/2$ 或 $3\pi/2$ 时，其轨道方程为正椭圆，如 $A_1 = A_2$，则椭圆变为圆；

(2) 当 $\Delta\varphi = 0$ 或 π 的整数倍时，合运动的轨道是一条直线，合振动是简谐振动。

对于方向垂直但频率不同的简谐振动合成，情况比较复杂，合振动的轨迹一般是不稳定的。但如果两个分振动的频率比成整数，则质点的合振动将沿一稳定的闭合曲线进行，曲线的形状由两分振动的振幅、频率及相位差决定，图 4-13 给出了对应不同频率比和不同相位差时质点的运动轨迹，这些图形称为李萨如图形。

在无线电技术中，常用示波器观察李萨如图形，并利用图形测定信号的未知频率。在示波器的 X 轴输入端和 Y 轴输入端同时加上频率成整数比的两个正弦电压信号 $u_x = U_{xm}\sin(2\pi\nu_x t + \varphi_x)$ 和 $u_y = U_{ym}\sin(2\pi\nu_y t + \varphi_y)$，则显示屏上将显示出李萨如图形，其形状与两分振动的频率比有关。假想对李萨如图形作一条水平割线和一条垂直割线（这两条割线均应与图形有最多的相交点），设水平割线与图形交点数为 n_x，垂直割线与图形交点数为 n_y，则有

$$\frac{n_x}{n_y} = \frac{\nu_y}{\nu_x} \tag{4-25}$$

如果上式中 ν_x 为待测信号的未知频率，ν_y 为由信号源输入的信号的已知频率（称之为标准

频率），则根据示波器显示的李萨如图很容易确定 n_x 和 n_y，从而由上式计算出待测信号的未知频率 ν_x。

如果已知两分振动的频率比，利用李萨如图形还可得出两分振动的相位关系，这在无线电技术中也非常有用。

*4.3 阻尼振动　受迫振动和共振

4.3.1 阻尼振动

前面讨论的简谐振动是一种理想振动，它只靠回复力来维持，因此系统的能量守恒，作等幅振动。这种既没有任何外来激励也没有任何耗散作用，系统能量始终保持不变的振动称为**无阻尼自由振动**。然而实际的振动总要受到阻力的影响，克服阻力做功需要耗散系统能量，所以系统的振幅就会不断减小直到最后停止。这种振幅随时间逐渐衰减的振动称为**阻尼振动**。机械能的减少通常通过以下两种形式：一种是由于摩擦阻力的作用，使振动的机械能转化为热能，称为摩擦阻尼；另一种是由于振动系统所引起邻近介质中各点振动，使机械能以波动形式向四周辐射出去，称为辐射阻尼。例如，音叉振动时，不仅因为摩擦而消耗能量，同时还因辐射声波而损失能量。

对于确定的振动系统，阻尼的大小用阻尼系数 β 表示。β 的数值由振动系统的性质决定，与运动物体的形状、大小以及周围介质的黏滞性质有关。根据阻尼系数的不同，可分为三种可能的运动情况。

（1）小阻尼振动

若物体在阻尼很小的介质中振动（如在水中的振动），即 $\beta<\omega_0$（系统固有角频率）时，则称为小阻尼振动，其振动方程为

$$x=A\mathrm{e}^{-\beta t}\cos(\omega t+\varphi) \tag{4-26}$$

其中，A 和 φ 由振动系统的初始条件决定的常数，ω 为振动的角频率，$\omega=\sqrt{\omega_0^2-\beta^2}$。

从式(4-26)可以看出，$A\mathrm{e}^{-\beta t}$ 可以看作是随时间变化的振幅，其大小是随着时间作指数衰减，阻尼系数 β 越大，振幅衰减得越快。小阻尼时振动物体的位置随时间变化的关系曲线如图 4-14 所示。这是一种准周期振动，其振动周期 T 比系统的固有周期要长。显然，阻尼的作用不仅使振动的机械能逐渐减少，而且使振动的周期比无阻尼时增加。

（2）过阻尼振动

若介质阻尼系数过大（如在黏滞性很大的油里的振动），即 $\beta>\omega_0$ 时，物体偏离平衡位置后将缓慢地回到平衡位置，其后就静止不动了，这种情况称为**过阻尼**。这完全是一种非周期运动。

（3）临界阻尼振动

若介质的阻尼不是很大（如黏滞性不是太大的油），即 $\beta=\omega_0$ 时，振动物体刚回到平衡位置就不再振动了，它的运动刚好处于准周期振动变为非周期振动的临界状态，这种情况称为临界阻尼。

上述三种阻尼振动的位移-时间曲线的对比如图 4-15 所示。可以看出，临界阻尼下振子回到平衡位置的时间最短。

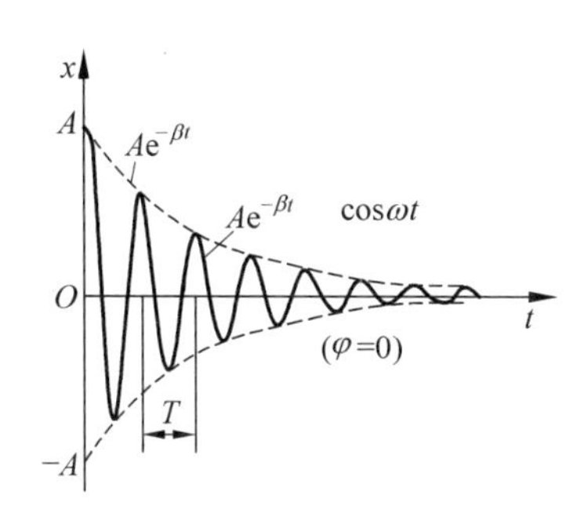

图 4-14　小阻尼时的振动曲线

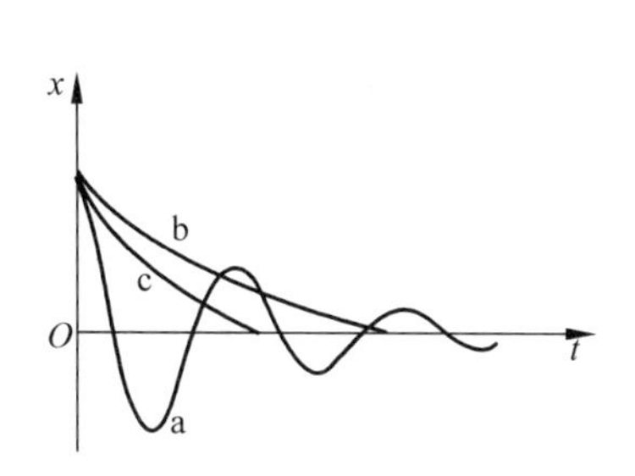

图 4-15　三种阻尼振动的比较

a. 小阻尼；b. 过阻尼；c. 临界阻尼

在生产实践中，人们根据实际需要，用不同的办法改变阻尼的大小以控制系统的振动情况。如精密电子仪表中，由于仪表指针是和通电线圈相连的，当它在磁场中运动时，会受到电磁阻尼的作用，若电磁阻尼过大或过小，会使指针摆动不停或到达平衡点的时间过长，影响读数，可以通过调整电路电阻，使电表在临界阻尼状态下工作，指针能很快地稳定下来，实现较快和较准确地读数。这种电磁阻尼现象还被广泛应用于电磁制动机械，甚至磁悬浮列车上。各类机器大都装有避振器，机器在受到激烈冲撞后，振动能迅速衰减，很快恢复到稳定状态，从而达到保护机件的目的。各类机器尤其是精密机床，在动态环境下工作需要有较高的抗振性和动态稳定性，通过各种阻尼处理可大大提高其动态性能。

4.3.2　受迫振动和共振

摩擦阻尼总是客观存在的，为了维持持续的振动，就要不断给系统补充能量。所谓**受迫振动**就是系统受外界周期性的持续激励所产生的振动。简谐激励是最简单的持续激励。受迫振动包含瞬态振动和稳态振动两部分。在振动开始一段时间内会出现随时间变化的减幅阻尼振动，经过短暂时间后，这种振动即消失，所以它对受迫振动的影响是短暂的，又称为瞬态振动。由于外界周期性的持续激励，系统从外界不断地获得能量来补偿阻尼所耗散的能量，因而能够作持续的等幅振动，称为稳态振动。系统进入稳态振动时，受迫振动的频率与激励频率相等。例如，在两端固定的横梁的中部装一个激振器，激振器开动短暂时间后横梁所作的持续等幅振动就是稳态振动，振动的频率与激振器的频率相同。

不同阻尼情况下，稳态受迫振动的振幅 A 随激励频率 ν_P 的变化情况如图 4-16 所示。当外部激励的频率 ν_P 接近系统的固有频率 ν_0 时，系统的振幅将急剧增加，在 ν_P 为某一特定值时，振幅达到最大，这一现象称为**共振**。相应的频率称为**共振频率**，用 ν_r 表示。共振频率 ν_r 一般不等于系统的固有频率 ν_0，只有在阻尼趋向于零时，共振频率 ν_r 才接近系统的固有频率 ν_0，这时的振幅将趋于无穷大，系统发生强烈的共振。

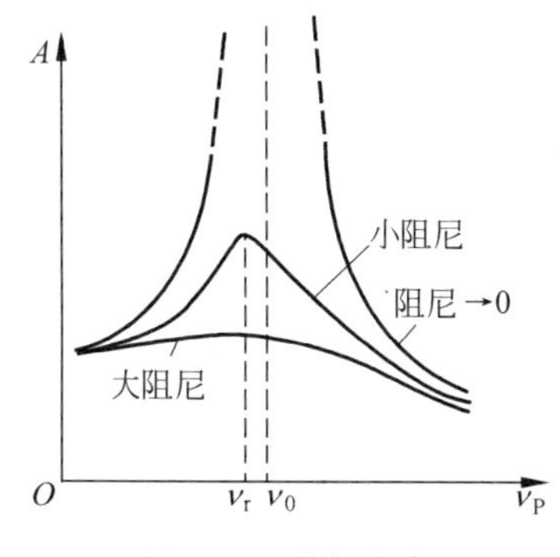

图 4-16　共振频率

例 4.2　火车的车轮每次行驶到两铁轨接缝处

时，都会受到一次撞击，使车厢作受迫振动，产生颠簸，如图 4-17 所示。当车速达某一速率，使撞击频率与车厢固有频率相同时，会发生激烈颠簸(共振)，这一速率即为危险速率。设车厢总负荷为 $m=5.5\times10^4$ kg，车厢弹簧每受力 $F=9.8\times10^3$ N，被压缩 $\Delta x=0.8$mm，每段铁轨长 $L=12.5$m，求危险速率。

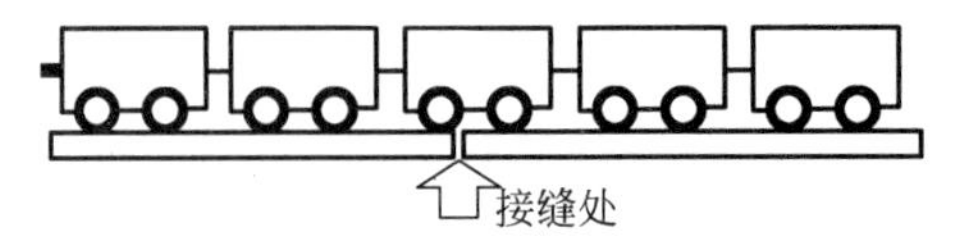

图 4-17　火车的危险速率与轨长关系

解：将车厢视为振子(图 4-18)，已知车厢弹簧每受力 $F=9.8\times10^3$ N，被压缩 $\Delta x=0.8$mm，可求得弹簧的劲度系数为

$$k=\frac{F}{\Delta x}$$

车厢的固有周期为

$$T=2\pi\sqrt{\frac{m}{k}}=2\pi\sqrt{\frac{m\Delta x}{F}}$$

$$=2\pi\sqrt{\frac{55\times10^3\times0.8\times10^{-3}}{9.8\times10^3}}\ \mathrm{s}=0.42\mathrm{s}$$

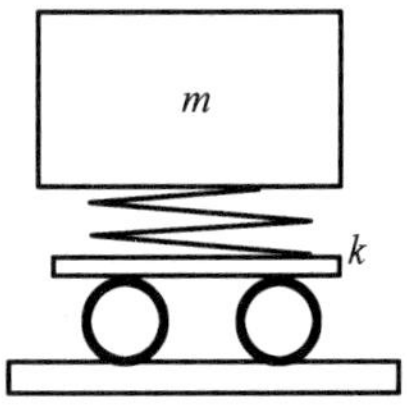

图 4-18　车厢视为振子

依题意，当火车发生剧烈颠簸时，火车在每段铁轨的行驶时间即为车厢的固有周期 T，已知每段铁轨长 $L=12.5$m，则可得火车的危险速率为

$$v=\frac{L}{T}=\frac{12.5}{0.42}\mathrm{m\cdot s^{-1}}=29.8\mathrm{m\cdot s^{-1}}=107\mathrm{km\cdot h^{-1}}$$

从上述的计算可知，长轨有利于高速行车，而无缝轨能避免受迫振动的发生。普通的钢轨一般只有 12.5m 或 25m，火车开着就会有“咣当咣当”的声音，如果开得太快就会有火车颠覆的危险。所以普通钢轨限定时速为 140km/h，这对于高铁无疑是个瓶颈。因此高速铁路钢轨全部采取 1 千米甚至几千米一根，减小车轮撞击力。这种铁轨由钢铁厂根据特制的数据炼出，其技术含量与普通钢轨不能同日而语。

共振现象在日常生活和工程技术应用中应用广泛，要充分利用其利而防止其弊。例如，收音机中的调谐回路利用电磁共振可实现选台功能，乐器利用声波共振可提高音响效果，核磁共振可研究物质结构以及医疗诊断，超声波发生器利用共振来激起强烈的振动，建筑工地上使用的共振筛也是利用共振来增加振幅。而在设计使用机械和各种桥梁建筑时必须防止共振。例如，为了确保旋机械安全运转，轴的工作转速应处于其各阶临界转速的一定范围之外。机床或重要仪器的工作台，通常筑有较大的混凝土基础，从而降低固有频率，使其远小于外来机械干扰的频率，有效避免共振带来的危害。设计桥梁和建筑时，要采取必要的防振、减振措施，使建筑物和桥梁等的固有频率远离地震、大风、气流、人群行走、汽车碾压等的频率范围，尽可能地避免共振现象，保证建筑安全。设计飞机时，要注意飞机的机翼与引擎的固有振动频率一定不能接近或相等，否则它们之间的共振会导致机翼损坏。

习题

一、选择题

4.1　一质点作简谐振动，振动方程为 $x=A\cos(\omega t+\varphi)$，当时间 $t=\frac{1}{2}T$（T 为周期）时，质点的速度为：［　　］

（A）$-A\omega\sin\varphi$　　（B）$A\omega\sin\varphi$　　（C）$-A\omega\cos\varphi$　　（D）$A\omega\cos\varphi$

4.2　一物体作简谐振动，振动方程为 $x=A\cos\left(\omega t+\frac{\pi}{4}\right)$。在 $t=\frac{T}{4}$（T 为周期）时刻，物体的加速度为：［　　］

（A）$-\frac{1}{2}\sqrt{2}A\omega^2$　　（B）$\frac{1}{2}\sqrt{2}A\omega^2$　　（C）$-\frac{1}{2}\sqrt{3}A\omega^2$　　（D）$\frac{1}{2}\sqrt{3}A\omega^2$

4.3　一单摆，把它从平衡位置向右拉开，使摆线与竖直方向成一微小角度 θ，然后由静止放手任其摆动，若自放手时开始计时，如用余弦函数表示其运动方程，则该单摆振动的初位相为：［　　］

（A）θ　　（B）π　　（C）0　　（D）$\frac{\pi}{2}$

4.4　一物体作振幅为 A 的简谐振动，在起始时刻质点在 $-\frac{A}{2}$ 位置且向 x 轴的正方向运动，代表此简谐振动的旋转矢量图为图 4-19 中的：［　　］

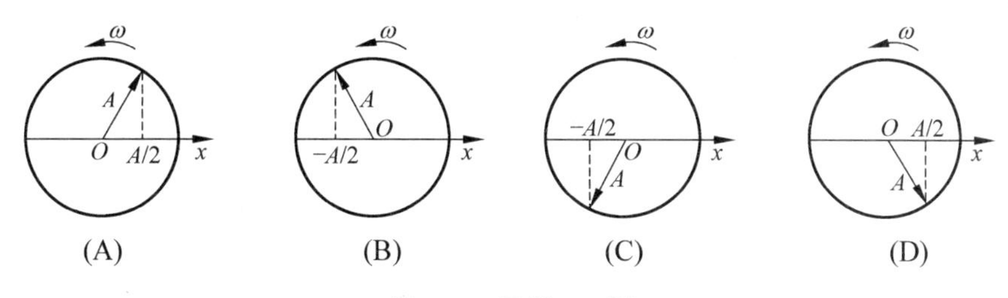

图 4-19　习题 4.4 图

二、填空题

4.5　两个同方向、同频率的简谐振动，振幅均为 A，若合成振幅也为 A，则两分振动的初相位差为________。

4.6　一弹簧振子作简谐运动，当位移为振幅的一半时，其动能为总能量的________。

4.7　一物块悬挂在弹簧下方作简谐振动，当这物块的位移等于振幅的一半时，其动能是总能量的________（设平衡位置处势能为零）。当这物块在平衡位置时，弹簧的长度比原长长 Δl，这一振动系统的周期为________。

4.8　一简谐振动的旋转矢量图如图 4-20 所示，振幅矢量长 2cm，则该简谐振动的初位相为________，振动方程为________。

4.9　有两个简谐运动，其振动曲线如图 4-21 所示，从图可知振动 A 的相位比振动 B 的相位________（填“超前”或“落后”），$\varphi_A-\varphi_B=$________。

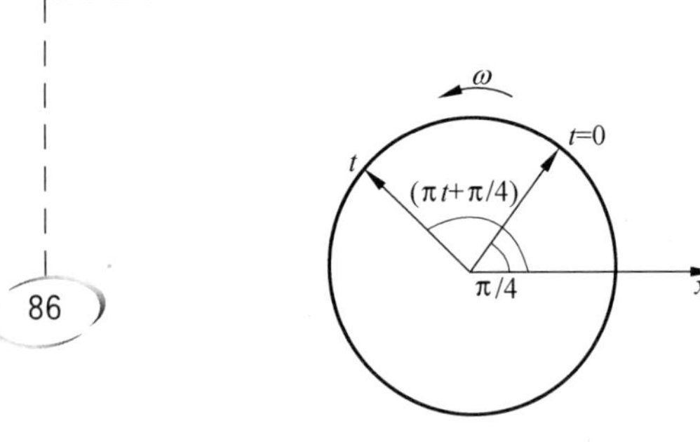

图 4-20　习题 4.8 图

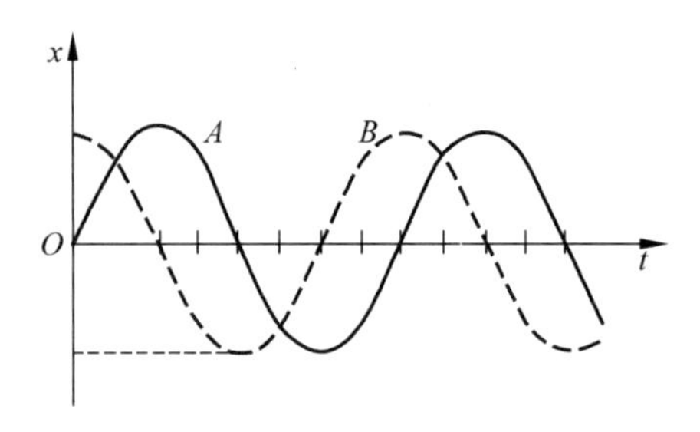

图 4-21　习题 4.9 图

三、计算题

4.10　一弹簧振子振动周期为 T_0，若将弹簧剪去一半，则此弹簧振子振动周期 T 是原有周期 T_0 的多少倍？

4.11　一质点作简谐振动，振动方程为 $x=6\cos(8\pi t+\pi/5)$(SI 单位)，求：(1)此简谐振动的振幅、圆频率、周期和初相；(2)$t=2$s 时质点的相位；(3)速度的最大值。

4.12　图 4-22(a)、(b)为两个简谐振动的曲线，试分别写出其简谐振动方程。

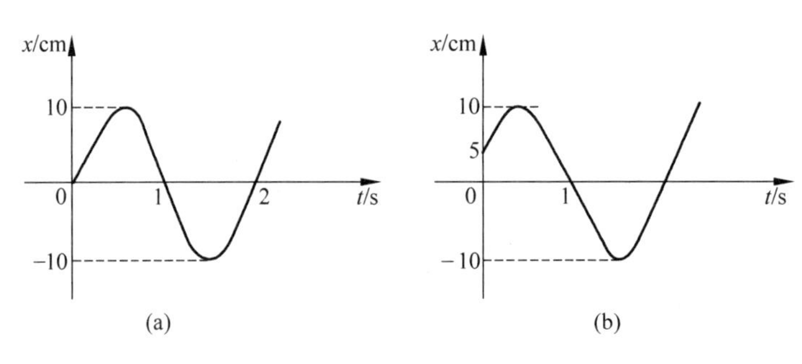

图 4-22　习题 4.12 图

4.13　一质量为 0.2kg 的质点作简谐振动，其振动方程为 $x=0.60\cos(5t-\pi/2)$(SI)。求：(1)质点的初速度；(2)质点在正向最大的位移一半处所受的力。

4.14　弹簧下挂 $m_0=100$g 的砝码时，弹簧伸长 8cm。现在弹簧下挂 $m_0=250$g 的物体构成弹簧振子。把物体从平衡位置向下拉动 4cm，并给以向上 $21\text{cm}\cdot\text{s}^{-1}$ 的初速度(此时开始计时)，选 x 轴的正方向向下，求弹簧振子的振动方程。

4.15　如图 4-23 所示，质量为 1.00×10^{-2}kg 的子弹，以 $500\text{m}\cdot\text{s}^{-1}$ 的速度射入并嵌在木块中，同时使弹簧压缩从而作简谐振动。设木块的质量为 4.99kg，弹簧的劲度系数为 $8.00\times10^{3}\text{N}\cdot\text{m}^{-1}$，若以弹簧原长时物体所在处为坐标原点，向左为 x 轴正向，求简谐振动方程。

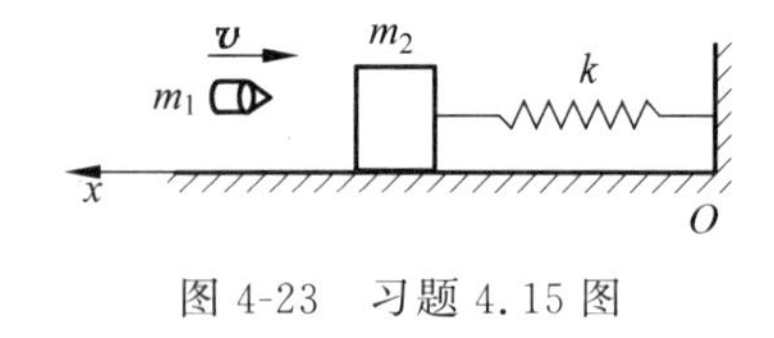

图 4-23　习题 4.15 图

4.16　有两个同方向同频率的简谐振动，振动方程分别为 $x_1=4\cos(3t+\pi/4)$cm 和 $x_2=3\cos(3t-3\pi/4)$cm，求：(1)它们的合振动的振幅和初相位；(2)若有另一同方向同频率的简谐振动 $x_3=4\cos(3t+\varphi_3)$cm，则 φ_3 为多少时，x_1+x_3 的振幅最大？又 φ_3 为多少时，x_1+x_3 的振幅最小？

第5章

机 械 波

振动在空间的传播叫波动。波动是自然界中一种常见的物质运动形式，波动的种类有很多，如机械波、电磁波、物质波等。各种波的物理本质虽然各不相同，但是都具有相同的波动特征和传播规律，例如，它们都能产生干涉和衍射等现象，波动过程都具有一定的传播速度，且都伴随着能量的传播。

机械振动在弹性介质中的传播称为**机械波**。如声波、水波、地震波等。本章主要讨论机械波特别是简谐波的形成、波函数和波的能量、惠更斯原理及其在波的衍射、干涉等方面的应用，简要介绍驻波、声波及多普勒效应等。

克里斯蒂安·惠更斯（Christian Huygens，1629—1695），荷兰物理学家、天文学家、数学家。他建立了向心力定律，提出了动量守恒原理，改进了计时器，在光的波动说和光学仪器等方面作出贡献。在数学和天文学方面也成就卓越。

5.1 机械波的形成和传播

5.1.1 机械波的形成

机械振动在弹性介质(固体、液体和气体)中传播就形成了机械波，这是因为弹性介质内各质元之间有弹性力相互作用着。下面我们以水波的形成为例探讨一下机械波的形成。当我们把小石头扔进平静的水面，我们会看到，水面上以石头为中心由近及远荡漾起波纹，这是水波的形成和传播过程。那么水波(图 5-1)是如何形成的？当水中任一质元因受小石头的作用激起振动，即波源振动时，因水是弹性介质，水中各质元之间有相互的弹性力作用，该质元的振动必定会带动附近的质元也发生振动，附近的质元的振动又带动其附近的质元也振动起来，从而把振动由近及远地传播出去，形成水波。这说明机械波的产生有两个条件：一是波源的振动，二是传播振动的弹性介质。

图 5-1 水波

如果观察湖面上飘着的树叶，我们会发现树叶并不随波逐流，而是在原地上下振动。这说明水波的传播并非水在向前流动，而是水的振动状态在水中的传播，水中的各质元只是在自己的平衡位置附近来回振动。所以，波动传播的只是振动的运动形态，而不是质元本身。

按照介质中质元的振动方向和波的传播方向的关系，可将机械波分为两类。质元振动的方向与波的传播方向垂直的波叫做**横波**，如图 5-2(a)所示，手持柔软绳子的一端，不停地轻轻上下抖动，振动状态将传播到整根绳子，这样产生的波就是横波，其波形特征表现为呈现波峰和波谷；质元振动的方向与波的传播方向一致的波叫做**纵波**，如图 5-2(b)所示，用手沿水平方向不停地拉动弹簧的一端，弹簧各部分就左右振动起来，振动状态将传播到整根弹簧，这样产生的波就是纵波，其波形特征表现为稀疏和稠密区域相间分布。

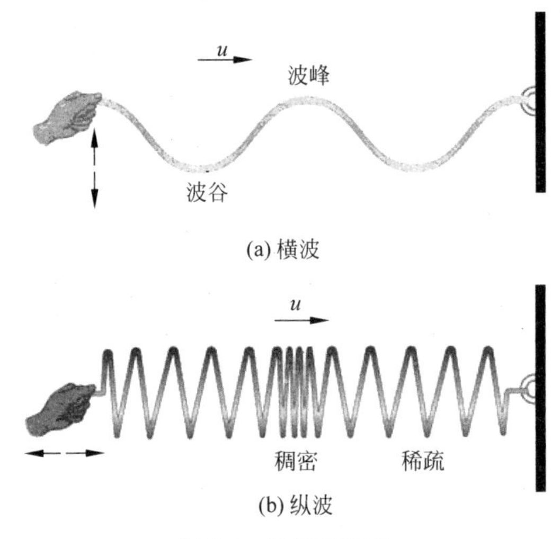

图 5-2　横波和纵波

不论是横波还是纵波，波源的振动状态都沿波的传播方向依次传递给介质中的各质元。可见，波就是振动状态的传播，是波源与介质各质元的一种集体振动。由于振动状态由相位来描述，因此，波动的过程也是相位的传播过程。各质元的振动频率和波源的频率相同，但是在同一时刻，各质元相位却不相同，它们随着离波源的距离而依次落后。这也说明波动的传播具有一定的速度。

波动的传播过程实际上是能量传播的过程，波源通过弹性力把振动传至邻近质元，使其随之振动起来，实际上就是把振动的能量传播过去。

5.1.2　机械波的描述

1. 机械波的几何描述

为了形象地描述波的传播，我们引入波线、波面和波前的概念。

波在一维介质内传播（如绳子上的横波），只有正、负两个传播方向。但在高维度的介质里，波可以沿各种不同的方向传播（如水波、地震波）。表明波传播方向的线称为**波线**。波是振动相位的传播，从振源出发，波动同时到达的地点，振动的相位都相同。同相位的各点所成的面称为**波面（或波阵面）**。在任一时刻，波面可以画任意多个，一般使相邻两个波面之间的距离等于波长。某一时刻，处于最前面的波面称为**波前**。波面沿波线传播的速度，称为波的**相速**，或简称**波速**。

在各向同性的均匀介质中，从点波源发出的波沿各方向传播的速度是一样的，所以波面为同心球面，这种波称为球面波；用平面波源产生的波动，波面是平行平面，这种波称为平面波。在二维介质中，两种波的几何描述如图 5-3 所示。

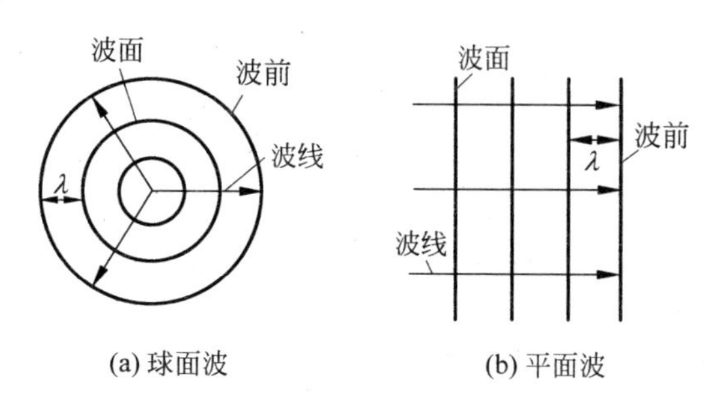

图 5-3　机械波的几何描述

2. 机械波的特征物理量

波长、波的周期和频率以及波速是描写波动的重要物理量，它们被称为波的特征量。

(1) 波长

在同一条波线上，两个相邻的、相位差为 2π 的质点之间的距离，称为**波长**，记为 λ。当波源作一次完全的振动，波前进的距离(振动状态传播的距离)正好等于一个波长。

(2) 周期、频率

波前进一个波长的距离所需要的时间称为**周期**，用 T 表示。它在数值上等于波源的振动周期，它反映了波的时间周期性。在单位时间内，波前进的距离中包含完整波长的数目称为**频率**，用 ν 表示。一般情况下波的频率等于波源的振动频率。波的周期与波的频率的关系为

$$\nu = \frac{1}{T} \tag{5-1}$$

(3) 波速

振动状态在介质中传播的速度称为**波速**，用 u 表示。它的大小等于任一振动状态或相位在单位时间内的传播距离。

由于在一个周期内波前进的距离为一个波长，所以有

$$u = \frac{\lambda}{T} \tag{5-2}$$

该式对各类波都适用。

必须指出，波的周期和频率都是由波源决定的，与介质无关。但是波速与波源无关，它是完全由传播波的介质的弹性性质所决定的。由于介质的弹性性质由其弹性模量来表征，因此，为讨论波速与介质弹性性质之间的关系，下面先定义几种**弹性模量**。

物体，包括固体、液体和气体，在受到外力作用时，形状或体积会发生改变，这种变化称为形变，在弹性限度内的形变称为**弹性形变**，如图 5-4 所示。横波在固体介质中传播时，固体介质中各质元在剪应力的作用下发生切变，在弹性限度内，剪应力 F/S 与剪应变 φ 成正比，比例系数称为**切变模量** G，即

$$G=\frac{F/S}{\varphi} \tag{5-3}$$

纵波在固体介质中传播时，固体介质中各质元在应力的作用下发生线应变，在弹性限度内，应力 F/S 与线应变 $\Delta l/l$ 成正比，比例系数称为**杨氏模量** E，即

$$E=\frac{F/S}{\Delta l/l} \tag{5-4}$$

在液体或气体中，由于不可能发生剪切形变，所以不可能传播横波。但因为它们具有体变弹性，所以能传播纵波。纵波在液体或气体中传播时，液体或气体中各质元会因周围的压强改变而产生体应变，压强改变量与体应变大小之间也有比例关系，比例系数称为**体弹模量** K，即

$$K=-\frac{\Delta p}{\Delta V/V} \tag{5-5}$$

三种弹性模量都是由介质材料弹性性质决定的常量，单位为 $\mathrm{N\cdot m^{-2}}$。

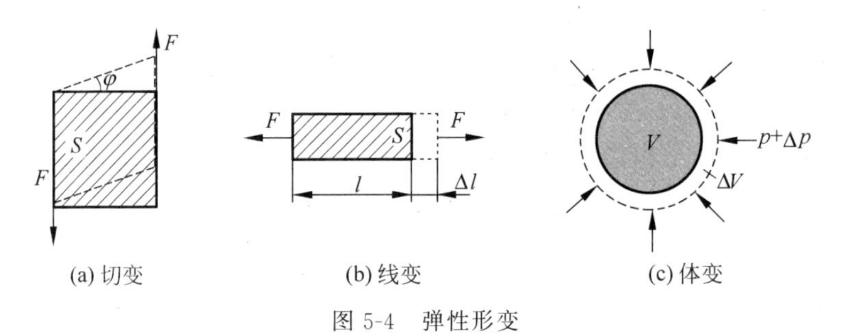

图 5-4　弹性形变

可以证明波速由介质的弹性模量和密度 ρ 决定。在固体中传播的横波和纵波，其波速分别为

$$u=\sqrt{\frac{G}{\rho}}\quad（横波，S 波） \tag{5-6}$$

$$u=\sqrt{\frac{E}{\rho}}\quad（纵波，P 波） \tag{5-7}$$

在液体或气体中的纵波的波速为

$$u=\sqrt{\frac{K}{\rho}} \tag{5-8}$$

从以上式子可以看出，由于不同介质材料的弹性模量不同，同一频率的波在不同介质中的波速就不同。如常温时，声速在空气中为 $340\mathrm{m\cdot s^{-1}}$，在水中为 $1460\mathrm{m\cdot s^{-1}}$，而在混凝土中则约为 $4000\mathrm{m\cdot s^{-1}}$。即使是在同种固体介质中，由于切变模量 G 总小于其杨氏模量 E，所以横波的波速要比纵波的小些。如地震波中的 S 波（横波）的波速就比 P 波（纵波）的波速小，在靠近地球表面处，S 波的波速为 $4\sim5\mathrm{km\cdot s^{-1}}$，而 P 波的波速为 $7\sim8\mathrm{km\cdot s^{-1}}$。

此外，波速还与介质的温度有关。在同一介质中，温度不同时，波速一般也不同。例如，$343\mathrm{m\cdot s^{-1}}$ 是 20℃时在空气中的声速，当温度是 0℃时，空气中的声速就只有 $331\mathrm{m\cdot s^{-1}}$。

5.2 平面简谐波的波函数

在均匀的、无吸收的各向同性介质中，波源作简谐运动时，在介质中所形成的波称为**简谐波**。简谐波是一种最基本、最简单的波，任何复杂的波都可以看成许多简谐波的叠加。研究简谐波的波动规律是研究复杂波动的基础，具有特别重要的意义。本节仅讨论波阵面为平面的平面简谐波。

平面简谐波在传播时，波是沿着一组相互平行的波线传播，对于垂直于波线上的任何一个波阵面，面上各点的振动情况完全相同，因此只要知道任意一条波线的波的传播规律，就清楚了整个平面简谐波的传播规律。波沿某一条波线传播时，波线上的各质元都参与了振动，但在同一时刻，它们的振动状态各不相同，要想描述波动的这种规律就必须用波函数。取任意一条波线为 Ox 轴，以纵坐标 y 表示该波线上坐标为 x 的任一质元相对其平衡位置的振动位移，则 y 随时间 t 的变化关系 $y=y(x,t)$ 称为**波函数**，又称为**波动方程**。

设平面简谐波沿 Ox 轴正方向以波速 u 传播，如图 5-5 所示。设坐标原点 O 处质元的简谐振动表达式为

$$y_O(t)=A\cos(\omega t+\varphi_0)$$

由于介质在波的传播过程中不吸收能量，所以当振动从 O 点沿着 x 轴正方向以波速 u 传播到坐标为 x 的任意一点 P 处时，P 点处质元将以 O 点相同的振动规律振动，只是开始振动的时间落后于 O 点处的质元。振动由 O 点传到 P 点所需要的时间是 $\Delta t=\dfrac{x}{u}$，那么 P 点在 t 时刻的位移与 O 点在 $t-\Delta t=t-\dfrac{x}{u}$ 时刻的位移相同，即

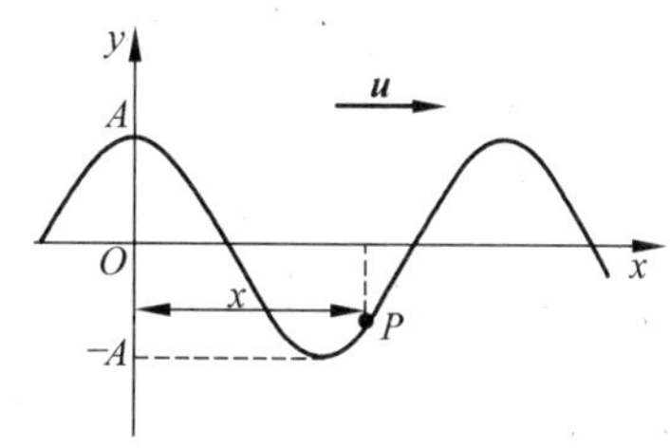

图 5-5 平面简谐波波形图

$$y_P(t)=y_O(t-\Delta t)=A\cos\left[\omega\left(t-\frac{x}{u}\right)+\varphi_0\right]$$

因为 P 点是 x 轴上的任意一点，所以沿 x 轴正方向传播的平面简谐波的波函数可以表示为

$$y(x,t)=A\cos\left[\omega\left(t-\frac{x}{u}\right)+\varphi_0\right] \tag{5-9}$$

根据波的特征量关系 $\omega=2\pi/T$，$u=\lambda/T$，我们可以把式(5-7)写成以下形式

$$y(x,t)=A\cos\left[2\pi\left(\frac{t}{T}-\frac{x}{\lambda}\right)+\varphi_0\right] \tag{5-10}$$

如果波是沿着 Ox 轴负方向传播，同样的道理，因为波的振动先传到 P 点再传到 O 点，故 P 点在 t 时刻的位移与 O 点在 $t+\Delta t=t+\dfrac{x}{u}$ 时刻的位移相同，则波函数可表示为

$$y(x,t)=A\cos\left[\omega\left(t+\frac{x}{u}\right)+\varphi_0\right] \tag{5-11}$$

或

$$y(x,t)=A\cos\left[2\pi\left(\frac{t}{T}+\frac{x}{\lambda}\right)+\varphi_0\right] \tag{5-12}$$

下面讨论波函数的物理意义。

(1) 当 x 为某个定值 x_0 时,波函数式写成

$$y(t)=A\cos\left[\omega\left(t\mp\frac{x_0}{u}\right)+\varphi_0\right]$$

此时位移 y 仅是时间 t 的函数,$y(t)$表示坐标 $x=x_0$ 处质元的位移 y 随时间 t 的变化规律,这就是该质元的简谐振动方程。

(2) 当 t 为某个定值 t_0 时,波函数式写成

$$y(x)=A\cos\left[\omega\left(t_0\mp\frac{x}{u}\right)+\varphi_0\right]$$

此时位移 y 仅是坐标 x 的函数,$y(x)$表示 t_0 时刻,波线上各质元的位移 y 随坐标 x 的分布情况,即 t_0 时刻的波形,故称为波形方程。以 x 为横坐标,y 为纵坐标,可画出给定时刻的波形图,如图 5-5 所示。

由上式可以看出,在同一时刻 t_0,坐标 x 不同的点相位不同。两点间的相位差 $\Delta\varphi$ 的大小与两点间距 Δx 有关。根据波长 λ 的定义,在同一条波线上,相邻的、距离为一个 λ 的两点的相位差为 2π,因此可推得,当两点间距为 Δx 时,两点的相位差为

$$\Delta\varphi=2\pi\frac{\Delta x}{\lambda} \tag{5-13}$$

波从原点沿波线传播的距离叫**波程**,故 Δx 又称为**波程差**。上式表明了同一时刻,波线上两点的相位差 $\Delta\varphi$ 与波程差 Δx 之间的关系。

必须指出的是,通常利用上式求出的是两点间的相位差 $\Delta\varphi$ 的绝对值,至于两点相位的超前或滞后,则根据沿波的传播方向,各点相位依次落后的原则来判断。

(3) 如果 x 和 t 都在变化,则 y 是 x 和 t 的二元函数,波函数表示波线上任一质元在任一时刻的位移。图 5-6 中,实线表示 t 时刻的波形,虚线表示 $t+\Delta t$ 时刻的波形。由于波传播时,任一给定的相都以速度 u 向前移动,所以波的传播在空间上就表现为整个波形曲线以速度 u 向前平移。这种在空间行进的波称为行波。在 Δt 时间间隔内,整个波形沿波的传播方向行进的距离为 $\Delta x=u\Delta t$。

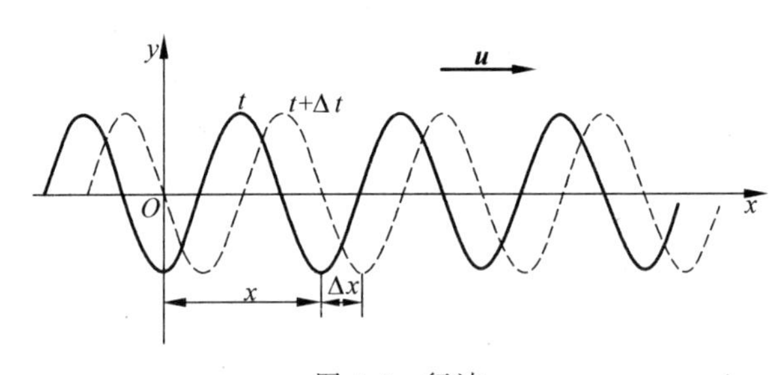

图 5-6　行波

例 5.1　一平面简谐波以波速 $u=1.0\text{m}\cdot\text{s}^{-1}$ 沿 Ox 轴正方向传播。已知坐标原点 O 处质元的振动周期 $T=2.0\text{s}$,振幅 $A=1.0\text{m}$,并且在 $t=0$ 时刻,正好经过其平衡位置向 Oy 轴正方向运动。求:(1)波函数;(2)坐标 $x=0.5\text{m}$ 处质元的振动方程和振动曲线图;(3)$t=1.0\text{s}$ 时刻的波形方程和波形图。

解:(1) 要求出波函数,先要求出原点 O 处质元的振动方程,然后根据波动传播的方向

确定任意点 x 的振动超前还是落后于原点的振动，写出其振动方程，即为波函数。

由题目给出的条件，可得原点 O 处质元振动的圆频率为

$$\omega=\frac{2\pi}{T}=\frac{2\pi}{2.0}=\pi\,\mathrm{rad}\cdot\mathrm{s}^{-1}$$

在 $t=0$ 时刻，原点 O 处质元的位移为 $y_o=0$，速度 $v_0>0$，由旋转矢量法容易判断出其初相位为 $\varphi_0=-\frac{\pi}{2}$，故原点 O 处质元的振动方程为

$$y_O(t)=A\cos(\omega t+\varphi_0)=1.0\cos\left(\pi t-\frac{\pi}{2}\right)$$

由于该波以波速 $u=1.0\mathrm{m}\cdot\mathrm{s}^{-1}$ 沿 Ox 轴正方向传播，所以其波函数为

$$y(x,t)=A\cos\left[\omega\left(t-\frac{x}{u}\right)+\varphi_0\right]=1.0\cos\left[\pi\left(t-\frac{x}{1.0}\right)-\frac{\pi}{2}\right]$$

(2) 将 $x=0.5\mathrm{m}$ 代入波函数表达式，得 $x=0.5\mathrm{m}$ 处质元的振动方程为

$$y(t)=1.0\cos\left[\pi\left(t-\frac{0.5}{1.0}\right)-\frac{\pi}{2}\right]=1.0\cos[\pi t-\pi]$$

其振动曲线如图 5-7 所示。

(3) 将 $t=1.0\mathrm{s}$ 代入波函数表达式，得 $t=1.0\mathrm{s}$ 时刻的波形方程为

$$y(x)=1.0\cos\left[\pi\left(1.0-\frac{x}{1.0}\right)-\frac{\pi}{2}\right]=1.0\cos\left[\frac{\pi}{2}-\pi x\right]$$

波形图如图 5-8 所示。

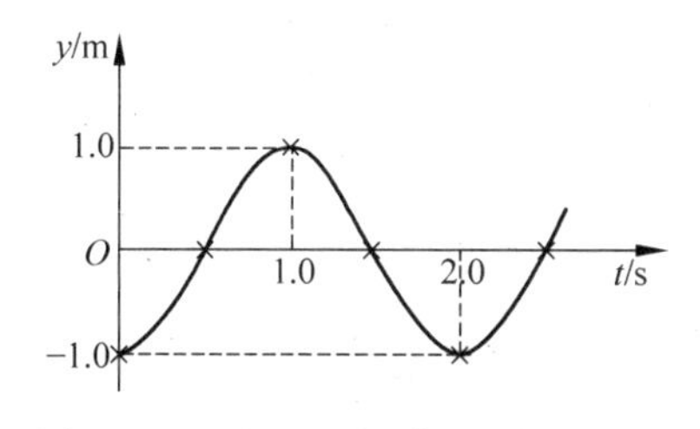

图 5-7　$x=0.5\mathrm{m}$ 处质元的振动曲线

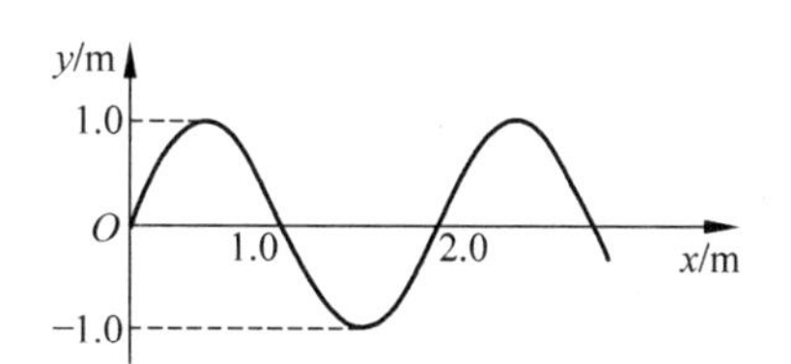

图 5-8　$t=1.0\mathrm{s}$ 时刻波形图

例 5.2　一平面简谐波以波速 $u=10\mathrm{m}\cdot\mathrm{s}^{-1}$ 沿 Ox 轴负向传播，$t=0$ 时刻的波形图如图 5-9 所示。求：(1)波的振幅、波长、周期；(2)该平面简谐波的波函数；(3)波线上 P 点和 Q 点间的相位差。已知两点坐标分别为 $x_P=1.0\mathrm{m}$ 与 $x_Q=1.5\mathrm{m}$。

解：(1) 由图 5-9 可知，波的振幅 $A=0.01\mathrm{m}$，波长 $\lambda=2.0\mathrm{m}$，已知波速 $u=10\mathrm{m}\cdot\mathrm{s}^{-1}$，可求得周期为

$$T=\frac{\lambda}{u}=\frac{2.0}{10}=0.2\mathrm{s}$$

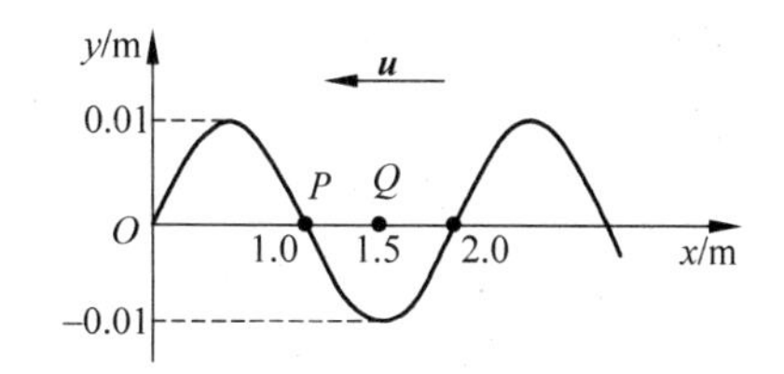

图 5-9　$t=0$ 时刻波形图

(2) 波沿 Ox 轴负向传播，在波传播的过程中，整个波形图向左平移，由此可判断出，$t=0$ 时刻，坐标原点 O 处的质元经过平衡位置且向 Oy 轴正方向运动，即 $t=0$ 时，$y_0=0$，$v_0>0$。

由旋转矢量法容易判断出原点 O 处质元的初相位为 $\varphi_0=-\dfrac{\pi}{2}$，于是求得该平面简谐波的波函数为

$$y(x,t)=A\cos\left[2\pi\left(\frac{t}{T}+\frac{x}{\lambda}\right)+\varphi_0\right]$$

$$=0.01\cos\left[2\pi\left(\frac{t}{0.2}+\frac{x}{2.0}\right)-\frac{\pi}{2}\right]$$

（2）波线上 P 点与 Q 点间的相位差为

$$\Delta\varphi=2\pi\frac{\Delta x}{\lambda}=2\pi\frac{|x_P-x_Q|}{\lambda}=2\pi\frac{1.5-1.0}{2.0}=\frac{\pi}{2}$$

由于波沿 Ox 轴负方向传播，故 Q 点比 P 点相位超前 $\dfrac{\pi}{2}$。

*5.3　波的能量和波的强度

当机械波在媒质中传播时，波源的振动通过弹性介质由近及远地传播出去，媒质中各质元依次在其平衡位置附近作振动，因而具有振动动能。同时，介质发生弹性形变，因而具有弹性势能。所以波动过程也是能量传播的过程。

下面我们以简谐横波在细棒中的传播为例分析波动能量的传播。

设一平面简谐波在细棒中传播，其波函数为

$$y=A\cos\omega\left(t-\frac{x}{u}\right)$$

在细棒上距原点 O 为 x 处取一小体积元 $\mathrm{d}V$，设介质密度为 ρ，则该质元的质量为 $\mathrm{d}m=\rho\mathrm{d}V$。某一时刻，当波动通过该质元时，它就在 y 方向作简谐振动，从而具有振动动能；同时因发生形变而具有弹性势能。可以证明，它的振动动能 $\mathrm{d}W_\mathrm{k}$ 和弹性势能 $\mathrm{d}W_\mathrm{p}$ 都为

$$\mathrm{d}W_\mathrm{k}=\mathrm{d}W_\mathrm{p}=\frac{1}{2}\rho\mathrm{d}VA^2\omega^2\sin^2\omega\left(t-\frac{x}{u}\right)\tag{5-14}$$

由上式可以看出，在波动过程中，任一质元的动能和弹性势能的变化是同相的，它们时时相等。这是因为当质元在平衡位置附近时（图 5-10 中（a）位置），形变最大，弹性势能最大，而此时质元的运动速度也最大导致动能最大；当质元位移最大（图 5-10 中（b）位置）时，形变最小，弹性势能也最小，而此时质元的运动速度也最小导致动能最小。

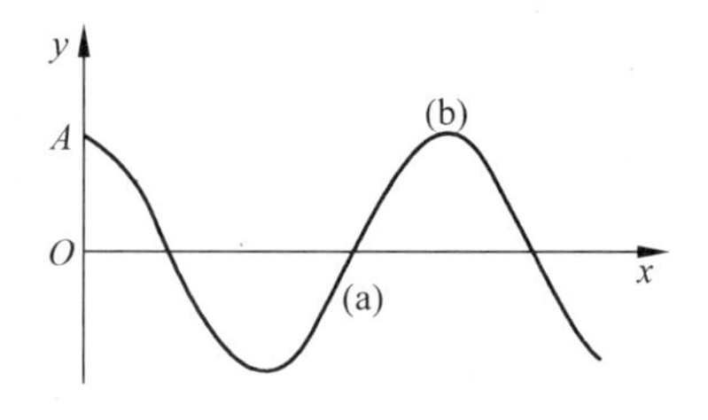

图 5-10　波的能量

质元的总机械能为质元的动能和弹性势能之和，即

$$\mathrm{d}W=\mathrm{d}W_\mathrm{k}+\mathrm{d}W_\mathrm{p}=\rho\mathrm{d}VA^2\omega^2\sin^2\omega\left(t-\frac{x}{u}\right)\tag{5-15}$$

由上式可以看出，波的能量与 A^2 和 ω^2 成正比，这和振动能量的特征完全一样，因为波动所传播的正是振动的能量。还可看出，质元的总能量随时间作周期性变化，时而达到最大，时而为零，这正好反映出质元不断地接收和放出能量，是能量传播的表现。

波传播过程，能量会随着波动的行进，从介质的这一部分传向另一部分，为了表述波动能量的流动特性，引入能流的概念。单位时间内垂直通过某一面积的能量，称为**能流**，用 P 表示。由于能流是随时间周期性变化的，一般取一个周期内的平均值，称为**平均能流**，用 $\overline{P}$ 表示。为了表征能量传播时能量的集中程度，引入能流密度的概念。通过垂直于波传播方向的单位面积的平均能流称为**能流密度**，又叫做**波的强度**，用 I 表示，理论计算可得

$$I=\frac{1}{2}\rho A^2\omega^2 u \tag{5-16}$$

由上式可见，在给定的均匀介质(即 ρ、u 一定)中，波的强度 I 与振幅 A^2 和圆频率 ω^2 成正比。

波的强度 I 的单位为 $\mathrm{W\cdot m^{-2}}$。

在声波、地震波以及光波(电磁波)中，波的强度分别称为声强、地震强度和光强，下面简要介绍声强和地震强度，光强则在后续的波动光学中介绍。

声波是指在弹性介质中传播的机械纵波。可闻声波的频率在 20～20000Hz 范围，而频率低于 20Hz 的次声波以及频率高于 20000Hz 的超声波，人的听觉感受不到。对于给定频率的可闻声波，声强都有上、下限，声强太小，不能引起听觉；声强太大，只能使耳朵产生痛觉，也不能引起听觉。能够引起人们听觉的声强范围为 $10^{-12}\mathrm{W\cdot m^{-2}}\sim1\mathrm{W\cdot m^{-2}}$。为了比较声强的大小，通常以声强级表示，单位为 B(贝尔)或 dB(分贝)。人们规定声强 $I_0=10^{-12}\mathrm{W\cdot m^{-2}}$(即相当于频率为 1000Hz 的声波能引起听觉的最弱的声强)为测定声强的标准。若某声波的声强为 I，则比值 I/I_0 的对数，叫做相应于 I 的声强级 L_I，即

$$L_I=\lg\frac{I}{I_0}\mathrm{B} \tag{5-17}$$

或

$$L_I=10\lg\frac{I}{I_0}\mathrm{dB} \tag{5-18}$$

表 5-1 列出几种常见声音的声强、声强级和响度。

表 5-1 几种常见声音的声强、声强级和响度

声源	声强/($\mathrm{W\cdot m^{-2}}$)	声强级/dB	响度
喷气机起飞	10^3	150	
引起痛觉的声音	1	120	
摇滚音乐会	10^{-1}	110	震耳
交通繁忙的街道	10^{-5}	70	响
通常的谈话	10^{-6}	60	正常
风吹树叶	10^{-10}	20	极轻
引起听觉的最弱声音	10^{-12}	0	

应当指出，人耳对响度的主观感觉由声强级和频率共同决定，例如，同为 50dB 声强级的声音，频率为 1000Hz 时，人耳听起来已相当响，而当频率为 50Hz 时，则还听不见。正是因为如此，音箱中低音扬声器的功率总是远比高音扬声器的功率大。

地震波是指从震源产生向四外辐射的弹性波。地震发生时，震源区的介质发生急速的破裂和运动，这种扰动构成一个波源。由于地球介质的连续性，这种波动就向地球内部及表层各处传播开去，形成了连续介质中的弹性波，一般可同时包含 S 波和 P 波。

在地震发生时，地底积蓄的能量会伴随着地震急速向外释放，并随着地震波向四周传播出去。一次地震释放的能量 E 通常用地震震级 M 来表示。M 是根据地震波记录测定的一个没有量纲的数值，用来在一定范围内表示各个地震的相对大小(强度)。目前国际通用的震级标准，叫“里氏震级”，是由美国地震学家里克特所制定，它的范围在 1～10 级之间。规定在震中距为 100km 的地方，如果“标准地震仪”(伍德—安德森地震仪，周期是 0.8s，放大倍数为 2080)记录到的地震波最大振幅是 1μm(注：仪器上记录到 1μm 对应的实际地动位移是 $1/2080=0.00048\mu$m)，震级为 0。如果振幅是 $x\,\mu$m，震级 $M=\lg x$，如当振幅是 0.1μm 时，震级为 $\lg 0.1=-1$，相当于小锤子敲打地面产生的震级。实际上，绝大多数地震仪不会恰好都摆在 100km 震中距的地方，此时就要根据震中距对应的量规函数来校正数值。一次地震释放的能量 E 与里氏震级 M 之间的关系为

$$M=0.67\lg E-2.9 \tag{5-19}$$

2008 年汶川地震的强度是 8.0 级，根据上式可算出汶川地震释放的能量应该为 6.3×10^{16}J，相当于 10 亿吨 TNT 炸药爆炸释放的能量，或相当于 47600 颗被投在日本长崎的原子弹的能量，如此强大的能量在瞬间释放，足以撕裂岩石、摧毁建筑、涂炭生灵。

5.4 惠更斯原理

前面我们介绍了波在同一种介质中传播的情况，此时波以恒定的波速前进，波的传播方向不变，波面的形状也不会变化。在这种情况下，利用波函数来求解波在任一时刻的行为是比较容易的。但是如果波在传播过程中遇到了障碍物，波速会发生变化，此时用波函数处理就非常困难，这里介绍一种处理该问题的简单方法——惠更斯原理。

如图 5-11 所示，水面波传播时，如果没有遇到障碍物，波前的形状始终保持不变，但是用开有小孔的隔板挡在波的前面，波通过隔板后，波面都将变成以隔板的小孔为中心的圆形波，就好像以小孔为新波源产生的一样。1678 年，惠更斯通过对类似的实际现象的观察，总结出**惠更斯原理**：介质中波动传播到的各点都可以看作是发射子波的波源，而在其后的任意时刻，这些子波的包络面就是新的波前。

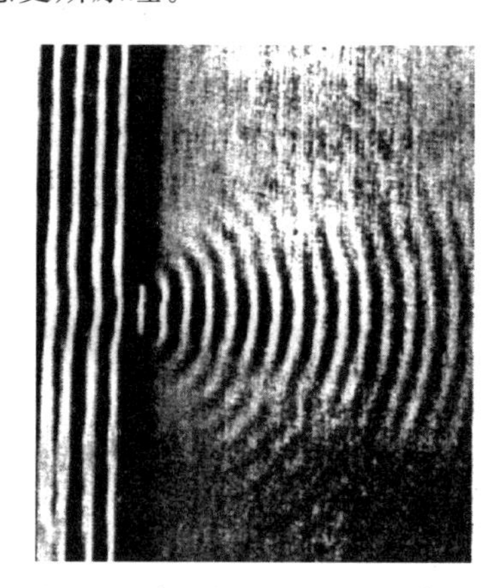

图 5-11　障碍物的小孔成为新波源

根据惠更斯原理，只要知道某一时刻的波阵面就可以用几何作图法确定下一时刻的波阵面，从而确定新的波线。这一原理又叫做惠更斯作图法。在中学物理课程中已经应用此法分析了波的折射和反射。利用惠更斯原理，在均匀介质中作图，还可解释分析平面波和球面波的传播过程，如图 5-12 所示。对平面波，如果在 t 时刻的波前是平面 S_1，由惠更斯原理，S_1 面上各点可作为子波波源(点波源)，分别以它们为中心，$r=u\Delta t$ 为半径，画出各个球面形的子波，再作各子波的包络面，就得到了 $t+\Delta t$ 时刻的波前 S_2，可以看出还是保持原来的平面形状；利用同样的作图法，对球面波，由 t 时刻的球面波阵面画出 $t+\Delta t$ 时刻的波阵面 S_2，还是球面。

利用惠更斯原理，可以分析波的衍射现象，如图 5-13 所示。平面波传播时遇到有缝的

障碍物后，用上述作图法画出由缝处波阵面上各点发出的子波的包络面，再画出与之垂直的波线，可以看出波不再沿原方向直线前行，而是绕到障碍物后方的几何阴影内传播，这就是波的衍射。

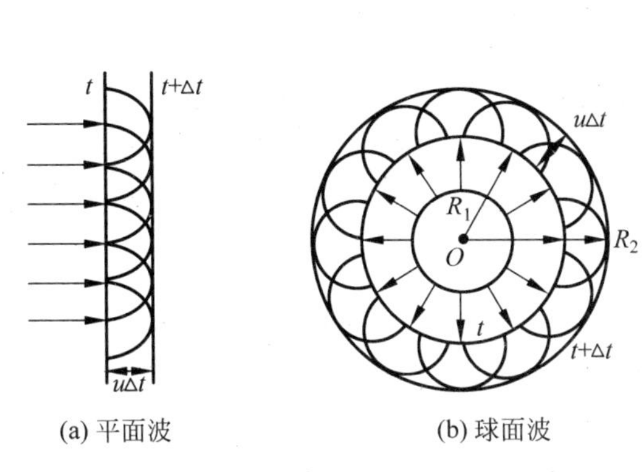

(a) 平面波　　(b) 球面波

图 5-12　用惠更斯原理分析波的传播

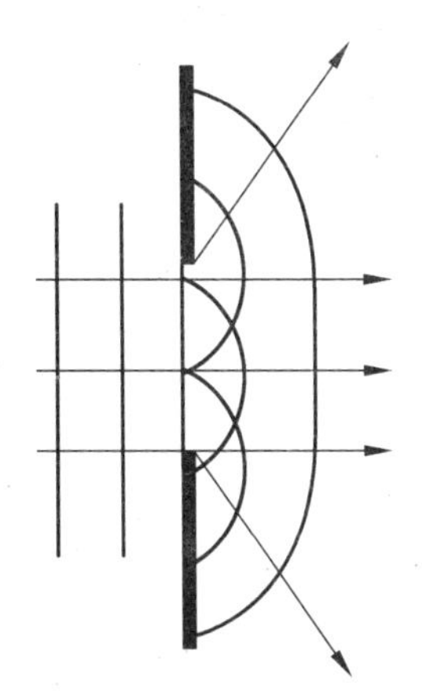

图 5-13　用惠更斯原理分析波的衍射

应该指出的是，惠更斯原理以其简洁的作图法成为一种处理波传播方向的普遍方法，但是，它只能定性地解决波的传播的问题，而对涉及波在传播过程中的强度问题，如波的干涉等就不能说明。

5.5　波的叠加原理　波的干涉　*驻波

前面我们只考虑了一列波传播的情况，如果有几列波传播并在空间某些地方相遇，会发生什么呢？这是本节讨论的问题。

5.5.1　波的叠加原理

在日常生活中，仔细观察会发现，几列波同时在某些地方相遇，分开后仍会以各自的波形继续传播，就像它们没有相遇过一样。比如细雨绵绵时，水面上的水波相互叠加，但又独立传播(图 5-14)；城市夜景工程中，红绿光束空间交叉相遇后红是红、绿是绿；音乐会的乐队演奏，我们能分辨出不同乐器的音色、旋律；空中无线电波很多，我们仍能分别收听各个电台的节目……。通过这些现象的观察和研究，可总结出如下规律：

(1) 波所传播的振动不因几列波相遇而发生相互影响，每个波列都保持单独传播时的波动特征(即频率、振幅、振动方向和传播方向)不变，这就是**波的独立传播原理**。

(2) 几列波在传播的相遇处，介质中各点的振动就是各波列单独传播时在该点的振动的合成，这就是**波的叠加原理**。

图 5-14　细雨绵绵时的水面

波的叠加性是波不同于粒子的一个显著特点，

两列波可以占据同一空间,相遇时发生叠加形成合成波,分开后仍能保持各自的特性独立前行;而两个实物粒子,它们相遇时会发生碰撞,碰撞后它们的运动状态都要发生变化。

5.5.2 波的干涉

当几列波在空间相遇时,叠加后的合振动通常是比较复杂的。但是,如果叠加后某些点的振动始终加强,另一些点的振动则始终减弱,使得各点具有各自特定的振幅,从而在空间中形成不随时间变化的稳定振幅分布,这样的叠加结果就称为**波的干涉现象**。图 5-15 就是两列水波的干涉现象,从图上看出,有些地方水面始终起伏很厉害(图中亮处),说明这些地方振动加强了;而有些地方水面始终起伏微弱(图中暗处),甚至平静不动,说明这些地方振动减弱了,甚至完全抵消。可以看出,整个水面形成稳定的振幅的强弱分布,而且这种分布具有一定规律性。

波的干涉现象是波的叠加中非常特殊的一种结果,只有满足一定条件的波相互叠加,才可能产生这种现象。下面我们从波的叠加原理出发,应用前述的同方向、同频率简谐运动合成的结论,来分析干涉现象及其产生的条件。

如图 5-16 所示,设有两个以相同方向、相同频率振动的波源 S_1 和 S_2,它们的简谐振动方程分别为

$$y_{10} = A_1\cos(\omega t + \varphi_{10})$$

$$y_{20} = A_2\cos(\omega t + \varphi_{20})$$

图 5-15 水波的干涉现象

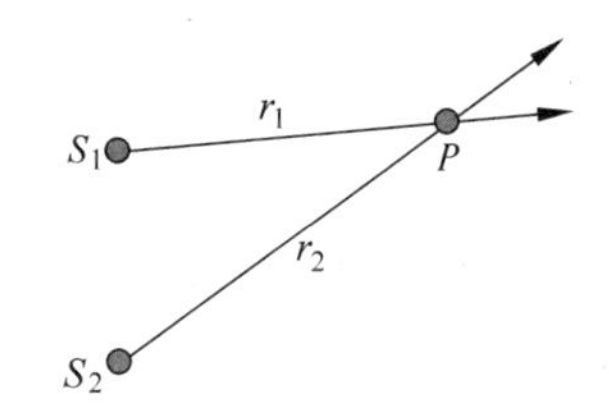

图 5-16 两列波的空间相遇

若波源 S_1 和 S_2 发出的两列波在同一介质中传播,它们的波长均为 λ,到 P 点的距离分别为 r_1 和 r_2,那么它们在 P 点相遇时引起的振动分别为

$$y_1 = A_1\cos\left(\omega t + \varphi_{10} - 2\pi\frac{r_1}{\lambda}\right)$$

$$y_2 = A_2\cos\left(\omega t + \varphi_{20} - 2\pi\frac{r_2}{\lambda}\right)$$

应用 4.2 节的同方向、同频率简谐运动合成的结论,可得 P 点的合振动为

$$y = y_1 + y_2 = A\cos(\omega t + \varphi)$$

合振动的振幅为

$$A = \sqrt{A_1^2 + A_2^2 + 2A_1A_2\cos\Delta\varphi} \tag{5-20}$$

上式中的 $\Delta\varphi$ 为两列波传播到 P 点时的相位差,即

$$\Delta\varphi = \varphi_{20} - \varphi_{10} - 2\pi\frac{r_2 - r_1}{\lambda} \tag{5-21}$$

可以看出，P 点的合振动振幅 A 由 A_1, A_2 和 $\Delta\varphi$ 决定。由于两个波源作简谐振动，A_1, A_2 保持不变，因此 A 由 $\Delta\varphi$ 决定。而 $\Delta\varphi$ 取决于两波源的初相差 $\varphi_{20}-\varphi_{10}$ 和两波源到达 P 点时的波程差 $\Delta r=r_2-r_1$。因此只要 $\varphi_{20}-\varphi_{10}$ 为一恒定量，两列波在空间各点的相位差 $\Delta\varphi$ 就只由波程差 Δr 决定，也就是说合振幅 A 由波程差 Δr 决定。对于空间确定的点，其波程差 Δr 一定，则该点的合振幅 A 就有稳定不变的值；对空间不同的点，Δr 一般不同，因而合振幅 A 就各不相同，有些点大，有些点小。由此可见，两列同方向、同频率且有恒定相位差的波在空间相遇时，不同的点的合振动都有各自稳定的振幅，有些点的振动始终加强，而有些点的振动始终减弱，从而在空间形成稳定的干涉图像。

根据上述讨论我们可以得出波的干涉的条件：两列波必须具有相同的频率、相同的振动方向，而且在相遇区域的每个点两列波都有恒定的相位差。该条件又简称为**相干条件**。满足相干条件的波列称为**相干波**，相应的波源称为**相干波源**。

下面讨论干涉加强和干涉减弱的两种特殊情况：

（1）由式(5-17)和式(5-18)可看出，在空间某些点处，相位差满足关系式

$$\Delta\varphi=\varphi_{20}-\varphi_{10}-2\pi\frac{r_2-r_1}{\lambda}=\pm 2k\pi,\quad k=0,1,2\cdots \tag{5-22}$$

合振动振幅达到最大，其值为 $A=A_1+A_2$，称这些点**干涉相长**。

（2）在空间某些点处，相位差满足关系式

$$\Delta\varphi=\varphi_{20}-\varphi_{10}-2\pi\frac{r_2-r_1}{\lambda}=\pm(2k+1)\pi,\quad k=0,1,2\cdots \tag{5-23}$$

合振动振幅达到最小，其值为 $A=|A_1-A_2|$，称这些点**干涉相消**。特别是当 $A_1=A_2$ 时，合振动振幅 $A=0$，也就是说这些点不振动。

在 $\Delta\varphi$ 为其他值的点，合振幅介于最大值 A_1+A_2 和最小值 $|A_1-A_2|$ 之间。

如果两波源的初相位相同，即 $\varphi_2-\varphi_1=0$，则相位差 $\Delta\varphi$ 完全由波程差 $\Delta r=r_2-r_1$ 和波长 λ 所决定，上述相长和相消的条件可以简化为

$$\begin{cases}\Delta r=r_2-r_1=\pm 2k\dfrac{\lambda}{2} & (A=A_1+A_2)\\[2ex] \Delta r=r_2-r_1=\pm(2k+1)\dfrac{\lambda}{2} & (A=|A_1-A_2|)\end{cases},\quad k=0,1,2,3\cdots \tag{5-24}$$

即波程差等于半波长的偶数倍处，发生干涉相长；波程差等于半波长的奇数倍处，发生干涉相消。

在波程差 Δr 不是半波长的偶数倍或奇数倍的空间各点，其合振幅介于最大值 A_1+A_2 和最小值 $|A_1-A_2|$ 之间。

干涉现象是波动所特有的现象，对于光学、声学和许多工程学科都非常重要，并且被广泛应用。例如大礼堂、影剧院的设计必须考虑到声波干涉，以避免某些区域声音过强而某些区域声音又过弱，在噪声太强的地方还可以利用干涉原理达到消音的目的。

例 5.3 消除噪声污染是当前环境保护的一个重要课题，内燃机、通风机、汽车发动机等在排气的过程中都发出噪声，消声器可以用来削弱排气产生的噪声。某干涉型消声器的结构及气流运行如图 5-17 所示，它是用声波干涉相消的原理制成的。当噪声在 A 点分成两列声波，分别经两个长度不同的管道传播后汇聚在 B 点，两列声波在交汇处发生干涉相

消，即可达到削弱噪声的目的。若噪声的频率范围为250～300Hz，声速为340m·s^{-1}，求消声器中两个管道的长度差Δl应在什么范围？

解：已知声速$u=340\text{m}\cdot\text{s}^{-1}$，声波频率$\nu_{\min}=125\text{Hz}$，$\nu_{\max}=250\text{Hz}$，则相应的声波波长为

$$\lambda_{\max}=\frac{u}{\nu_{\min}}=\frac{340}{250}=1.36\text{m},$$

$$\lambda_{\min}=\frac{u}{\nu_{\max}}=\frac{340}{300}=1.13\text{m}$$

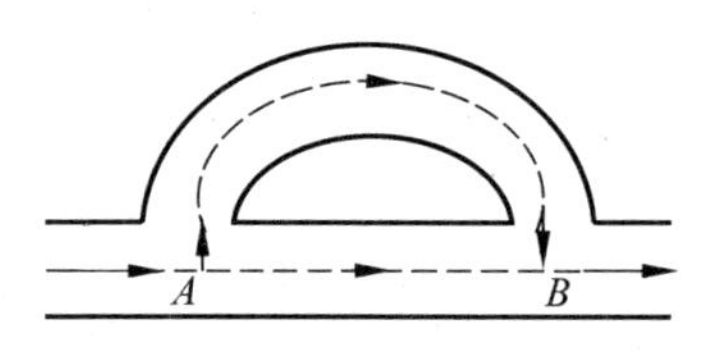

图5-17　干涉型消声器结构原理图

若要消除噪声，两列声波在交汇处应该满足干涉相消的条件，即

$$\Delta l=(2k+1)\frac{\lambda}{2},\quad k=0,1,2\cdots$$

为使消声器最短，取$k=0$，代入上式得$\Delta l=\frac{\lambda}{2}$，于是有

$$\Delta l_{\min}=\frac{\lambda_{\min}}{2}=0.57\text{m},\quad \Delta l_{\max}=\frac{\lambda_{\max}}{2}=0.68\text{m}$$

因此，对应频率范围为250～300Hz的噪声，消声器中两个管道的长度差Δl应在0.57～0.68m范围内。

*5.5.3　驻波

波的叠加可以产生许多独特的现象，驻波就是一例。驻波是由两列传播方向相反而振幅与频率都相同的波叠加而成的。如图5-18所示，按某些频率激发弦乐器的弦线振动，弦线上就会形成一种波形不随时间变化的波动，称为**驻波**。

实际上，驻波就是一种特殊的干涉现象，下面以弦线上的驻波为例分析驻波的形成过程及其波动规律。

1. 驻波方程

设有一沿弦线以一定速度u向右传播的平面简谐波，在弦线的端点G处（即介质分界面）发生反射，以相同大小的速度反向传播，反射波与入射波就在弦线上叠加，由于两列波为相干波，故可发生干涉现象。取x轴沿弦线向右为正，弦线上的O点为坐标原点，如图5-19所示。设入射波的波函数为

$$y_1=A\cos\left(\omega t-\frac{2\pi x}{\lambda}\right)$$

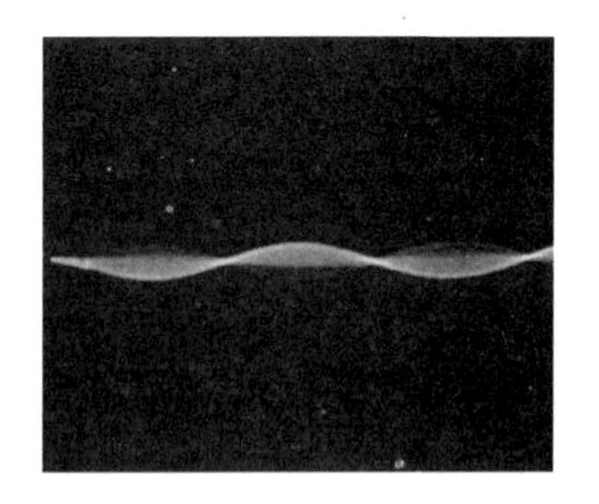

图5-18　弦线上的驻波

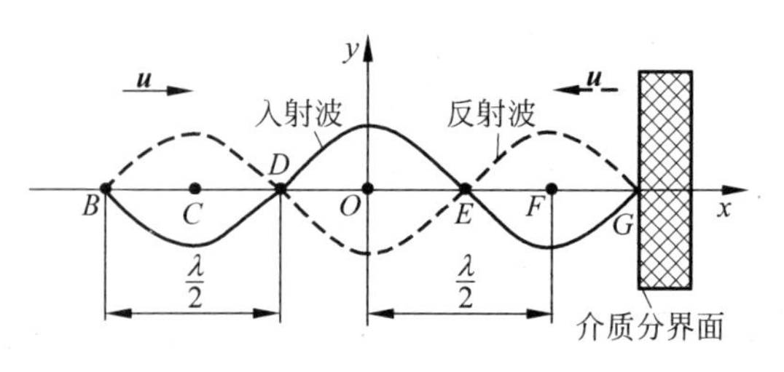

图5-19　驻波的形成

则反射波的波函数为

$$y_2=A\cos\left(\omega t+\frac{2\pi x}{\lambda}\right)$$

由波的叠加原理及三角函数公式得，驻波的波函数为

$$y=y_1+y_2=\left(2A\cos\frac{2\pi x}{\lambda}\right)\cos\omega t \tag{5-25}$$

上式又称为**驻波方程**。其中，$\left|2A\cos\frac{2\pi x}{\lambda}\right|$视为驻波的振幅。

2. 驻波的特点

(1) 驻波的振幅分布特点

从式(5-25)可以看出，驻波的振幅$\left|2A\cos\frac{2\pi x}{\lambda}\right|$是位置坐标$x$的函数，弦线上各点都在以各自不同的振幅，作频率为$\omega$的简谐振动，这是驻波的一个主要特点。

当$x=k\frac{\lambda}{2}, k=0,\pm1,\pm2\cdots$时，$\left|\cos\frac{2\pi x}{\lambda}\right|=1$，对应的各点的振幅始终为最大值$2A$，称之为**波腹**，如图5-19中的$C$、$O$和$F$点。

当$x=(2k+1)\frac{\lambda}{4}, k=0,\pm1,\pm2\cdots$时，$\left|\cos\frac{2\pi x}{\lambda}\right|=0$，对应的各点的振幅始终为零(点始终不动)，称之为**波节**，如图5-19中的B、D、E和G点。

可见，相邻两个波腹(或波节)之间的距离都为$\lambda/2$，而相邻波腹与波节之间的距离为$\lambda/4$。

(2) 驻波的相位分布特点

计算表明，以波节为分界点，两个相邻波节点间的各点振动始终同相，但一个波节两侧的各点的振动始终反相，从而形成了分段振动的情形，如图5-20所示。

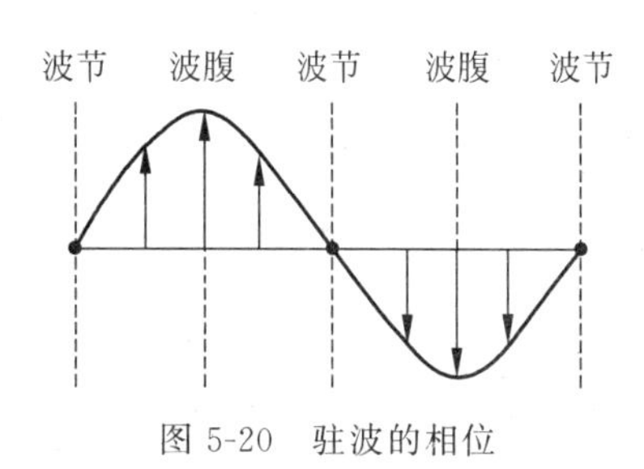

图5-20　驻波的相位

3. 半波损失

实验发现，在介质分界面处，有时形成波节，有时形成波腹。理论和实验表明，这一切均取决于界面两边介质的**相对波阻**。**波阻**(即波的阻抗)是指介质的密度与波速的乘积ρu。相对波阻较大的介质称为**波密介质**，反之称为**波疏介质**。

当入射波由波疏介质垂直入射到波密介质被反射时，在界面反射处形成波节，表明在界面处入射波与反射波的相位始终存在着π的相位差，或者说反射波在反射处的相位较之入射波发生了π的突变。由于相位改变π相当于波行走了半个波长的波程，故把这种现象称为**半波损失**。反之，当波由波密介质入射到波疏介质时，在界面反射处形成波腹，无半波损失。

半波损失是一个很重要的概念，在研究声波、光波以及电磁波反射问题时会经常涉及到。

驻波在理论和实际应用上都十分重要。激光谐振腔的设计、声悬浮技术和所有管弦乐器的管弦振动，都分别是驻波的应用实例。

*5.6 多普勒效应

1841年的一天，奥地利物理学家多普勒带着孩子沿铁路旁散步，一列火车从远处驶来。多普勒注意到：当火车靠近他们时，汽笛声越来越刺耳；当火车远离他们时，汽笛声则变得低沉。多普勒对这一现象潜心研究多年，最后提出了著名的多普勒效应。如果声源和观察者保持静止，观察者接收到的声波频率就是声源振动的频率；但是如果声源和观察者之间存在相对运动，观察者接收到的声波频率并不是声源的频率，有时频率会升高，有时会降低，这种现象称为**声波的多普勒效应**。产生该效应的原因是：观察者所观测到的声波频率，等于观察者在单位时间内所观测到的完整波形的数目，声源与观察者之间的相对运动会直接影响观察到的波形数，导致观察者观测到的声波频率的变化。机械波和光波、电磁波也都有类似声波的这种效应。下面介绍机械波多普勒效应的频移公式（只讨论波源 S 或观察者 R 的运动方向与波的传播方向共线的情况）。

设介质中的波速为 u，波源的振动频率为 ν_S，波的频率为 ν，观察者观测到的频率为 ν_R，以 v_S 表示波源相对介质运动的速度，以 v_R 表示观察者相对介质运动的速度。

1. 波源静止，观察者以速度 $\boldsymbol{v}_R$ 相对于介质运动

如图5-21所示，设观察者以速度 v_R 向着静止波源运动，则观察者在单位时间内向着波源前进了 v_R 的距离，这样在单位时间内，观察者除了能观测到 ν 个完整的波形数外，还能多观测到 $\frac{v_R}{\lambda}$ 个波形数，因此观察者观测到的频率为

$$\nu_R = \nu + \frac{v_R}{\lambda} = \nu + \frac{v_R}{u}\nu = \frac{u + v_R}{u}\nu$$

由于波源静止，所以波的频率 ν 等于波源的频率 ν_S，因此有

$$\nu_R = \frac{u + v_R}{u}\nu_S \tag{5-26}$$

当观察者以速度 v_R 背离静止波源运动时，采用类似的分析，可得

$$\nu_R = \frac{u - v_R}{u}\nu_S \tag{5-27}$$

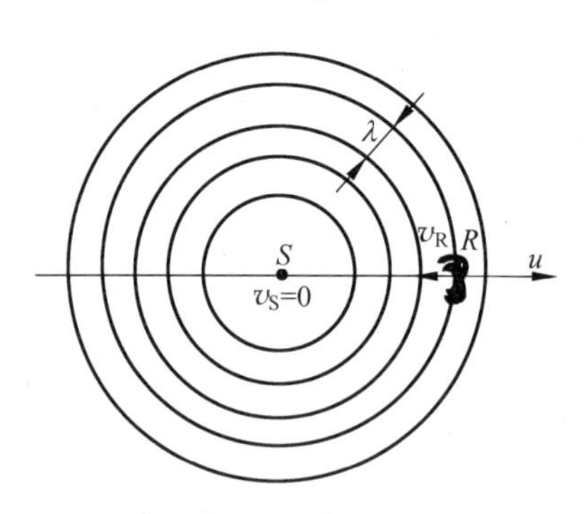

图5-21 波源静止，观察者以速度 v_R 运动

2. 观察者静止，波源以速度 $\boldsymbol{v}_S$ 相对于介质运动

设波源以速度 v_S 向着静止观察者运动时，一个周期内波源前进了 $v_S T_S$ 的距离，将引

起观察者观测到的波长发生如图5-22所示的变化，现在介质中的波长为

$$\lambda'=\lambda-v_S T_S=(u-v_S)T_S=\frac{u-v_S}{\nu_S}$$

由于观察者静止，所以观察者观测到的频率就是波的频率，因此有

$$\nu_R=\nu=\frac{u}{\lambda'}=\frac{u}{u-v_S}\nu_S \tag{5-28}$$

当波源以速度 v_S 背离观察者运动时，采用类似的分析，可得

$$\nu_R=\frac{u}{u+v_S}\nu_S \tag{5-29}$$

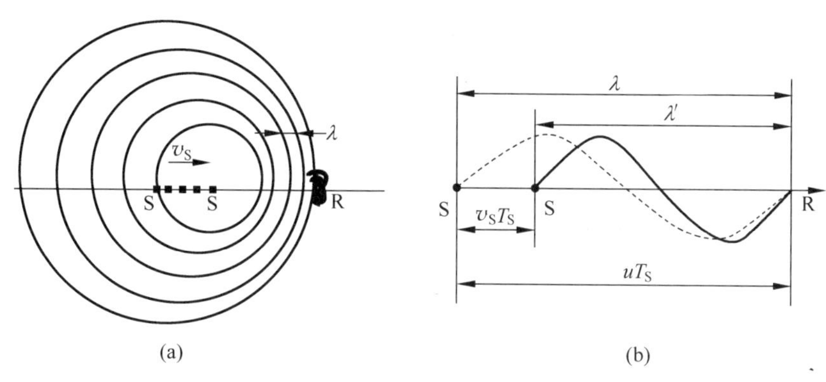

图5-22　观察者静止，波源以速度 v_S 运动

3. 波源与观察者同时相对于介质运动

综合以上分析，当波源与观察者同时相对于介质相向运动时，观察者实际观测到的频率为

$$\nu_R=\frac{u+v_R}{u-v_S}\nu_S \tag{5-30}$$

当波源与观察者相背运动时，观察者实际观测到的频率为

$$\nu_R=\frac{u-v_R}{u+v_S}\nu_S \tag{5-31}$$

从以上分析可见，当波源与观察者相向运动时，$\nu_R>\nu_S$；而当波源与观察者相背运动时，$\nu_R<\nu_S$。这与实际生活中的体验是一致的。

多普勒效应被广泛应用于科学研究、工程技术、交通管理、医疗诊断等方面。如应用多普勒雷达对车辆、导弹、人造卫星等运动目标进行定位、测速和测距，用多普勒彩超进行医学影像诊断，工矿企业中利用多普勒效应来测量管道中有悬浮物液体的流速等。

习题

一、选择题

5.1　在下面几种说法中，正确的说法是：　　[　　]

(A) 波源不动时，波源的振动频率与波动的频率在数值上是不同的

(B) 波源振动的速度与波速相同

（C）在波传播方向上的任一质点的振动相位总是比波源的相位滞后

（D）在波传播方向上的任一质点的振动相位总是比波源的相位超前

5.2　一平面简谐波波函数 $y=0.1\cos(3\pi t-\pi x+\pi)$(SI)，$t=0$ 时的波形如图 5-23 所示，则：［　　］

（A）a 点的振幅为 -0.1m

（B）波长为 4m

（C）a、b 两点间相位差为$\frac{\pi}{2}$

（D）波速为 6m/s

5.3　图 5-24(a)表示一简谐波在 $t=0$ 时刻的波形图，波沿 x 轴正向传播，图 5-24(b)为一质点的简谐振动曲线。则图(a)中表示的 $x=0$ 处质点振动的初相位与图(b)所表示的质点振动的初相位分别为：［　　］

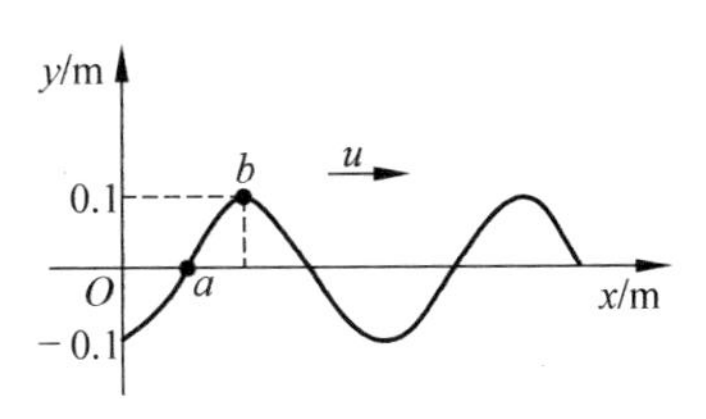

图 5-23　习题 5.2 图

（A）均为零　　（B）均为$\frac{\pi}{2}$

（C）均为$-\frac{\pi}{2}$　　（D）$\frac{\pi}{2}$与$-\frac{\pi}{2}$　　（E）$-\frac{\pi}{2}$与$\frac{\pi}{2}$

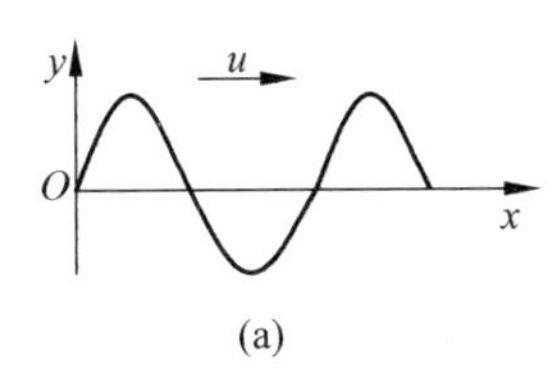

(a)

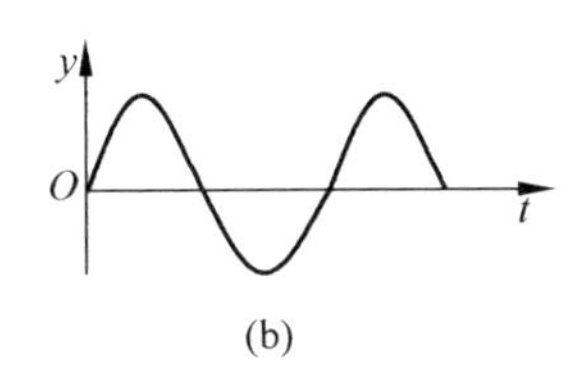

(b)

图 5-24　习题 5.3 图

5.4　一横波以速度 u 沿 x 轴负方向传播，t 时刻波形曲线如图 5-25 所示，则该时刻：［　　］

（A）A 点相位为 π　　（B）B 点静止不动

（C）C 点相位为$\frac{3\pi}{2}$　　（D）D 点向上运动

5.5　在波长为 λ 的驻波中，两个相邻波腹间的距离为：

（A）$\frac{\lambda}{4}$　　（B）$\frac{\lambda}{2}$　　（C）$\frac{3\lambda}{4}$　　（D）λ

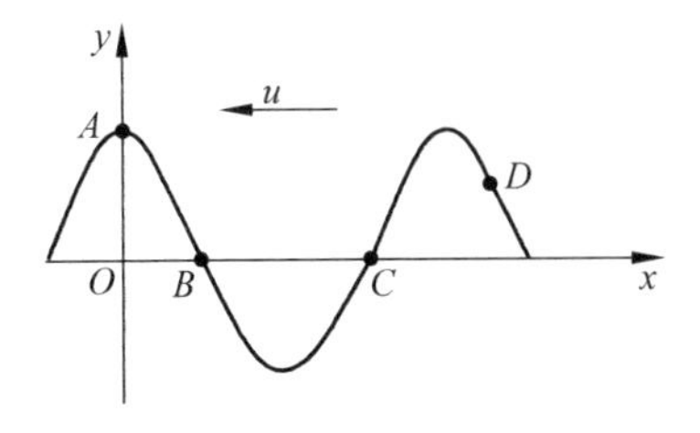

图 5-25　习题 5.4 图

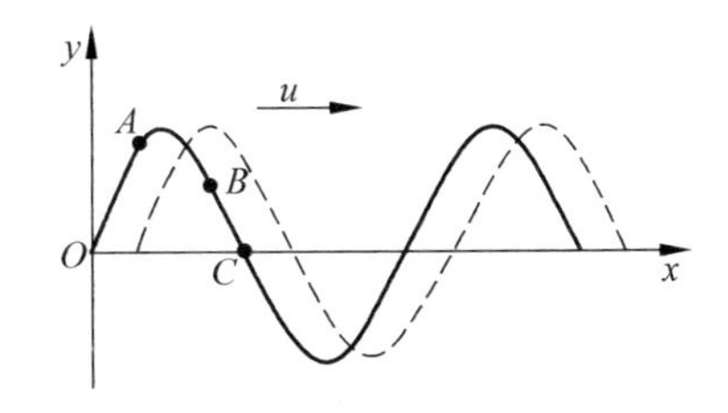

图 5-26　习题 5.6 图

二、填空题

5.6　一横波以速度 u 沿 x 轴正向传播，t 时刻波形曲线如图 5-26 所示。分别指出图中 A，B，C 各质点在该时刻的运动方向。A ________；B ________；C ________。

5.7　一简谐波的频率为 5×10^4 Hz，波速为 1.5×10^3 m/s。在传播路径上相距 5×10^{-3} m 的两点之间的振动相位差为________。

5.8　如图 5-27 所示，S_1 和 S_2 为两相干波源，振幅均为 A_1，相距 $\frac{\lambda}{4}$，S_1 较 S_2 位相超前 $\frac{\pi}{2}$，则 S_1 左外侧各点的合振幅为________；S_2 右外侧各点的合振幅为________。

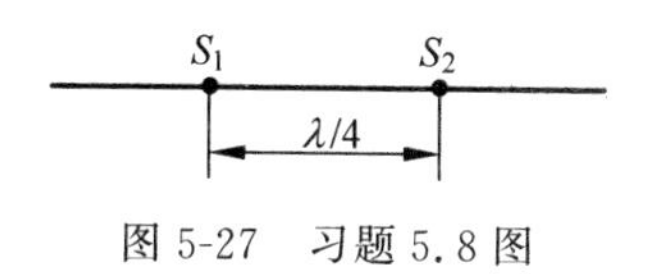

图 5-27　习题 5.8 图

5.9　在一个两端固定的 3.0m 长的弦上激发起了一个驻波，该驻波有三个波腹，其振幅为 1.0cm，弦上的波速为 $100\text{m}\cdot\text{s}^{-1}$，则该驻波的频率________。

三、计算题

5.10　一平面简谐波沿 x 轴负向传播，波长 $\lambda=1.0$m，原点处质点的振动频率为 $\nu=2.0$Hz，振幅 $A=0.1$m，且在 $t=0$ 时恰好通过平衡位置向 y 轴负向运动，求此平面波的波函数。

5.11　有一沿 x 轴正向传播的平面波，在原点处的质点按 $y_0=A\cos\left(\frac{2\pi}{T}t-\frac{\pi}{2}\right)$(SI)的规律而振动，已知 $A=0.06$m，$T=18$s，波速 $u=2\text{m}\cdot\text{s}^{-1}$。试求：(1)波函数；(2)在 x 轴正向离原点 5m 处的介质质点的振动表达式；(3)在 $t=2.5$s 时，原点处以及在 x 轴正向距原点 5m 处质点的位移各为多少？

5.12　一沿绳子传播的横波波函数为 $y=0.05\cos(10\pi t-4\pi x)$(SI)。试求：(1)此波的振幅、波速、频率和波长；(2)绳子上各质点振动时的最大速度和最大加速度；(3)$x=0.2$m 处的质点，在 $t=1$s 时的相位，它是原点处质点在哪时刻的相位？这一相位所代表的振动状态在 $t=1.25$s 时刻到达哪一点？在 $t=1.5$s 时刻到达哪一点？

5.13　一平面简谐波在一介质中沿 x 轴负方向传播，在 $t=0$s 时刻与 $t=2$s 时刻的波形如图 5-28 所示。求：(1)坐标原点 O 处介质质元的振动方程；(2)该波的波函数。

5.14　波沿 x 轴正方向以速度 $u=3\text{m}\cdot\text{s}^{-1}$ 传播，已知 $x=2$m 处质点的振动曲线如图 5-29 所示。试求：(1)波函数；(2)画出 $t=2$s 时刻的波形曲线。

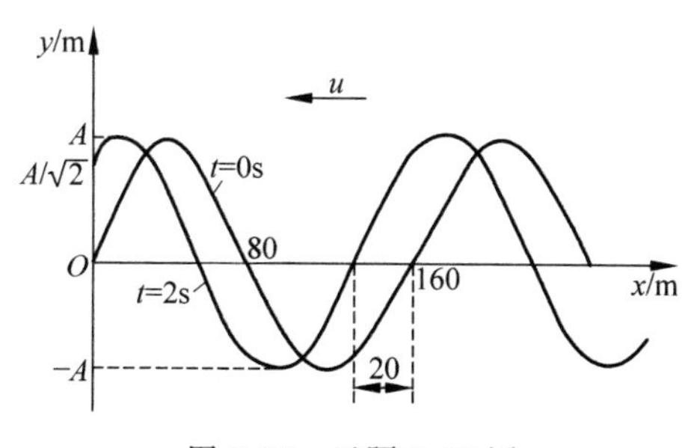

图 5-28　习题 5.13 图

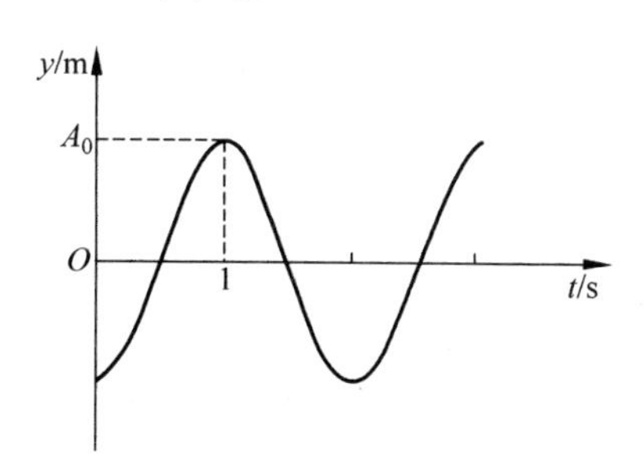

图 5-29　习题 5.14 图

5.15　图 5-30 为一简谐波在 $t=0$ 时刻的波线曲线，设此简谐波的频率为 250Hz，图中质点 p 正向上运动，求：(1)此简谐波的波函数；(2)在距原点 O 为 7.5m 处质点振动的表达式以及 $t=0$ 时该质点的振动速度。

5.16　两平面波源 B、C，振动方向相同，如图 5-31 所示。设 B 点发出的波沿 BP 方向传播，它在 B 点的振动方程为 $y_1=2\times10^{-3}\cos 2\pi t$；$C$ 点发出的波沿 CP 方向传播，它在 C 点的振动方程为：$y_2=2\times10^{-3}\cos(2\pi t+\pi)$。设 $BP=0.4\text{m}$，$CP=0.5\text{m}$，波速为 $0.2\text{m}\cdot\text{s}^{-1}$，求：两波传到 P 点时的相位差以及 P 点处两列波引起的合振动的振幅。

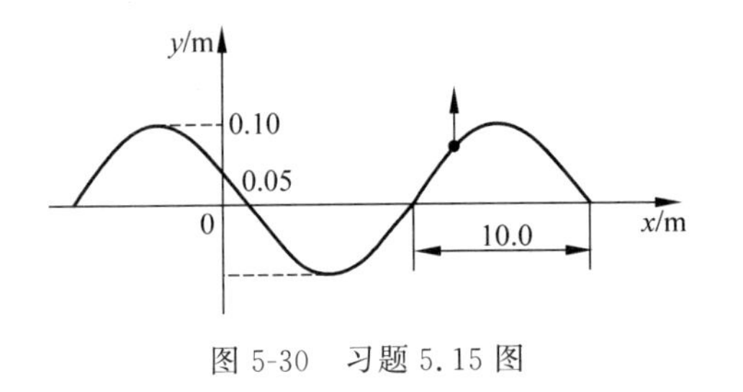

图 5-30　习题 5.15 图

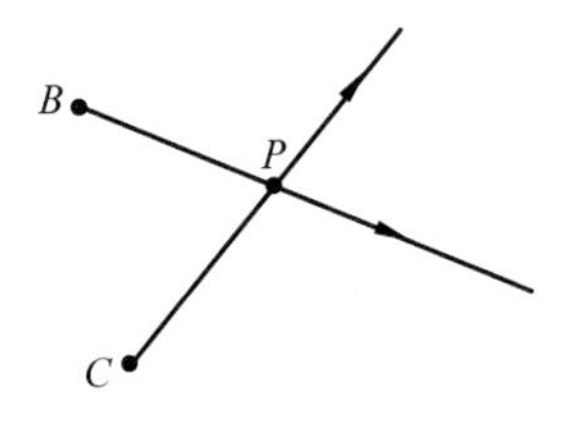

图 5-31　习题 5.16 图

模块二　波动光学

光学是研究光的发射、传播和吸收，以及光与物质相互作用及其应用的学科，它是物理学中最古老的基础学科之一，随着激光的问世，它又成为当今科学领域中非常活跃的前沿阵地，具有广阔的发展前景。

人们对光的本质的认识经历了一个漫长的过程，也创立了各种不同学说。到了17世纪，有代表性的学说分为两派：一派是以牛顿为代表的微粒说，认为光是从发光体发出的、沿着直线传播的微粒流。另一派是以惠更斯为代表的波动说，认为光是在一种特殊介质(称为以太)中传播的机械波。两种学说都能解释光的反射、折射现象，只是在说明折射现象时微粒说认为光在水中的速度要大于在空气中的速度，波动说的结论则恰恰相反。由于当时人们还不能准确地测定光速，因而不能判断两种学说的优劣，加之牛顿在当时的崇高威望，使波动说处在被压抑的地位，几乎被冷落达百年之久。

19世纪初，人们发现了光的干涉、衍射和偏振等现象，这些现象是波动的特性，和微粒说不相容。1862年傅科又用实验方法测出光在水中的速度小于在空气中的速度，这为光的波动说提供了重要的实验证据。到了19世纪60年代，麦克斯韦建立了电磁场理论，指出光是一种电磁波，从而以电磁波观点取代了机械波的观点，使光的波动理论产生了一个新的飞跃，完成了光的波动理论的最后形式。至此，支持光的微粒说的人就很少了，光的波动说几乎取得了决定性的胜利。

然而，对光的本性认识并未就此结束，从19世纪末到20世纪初期，又发现了诸如光电效应、康普顿效应等一系列光的波动理论无法解释的现象。为了解释光电效应，爱因斯坦提出了光子说，认为光是具有一定能量和动量的光子流，从而认识到光既具有波动性，又具有粒子性，也就是光具有波粒二象性。

本篇仅介绍波动光学。主要以波动说为基础，研究光的性质及其传播规律。

第6章

波动光学

本章主要讨论光的波动性。内容包括双缝干涉、薄膜干涉,单缝和圆孔衍射,光栅衍射,光的偏振现象以及它们的应用。

托马斯·杨(Thomas Young,1773—1829),英国医生、物理学家,光的波动说的奠基人之一。1801年,他进行了著名的杨氏干涉实验,为光的波动说奠定了基础。他在物理光学领域的研究具有开拓意义,他第一个测量了7种光的波长,最先建立了三原色原理。他对弹性力学也很有研究,后人为了纪念他的贡献,把纵向弹性模量称为杨氏模量。

6.1 光的电磁本性

19世纪初,人们发现光具有机械波一样的波动特性,例如光会产生干涉、衍射等现象。1865年,麦克斯韦从理论上预言了“电磁波”的存在,同时计算出电磁波的传播速度,发现与当时所测得的光速几乎吻合,于是麦克斯韦认为光就是一种电磁波。赫兹于1886—1888年,用实验证实了电磁波的存在,并证明了电磁波与光一样,能产生反射、折射、干涉、衍射、偏振等现象,进一步验证了麦克斯韦关于光是电磁波的结论。

实际上,光波仅占电磁波的很小一部分。光波具有一定的波长范围,光波分为三类:(1)红外线:波长$6\times10^{5}\sim760$nm;(2)可见光:波长$760\sim400$nm;(3)紫外线:波长$400\sim5$nm。其中,可见光是一种能够引起人们视觉的电磁波,它的频率范围是$3.9\times10^{14}\sim7.8\times10^{14}$ Hz。光的颜色由光波的频率所决定,人们看到的不同颜色的光实际上就是不同频率的电磁波,我们把单一频率的光称为单色光,而各种颜色的可见光混合成的光则称为白光。可见光光谱如表6-1所示。

表6-1 可见光光谱

光谱区域	波长/nm
红	620～760
橙	592～620
黄	578～592
绿	500～578
青	464～500
蓝	446～464
紫	400～446

6.2 光的相干性

既然光是一种电磁波，就应该表现出干涉、衍射等一般波动所具有的基本特性。但是，为什么室内的两盏相同的荧光灯发出的光射在墙上后，却没有出现明暗相间的条纹分布？不但如此，在实验室内的两个钠光灯（单色光源），它们发射的黄光在相遇的空间中都观察不到干涉现象，这是为什么呢？下面我们从相干条件和普通光源的发光机制两方面来分析原因。

6.2.1 相干条件

并不是任何两列波相互叠加都能发生干涉现象，当两列机械波相遇时，只有同时满足：**振动方向相同**、**频率相同**、**相位差恒定**的相干条件才能产生干涉条纹，光波干涉也要满足相干条件。对于光波这种电磁波而言，振动和传播的是电场强度 $\boldsymbol{E}$ 和磁感应强度 $\boldsymbol{B}$，实验发现，对人眼起作用或对感光材料起作用的主要是电场强度 $\boldsymbol{E}$，通常把它称为**光矢量**。若两束光的光矢量满足相干条件，则称它们为**相干光**，能产生相干光的光源称为**相干光源**。

6.2.2 普通光源的发光机制

就相干性而言，光源可以分为普通光源和激光光源两种。

普通光源由大量的分子或原子构成。它们处于不同的分立的能级，处于最低能级的状态称为基态，其他较高能级称为激发态。通常分子或原子都处于基态，受到外界的作用，低能级的原子就会跃迁到激发态。当光源中有大量的分子或原子处于较高能级的激发态时，它们就会自发地向低能级跃迁，并对外辐射光波。

普通光源发光有以下两个特点，其一是各个原子的发光是彼此独立的、无规则的、间歇性的，相互之间没有任何联系；其二是光源中每个原子每次发光时间极短，在 10^{-8}s 左右，也就是说，每个原子每次发出的光波列只是一段有限长的、振动方向和频率一定的正弦波列。这就意味着，不同原子同一时刻发出的光波列的频率、振动方向和相位各不相同；即使是同一个原子在不同时刻发出的光波列的频率、振动方向和相位也不尽相同。因此普通光源发出的光波列并不符合波的干涉条件，这就是为什么室内的两盏相同的荧光灯发出的光射在墙上后，却没有出现明暗相间的条纹分布的原因。这也是最初人们没有发现光的干涉，从而没有认识到光的波动性的原因。

激光光源是 20 世纪 60 年代发展起来的一种新的光源，它的发光机制与普通光源有很大的不同，各原子发出光波列的频率、初相位、振动方向都相同，因此具有方向性好、单色性好、相干性好、亮度高的光学性能，可以实现光干涉。

实验室常见的普通光源（图 6-1）有：钠光灯、汞灯等，常见的激光器（图 6-2）有氦氖激光器、红宝石激光器等。

(a) 钠光灯管

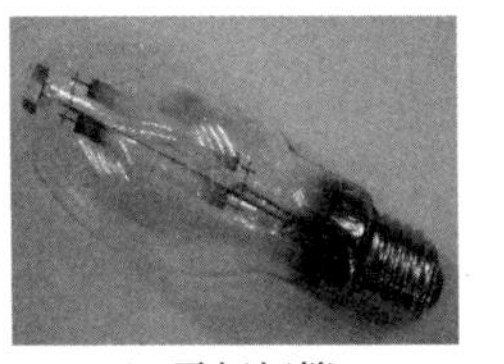

(b) 汞灯灯管

图 6-1　普通光源

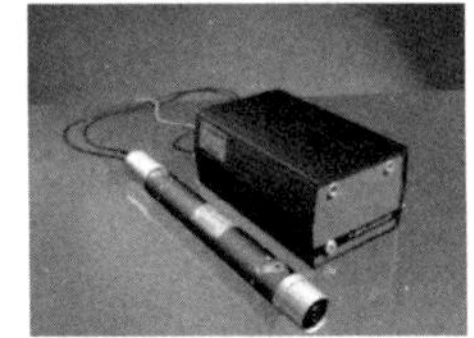

(a) 氦氖激光器

(b) 红宝石激光器

图 6-2　激光光源

6.2.3　相干光的获取

为了实现普通光源的光的干涉，我们可以把一普通光源上同一点每一瞬间发出的光波列，通过某些方法（如反射或折射等），使其一分为二，沿两条不同的路径传播，由于是来自于同一个波列的两个部分，它们具有相同的频率、振动方向和恒定相位差，这样我们就获得符合波的干涉条件的**相干光**，当它们相遇时，就能发生干涉现象。

利用普通光源获取相干光的办法有两种：

（1）分波阵面法，即在普通光源发出光波的同一波阵面上分割出两个次光源，如图 6-3 所示。单色光照射到小孔 S 上，利用惠更斯原理中的次波假设，可以把 S 看成是一个新的光源，它发出球面波。S_1，S_2 正好是同一波面上的两点，它们又作为两个新的光源，由惠更斯原理可以清楚地知道，这两个新的光源具有相同的频率、振动方向和相位，所以它们是相干光源。

（2）分振幅法，即把光源射到透明薄膜上的某个波列 a 分离为两部分，一部分是在薄膜上表面的反射形成波列 a'，另一部分是薄膜下表面反射再折射出来形成波列 a''，如图 6-4 所示，这两束光来自于同一波列 a，它们也是相干光。有一点必须说明：因为每个原子每次发出的光波只是一段有限长 l_0 的波列，只有当同一波列分解出来的两路波列光程差 $\Delta L < l_0$ 时，才有可能叠加产生干涉，l_0 称为**相干长度**。故采用分振幅法时，对薄膜的厚度有限制，如果太厚则观察不到干涉现象。

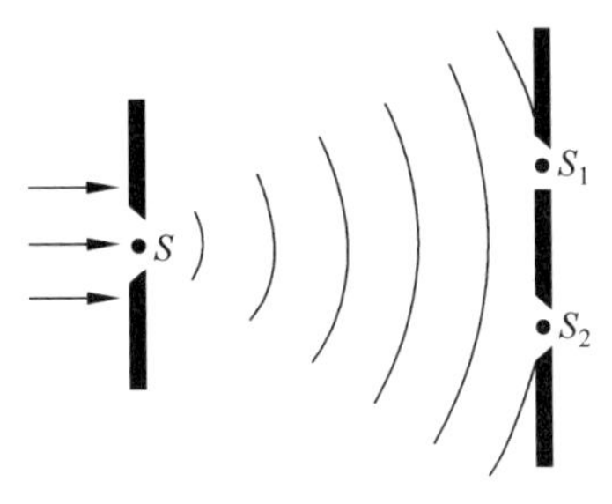

图 6-3　分波阵面法

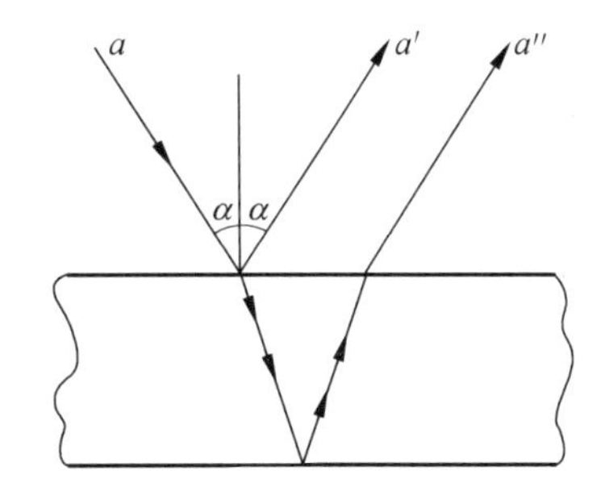

图 6-4　分振幅法

6.3　杨氏双缝干涉

6.3.1　杨氏双缝干涉装置

杨氏双缝干涉实验装置是一种典型的分波阵面的干涉装置。1801 年托马斯·杨用此装置得到两列相干的光波，并利用光波叠加原理和光的波动性解释了干涉现象。杨氏双缝实验具有重要的历史意义，杨首次通过实验肯定了光的波动性，并由此实验测出了光的波长，对19世纪初光的波动说得以复兴起到了关键性的作用。

如图6-5所示，将一束平行单色光照射到狭缝 S 上，根据惠更斯原理，可以把 S 看成是一个新的光源，它发出的光，照射到后面放置的刻有两个狭缝 S_1 和 S_2 的遮光板 G 上。狭缝 S_1、S_2 与 S 平行且等距，可视为两个子光波的光源，它们正好处于 S 发出的光波的同一波面上，因而具有相同的频率、振动方向和相位，是两个相干光源。若在其后放置一屏幕 E，在屏幕 E 上将出现一组稳定的明暗相间的干涉条纹，如图6-6右侧所示。

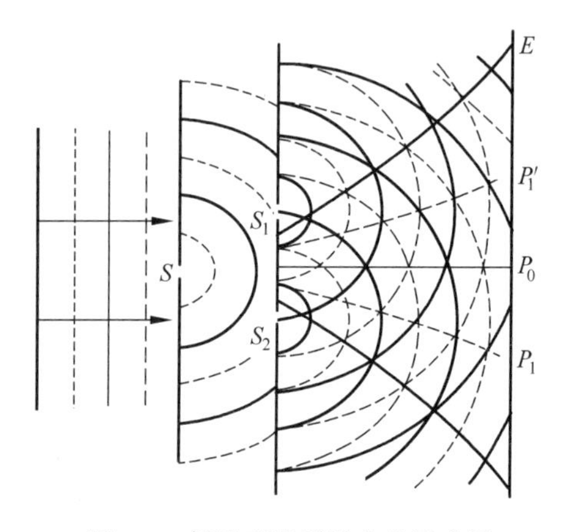

图6-5　杨氏双缝干涉实验示意图

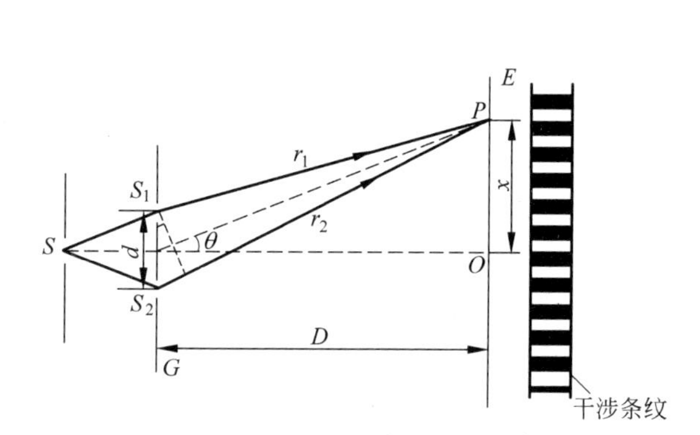

图6-6　杨氏双缝干涉光路图

6.3.2　条纹分布

下面利用波的叠加原理对屏幕上的干涉条纹分布进行分析。考察屏幕上任意点 P 的干涉结果。从双缝 S_1，S_2 到 P 点的光路如图6-6所示，设点 P 距屏幕中心 O 点为 x（P 的角位置为 θ），双缝 S_1，S_2 的间距为 d，遮光板 G 与屏幕 E 的距离为 D，从缝 S_1，S_2 到 P 点的距离分别是 r_1 和 r_2。在双缝与屏幕距离足够远即 $D \gg d$ 的情况下，θ 角很小，两路光到达屏幕 P 处的波程差为

$$\Delta r = r_2 - r_1 \approx d\sin\theta \approx d\tan\theta = d\,\frac{x}{D} \tag{6-1}$$

根据波的干涉相长和相消条件可得，若点 P 处满足条件

$$\Delta r = d\,\frac{x}{D} = \pm k\lambda,\quad k = 0,1,2,\cdots \tag{6-2}$$

则点 P 处两束光干涉相长，即在屏上

$$x = \pm\frac{D}{d}k\lambda,\quad k = 0,1,2,\cdots \tag{6-3}$$

的各处，都是明条纹的中心。

若点 P 处满足条件

$$\Delta r = d\,\frac{x}{D} = \pm(2k+1)\,\frac{\lambda}{2},\quad k = 0,1,2,\cdots \tag{6-4}$$

则点 P 处两束光干涉相消，即在屏上

$$x=\pm\frac{D}{d}(2k+1)\frac{\lambda}{2},\quad k=0,1,2,\cdots \tag{6-5}$$

的各处，都是暗条纹的中心。以上各式中 k 为条纹的级数。

若从双缝发出的两相干光到 P 点的波程差既不满足式(6-2)，也不满足式(6-4)，则 P 点处既不是最明，也不是最暗，介于明暗的过渡位置。

由上述公式可以看出，条纹会在屏幕平面上呈现平行等间隔的分布，或者说在空间上呈现周期排列，如图 6-6 所示。这个空间周期可用一个量来表示，就是条纹间距 Δx。所谓条纹间距是指相邻的明纹中心或者相邻的暗纹中心的距离，由式(6-3)和式(6-5)可得

$$\Delta x=x_{k+1}-x_k=\frac{D}{d}\lambda \tag{6-6}$$

可见，条纹间距与条纹级次 k 无关，只取决于入射光波长、双缝间距和屏的位置。

讨论下列情况：

(1) 若单色光的波长 λ 一定，双缝之间的间距 d 增大或者双缝到屏的距离 D 减小，则干涉条纹的间距 Δx 变小，即条纹变密集，条纹更不容易分辨。

(2) 若 d 和 D 保持不变，用不同波长的光做实验，可以发现波长 λ 越长，条纹间距 Δx 也越大。

(3) 若 $\Delta x, d, D$ 能在实验中测得，则可利用式(6-6)计算出光的波长。

以上讨论都是根据单色光得到的。由于双缝干涉条纹是等间隔的，亮度也均匀分布，中央明纹($k=0$ 零级明纹)位置无法判定，所以通常情况下条纹的级数 k 和位置 x 的意义不明显，往往更多的是通过测量 Δx 来计算其他物理量，因而式(6-6)更有实际意义。

那么如何判定双缝干涉的中央明纹位置呢？如果用白光做实验，则除了 $k=0$ 的中央明纹的中心因各单色光重合而显示为白色外，其他各级明纹将因不同颜色光的波长不同，它们的明纹位置分开而变成彩色的光谱，级数稍高的条纹还会出现各级重叠现象。白光干涉条纹的这一特点在实际干涉测量中可以用来判定中央条纹的位置。

例 6.1　在杨氏双缝实验中，用钠光灯作光源，双缝间距 $d=0.2\text{mm}$，屏幕到双缝的距离 $D=1.0\text{m}$，(1)若测得第一级明纹到同侧的第四级明纹中心间的距离为 $\Delta x_{14}=8.8\text{mm}$，试计算钠光灯的光波波长 λ；(2)若改用氦氖激光器作光源，其发出的激光波长为 632.8nm，求此时相邻两暗纹中心间的距离。

解：(1) 由双缝干涉明纹公式(6-3)可得，$k=1$ 级明纹到同侧的 $k=4$ 明纹中心间的距离

$$\Delta x_{14}=x_4-x_1=4\frac{D}{d}\lambda-\frac{D}{d}\lambda=3\frac{D}{d}\lambda$$

故可得钠光灯的光波波长为

$$\lambda=\frac{\Delta x_{14}d}{3D}$$

将 $\Delta x_{14}=8.8\text{mm}, d=0.2\text{mm}, D=1.0\text{m}$ 代入上式，得

$$\lambda=587\text{nm}$$

(2) 当入射光波长 $\lambda=632.8\text{nm}$ 时，相邻两暗纹中心间的距离

$$\Delta x=\frac{D}{d}\lambda=\frac{1.0}{0.20\times10^{-3}}\times632.8\times10^{-9}\,\text{m}=3.2\times10^{-3}\,\text{m}=3.2\text{mm}$$

6.4 光程与光程差

6.4.1 光程　光程差

在前一节讨论的杨氏双缝干涉中，两束相干光都是在同一介质中传播，光的波长 λ 不发生变化，所以只要计算出两束相干光到达相遇点的几何路程差（即波程差）Δr，就可以根据 $\Delta\varphi=2\pi\frac{\Delta r}{\lambda}$ 计算它们之间的相位差。但当光波通过不同的介质时，光波的波长要随介质不同而变化，两相干光间的相位差就不能直接由波程差来计算了。为此，我们引入光程和光程差的概念。

设有一频率为 ν 的单色光，它在真空中的波长为 λ，传播速度为 c；在折射率为 n 的介质中传播时，波长为 λ_n，传播速度为 u。根据波速、频率、波长三者关系有：$\nu=\frac{c}{\lambda}=\frac{u}{\lambda_n}$，又因为 $n=\frac{c}{u}$，故有

$$\lambda_n=\frac{\lambda}{n} \tag{6-7}$$

从式(6-7)中可知，光在介质中的波长 λ_n 是其在真空中波长 λ 的 $1/n$。若光波在折射率为 n 的介质中传播了几何路程 r，则相位的变化为

$$\Delta\varphi=2\pi\frac{r}{\lambda_n}=2\pi\frac{nr}{\lambda} \tag{6-8}$$

上式表明，光在折射率为 n 的介质中传播了几何路程 r 所发生的相位变化，相当于光在真空中通过 nr 的路程所发生的相位变化。为了方便计算，我们常把光在折射率为 n 的介质中传播的路程 r 折算到真空中，用**光程** $\delta=nr$ 表示。例如，两相干光源 S_1、S_2 发出的两束光，分别在折射率为 n_1 和 n_2 的介质中传播，经过了几何路程 r_1 和 r_2 在 P 点相遇，如图 6-7 所示，这两路光的光程分别为 $\delta_1=n_1r_1$ 和 $\delta_2=n_2r_2$。两路光的几何路程差也可以折算到真空中，用光程差表示。光程之差 $\delta_2-\delta_1$ 称为**光程差**，用符号 Δ 表示，即 $\Delta=\delta_2-\delta_1$。若相干光源 S_1、S_2 的相位相同，则两束光在 P 点的相位差 $\Delta\varphi$ 与光程差 Δ 的关系为

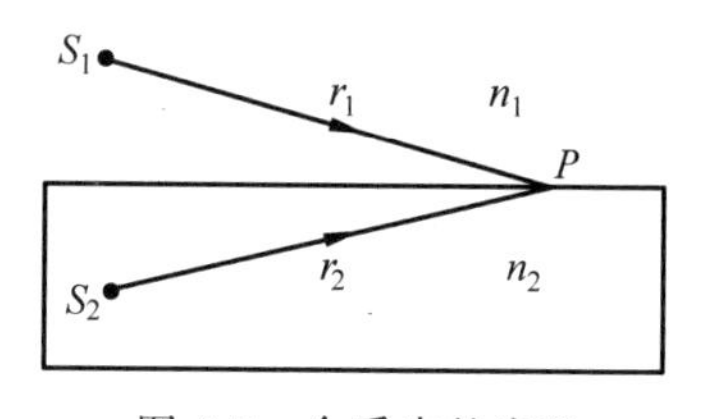

图 6-7　介质中的光程

$$\Delta\varphi=2\pi\frac{\Delta}{\lambda} \tag{6-9}$$

相应的，两相干光干涉产生明、暗纹的条件就写成

$$\Delta=\begin{cases}\pm k\lambda, & k=0,1,2,\cdots \quad \text{干涉相长（明纹）}\\ \pm(2k+1)\dfrac{\lambda}{2}, & k=0,1,2,\cdots \quad \text{干涉相消（暗纹）}\end{cases} \tag{6-10}$$

6.4.2　光程差的一些讨论

光在传播过程中遇到介质后，会在介质表面反射和折射，需要注意以下情况：

(1) 光从光疏介质(折射率较小)射向光密介质(折射率较大)时，反射光的相位会发生 π 的跃变，即反射光有半波损失现象，要在光程差的计算中附加 $\lambda/2$；而光从光密介质(折射率较大)射向光疏介质(折射率较小)时，反射光则没有半波损失现象。如图 6-8 所示。

(2) 光经薄透镜不产生附加光程差。如图 6-9 所示，一束平行光经过一薄透镜后，改变了传播方向，汇聚到焦平面上成一亮点，这是由于平行光波前上 $ABCDE$ 各点的相位相同，而经薄透镜到达焦平面后相位仍然相同，因而干涉相长的结果。可见，$ABCDE$ 各点到达点 F 的几何路程虽然不等但光程相等，这说明透镜不产生附加光程差。因此，我们今后使用透镜时都不需要考虑它对光程差的影响。

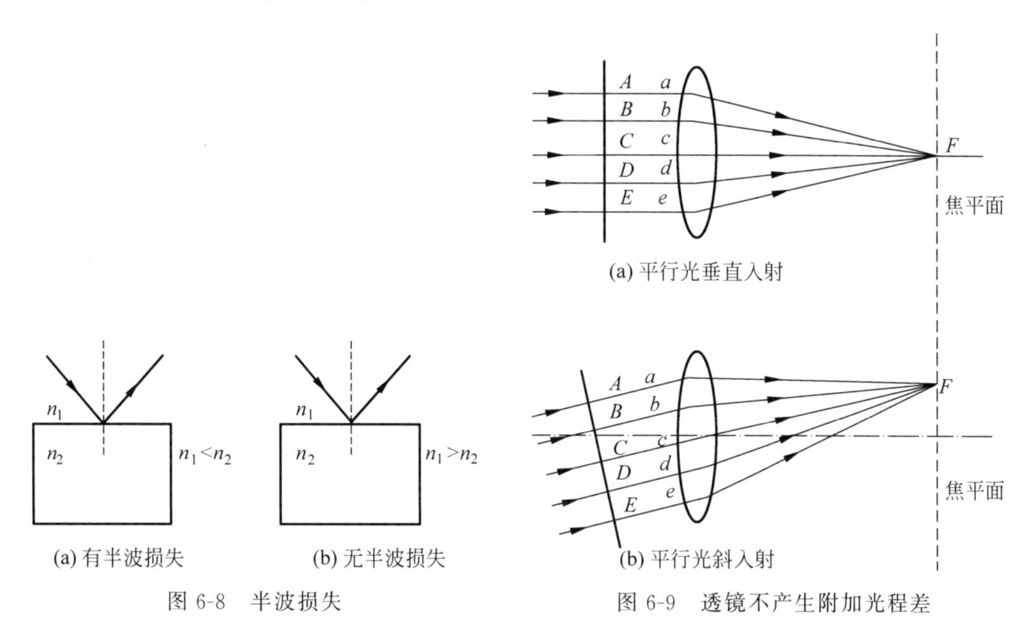

图 6-8　半波损失

图 6-9　透镜不产生附加光程差

6.5　薄膜干涉

薄膜干涉是采用分振幅方法来获得相干光的。在日常生活中，常常看到水面上的油膜或肥皂泡、蝴蝶的翅膀等在日光照射下出现美丽的花纹，这些都是薄膜的干涉现象。薄膜干涉原理在实际中的应用非常广泛，例如全反射膜、增透膜等都是利用薄膜干涉现象制成的。薄膜干涉可分为等倾干涉和等厚干涉。

6.5.1　均匀厚度薄膜　等倾干涉

如图 6-10 所示，在折射率为 n_1 的均匀介质中，置一厚度为 e 的平行平面薄膜(均匀厚度)，其折射率为 n_2，且 $n_2>n_1$。从光源上一点 S 发出波长为 λ 的一束光线，以入射角 i 投射到薄膜表面 A 点后分为两部分：一部分在上表面反射成为光线①；另一部分折射进入薄膜内，在另一界面上反射后又折射进入 n_1 介质中，成为光线②。光线①和光线②为平行相干光线，经透镜 L 会聚后，在屏 P 上观察到干涉图样。

现在我们计算光线①和光线②的光程差。它由两部分构成：其一是由于光线经过不同几何路径产生的光程差，为此，由 C 点作光线①的垂线，垂足为 D，由于透镜不产生附加的光程差，则 CP 和 DP 的光程相等，所以 A 点是产生光程差的起始点，而 CD 是产生光程差的"终线"，这部分光程差为 $n_2(AB+BC)-n_1AD$；其二是反射光线可能存在半波损失，由此产生的附加光程差 $\lambda/2$，根据上节分析，光波从光疏介质入射到光密介质时，反射光线会产生半波损失，由此图 6-10 中的反射光线①有半波损失，需要附加 $\lambda/2$ 的光程差（必须说明的是，不是所有介质分界面的反射光线都有半波损失，因此是否要附加 $\lambda/2$ 的光程差，要具体问题具体分析）。故而光线①和光线②总的光程差为

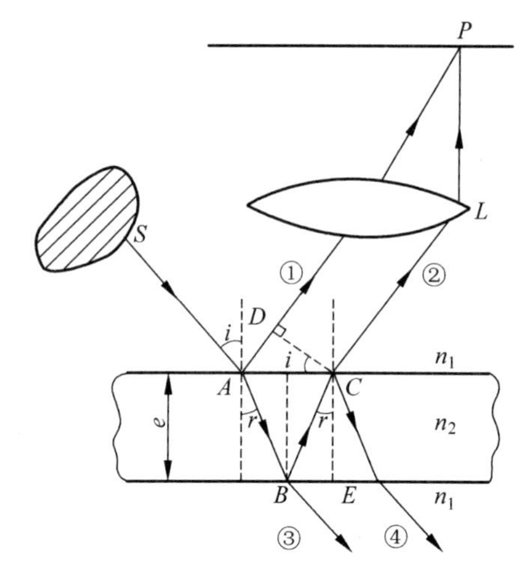

图 6-10　等倾干涉光路图

$$\Delta_r=n_2(AB+BC)-n_1AD+\frac{\lambda}{2}$$

再利用折射定律和几何关系可以计算出（计算过程省略），反射光线①和②的光程差为

$$\Delta_r=2e\sqrt{n_2^2-n_1^2\sin^2 i}+\frac{\lambda}{2} \tag{6-11}$$

于是，反射光的干涉条件为

$$\Delta_r=2e\sqrt{n_2^2-n_1^2\sin^2 i}+\frac{\lambda}{2}=\begin{cases}k\lambda, & k=1,2,\cdots \quad 干涉相长（明纹）\\(2k+1)\dfrac{\lambda}{2}, & k=0,1,2,\cdots \quad 干涉相消（暗纹）\end{cases} \tag{6-12}$$

从上式可以看出，对于给定的均匀厚度薄膜，薄膜厚度 e、折射率为定值，当一定波长的单色光入射到薄膜时，反射光的光程差完全由入射角 i 决定，相同入射角的光对应着同一级干涉条纹，不同入射角的光对应着不同级的干涉条纹，所以把这种干涉称为**等倾干涉**。等倾干涉图样为明暗相间的圆环。

同理可分析得出，经薄膜透射后出来的透射光③和④的光程差为

$$\Delta_t=2e\sqrt{n_2^2-n_1^2\sin^2 i} \tag{6-13}$$

从式(6-12)和式(6-13)可以看出，反射光和透射光的光程差刚好相差 $\lambda/2$，也就是说，如果反射光是明纹，对应的透射光就是暗纹；反之，如果反射光是暗纹，透射光将产生明纹。这恰好满足能量守恒定律。

下面考虑入射角度 $i=0$，即垂直入射的情况，此时反射光的光程差为

$$\Delta_r=2n_2e+\frac{\lambda}{2} \tag{6-14}$$

透射光的光程差为

$$\Delta_t = 2n_2 e \tag{6-15}$$

对于垂直入射的情况，由于入射角度 $i=0$ 是固定值，所以薄膜的厚度、折射率以及入射光的波长的变化影响干涉结果。实际应用中，我们经常要分析光线垂直入射的情况。

例 6.2　在金属铝的表面，经常利用阳极氧化等方法形成一层透明的氧化铝（Al_2O_3）薄膜，如图 6-11 所示，其折射率为 1.80。设一磨光的铝片表面形成了厚度为 250nm 的透明氧化铝薄层，问在日光下观察，其表面呈现什么颜色？（设白光垂直照射到铝片上，铝的折射率小于氧化铝的折射率。）

解：已知空气的折射率 $n_1=1$，氧化铝的折射率 $n_2=1.80$，$n_1<n_2$，而铝的折射率 $n_3<n_2$，所以白光垂直照射到铝片上，只有在氧化铝薄膜上表面反射时产生半波损失，则反射光①和②光程差应为

$$\Delta = 2n_2 e + \frac{\lambda}{2}$$

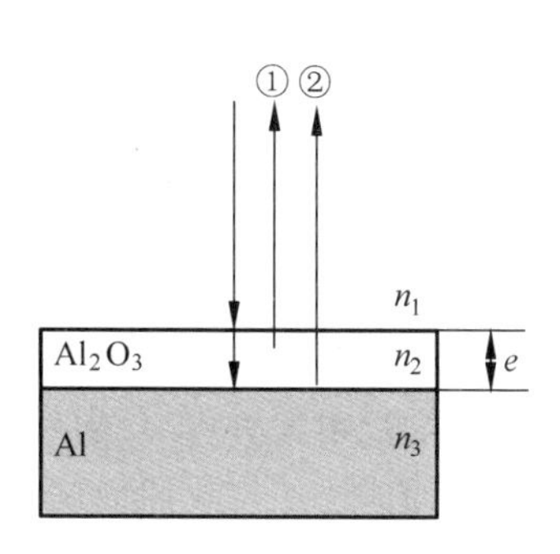

图 6-11　例 6.2 图

要想在表面呈现颜色，光波必须满足干涉相长，满足干涉条件

$$\Delta = 2n_2 e + \frac{\lambda}{2} = k\lambda,\quad k=1,2,\cdots$$

即波长为

$$\lambda = \frac{2nd}{k-1/2}$$

解得：$k=1$，$\lambda=1800\text{nm}$；$k=2$，$\lambda=600\text{nm}$；$k=3$，$\lambda=300\text{nm}$；…

只有 $\lambda=600\text{nm}$ 为可见光，故可观察到铝的表面呈橙红色。

例 6.3　照相机镜头的增透膜。相机的长镜头，往往由十个以上的镜片构成，如果每个镜片的透光率为 90%，经过长镜头后到达感光元件的光就变得很弱，因此为了增强照相机镜头的透射光强度，往往在镜头上镀上氟化镁（MgF_2）透明薄膜，这种薄膜称为增透膜。已知镜头玻璃的折射率为 1.52，氟化镁薄膜的折射率为 1.38，人眼和照相底片最敏感的波长为 550nm 的黄绿光，要使得垂直入射到镜头上的黄绿光最大限度地进入镜头，求所镀的 MgF_2 薄膜的最小厚度。

解：图 6-12 中，黄绿光垂直入射到 MgF_2 薄膜，要使得光最大限度地进入镜头，要求在 MgF_2 薄膜上下两个界面的反射光①和②干涉相消。已知 $n_1=1$，$n_2=1.38$，$n_3=1.52$，$n_1<n_2<n_3$，所以在薄膜上、下表面反射时都是从光疏到光密的反射，都产生半波损失，从而可不计附加光程，则反射光①和②光程差应为

$$\Delta = 2n_2 e = (2k+1)\frac{\lambda}{2}$$

所以，薄膜的厚度应为

$$e = \frac{(2k+1)}{4n_2}\lambda$$

因为要求最小厚度，所以取 $k=0$，有

$$e_{\min}=\frac{\lambda}{4n_2}=\frac{550\mathrm{nm}}{4\times1.38}=99.6\mathrm{nm}$$

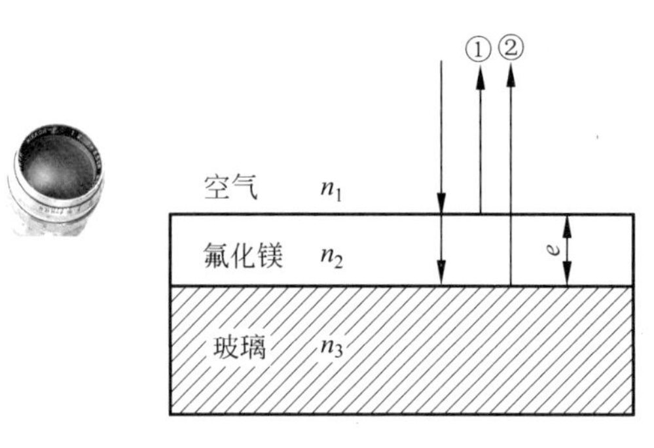

图 6-12　镜头镀增透膜

除了照相机镜头外，其他光学仪器透镜的表面也都会镀上一层增透膜，以增强透射光强度。实际上还存在增反膜，它是通过控制膜的厚度使透射光干涉相消，从而增加反射光的强度。如光学反射元件（如反射镜、激光谐振腔等）表面常被镀上增反膜来提高反射率，宇航员的头盔表面涂一层增反膜以削弱红外线对人体的透射等。

6.5.2　非均匀厚度薄膜　等厚干涉

上面讨论的是单色光入射到均匀厚度的平行平面薄膜上的情况，下面我们讨论薄膜厚度不均匀时所产生的干涉现象。

1. 劈尖的干涉

如图 6-13 所示，两块平面玻璃片，一端叠合，另一端夹一细丝，这样两块玻璃片之间就形成了厚度不同的空气薄膜，我们把这种形状的薄膜称为**劈尖**。两玻璃片叠合处为**劈棱**，两玻璃片的夹角 θ 称为**劈尖角**，由于细丝尺寸很小，所以通常 θ 极小（为清晰起见，图中 θ 角被夸大了）。

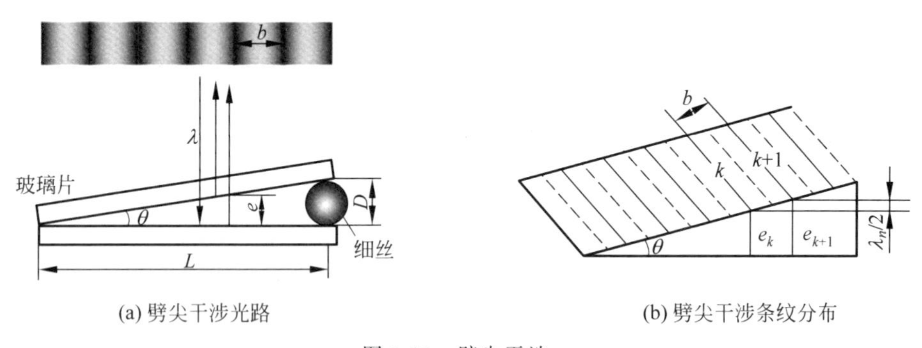

图 6-13　劈尖干涉

当平行单色光 λ 垂直入射到空气劈尖时，由于 θ 极小，所以在劈尖上、下表面反射的光线都可看作垂直于劈尖表面，它们在劈尖表面处相遇发生干涉，形成薄膜干涉条纹。由于空气的折射率 n 比玻璃的折射率小，所以仅在下表面的反射有半波损失，两束反射光存在附加 $\lambda/2$ 的光程差，由此得出空气劈尖上、下表面反射光线的光程差并确定劈尖干涉条件为

$$\Delta = 2ne + \frac{\lambda}{2} = \begin{cases} k\lambda, & k = 1,2,3,\cdots \quad \text{明纹} \\ (2k+1)\dfrac{\lambda}{2}, & k = 0,1,2,\cdots \quad \text{暗纹} \end{cases} \tag{6-16}$$

式中 e 为劈尖上下表面间的距离，即劈尖薄膜的厚度。

由上式看出，当平行单色光垂直入射到劈尖的上表面时，劈尖的光程差只取决于薄膜的厚度，即薄膜厚度相等的地方形成同一条干涉条纹，这称为等厚干涉。

空气劈尖干涉图样具有以下特点：

(1) 由于劈棱处 $e=0$，反射光线的光程差 $\Delta=\frac{\lambda}{2}$，所以劈尖棱边处为零级暗条纹，劈尖表面呈现出的是与棱边平行的、明暗相间的、均匀分布的干涉条纹，如图 6-14(b)所示。

(2) 分析式(6-16)，可以得到两相邻的明条纹(或暗条纹)处劈尖薄膜的厚度差为

$$\Delta e = e_{k+1} - e_k = \frac{\lambda}{2n} = \frac{\lambda_n}{2} \tag{6-17}$$

即等于光在劈尖介质中的波长 λ_n 的 1/2。

(3) 如果两相邻明条纹(或相邻暗条纹)在玻璃平面上的距离为 b，由图 6-13(b)知

$$b\sin\theta = \Delta e = \frac{\lambda_n}{2}$$

因为 θ 很小，$\sin\theta \approx \theta$，故上式改写成

$$b = \frac{\lambda_n}{2\theta} \tag{6-18}$$

从上式可以看出，劈尖角 θ 越小，在玻璃平面上的相邻明条纹之间的距离 b 就越大。设细丝直径为 D，玻璃片的长度为 L，可得 $\theta=\frac{D}{L}$，代入式(6-18)，整理后得

$$D = \frac{\lambda_n}{2b}L = \frac{\lambda}{2nb}L \tag{6-19}$$

实际应用中，常利用上式测量细丝直径、薄膜厚度，也可测量劈尖介质的折射率。除此之外，劈尖干涉在生产中有很多应用。下面举例说明。

(1) 干涉膨胀仪就是利用劈尖干涉条纹的变化来测量样品的受热膨胀系数 α 的

干涉膨胀仪如图 6-14 所示，石英圆柱环 B 放在平台上(其热膨胀可以忽略不计)，B 上放置一块平板玻璃 P，B 内放置一上表面磨成稍微倾斜的柱形样品 R，于是 R 与 P 之间形成楔形空气膜。用波长 λ 的单色光垂直照明，即可在显微镜中看到彼此平行等距的等厚干涉条纹。若将膨胀仪加热，使之温度升高 ΔT，于是在显微镜视场中看到有 N 条干涉条纹移过，这是因为样品受热膨胀后升高，使空气膜的厚度

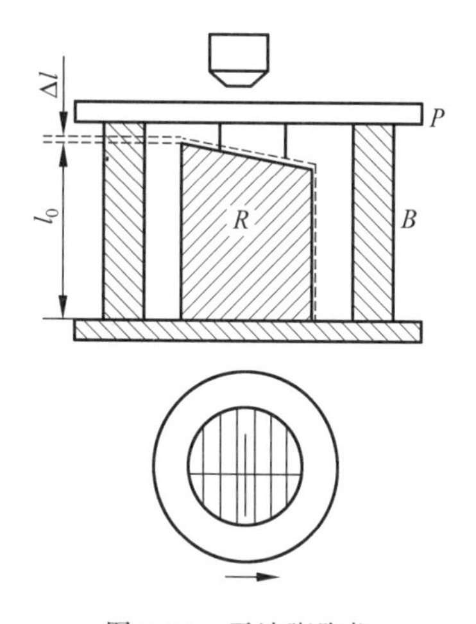

图 6-14　干涉膨胀仪

变化引起的。每升高 $\lambda/2$，干涉条纹就移动一条，故样品高度的膨胀值为 $\Delta l=N\cdot\frac{\lambda}{2}$，若已知样品加热前的高度 l，根据热膨胀系数的定义，可计算出样品的热膨胀系数 $\alpha=\frac{\Delta l}{l\Delta T}=\frac{N\lambda}{2l\Delta T}$。

（2）劈尖干涉可用于微小物体尺寸测量

工程中常常需要对一些工件进行精密测量，例如在精密轴承滚珠的制作中，尺寸误差要达到小于 2.5μm，千分尺的精度只能达到 10μm，而利用光的干涉现象进行测量，精度可以达到亚微米量级。于是人们就利用光波的干涉现象对轴承产品进行精密测量。如图 6-15 所示，将标准滚珠与待测滚珠分别放置在两块平板玻璃之间的两端，由此形成空气薄膜。当波长 λ 的单色光垂直入射到该劈尖上时，根据薄膜干涉的结论可知：如果待测滚珠与标准滚珠尺寸完全相同，则不会观察到干涉条纹；如果待测滚珠与标准滚珠尺寸有误差，就能观察到等厚干涉条纹，通过测量条纹的数目 N，就可算出误差值为 $N\cdot\frac{\lambda}{2}$。用此方法可以精确测量待测工件的制作误差，并判断产品是否合格。

（3）劈尖干涉可用于检测工件表面的平整度

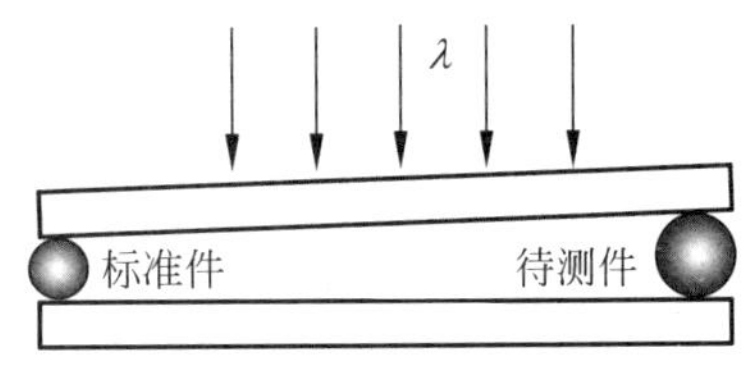

图 6-15　劈尖干涉测微小尺寸

由于每一条劈尖干涉条纹都代表一条等厚线，所以劈尖干涉可用于检测工件表面的平整度。取一块光学平面的玻璃片，称为平晶，放在待测工件（玻璃片或者金属磨光面）的表面上方，在平晶与工件表面间形成空气劈尖。若待测工件的表面是理想的平面，则其干涉条纹是等间距的平行直线；若待验工件的表面凹凸不平，则干涉条纹将不是平行直线，如图 6-16 所示。根据条纹的弯曲方向和程度就可判断工件表面在该处是凹还是凸，并估算不平整度。其精度可达到光的波长的十分之一，即 10^{-8} m 的量级，远高于机械方法测量的精度。

(a) 工件表面平整

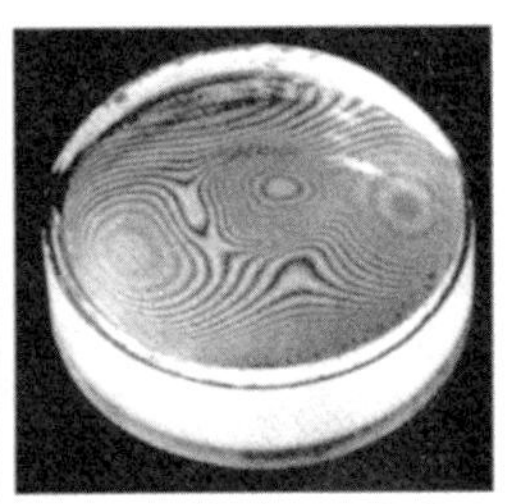
(b) 工件表面凹凸不平

图 6-16　工件表面平整度的检测

例 6.4　利用劈尖测薄膜厚度。在半导体元件生产中，为测定硅（Si）片上二氧化硅（SiO_2）薄膜的厚度，一般将膜一端用化学方法腐蚀成劈尖状，O 点为劈棱，M 点为劈尖膜厚最大处，如图 6-17 所示。已知 SiO_2 折射率为 1.46，Si 的折射率为 3.42。若用波长 $\lambda=546.1$nm 的绿光照射，观察到 SiO_2 劈尖薄膜上出现 7 条暗纹，且第 7 条在点 M 处。试求（1）劈棱 O 处是明纹还是暗纹？（2）SiO_2 的薄膜厚度 e。

解：(1) 已知空气的折射率 $n_1=1$，SiO_2 的折射率 $n_2=1.46$，Si 的折射率 $n_3=3.42$，$n_1<n_2<n_3$，SiO_2 劈尖上、下两表面的反射光均有半波损失。计算光程差时，半波损失可以不计，于是，两反射光的光程差为 $\Delta=2n_2e$。

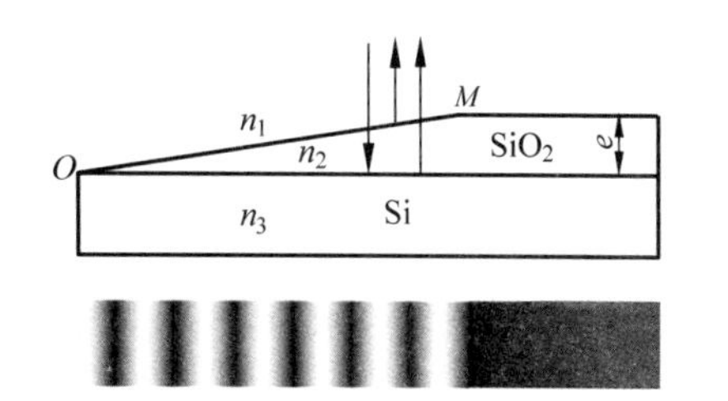

图 6-17　利用劈尖测薄膜厚度

SiO_2 劈尖干涉条件为

$$\Delta=2n_2e=\begin{cases}k\lambda, & k=0,1,2,\cdots \quad (\text{明纹})\\ (2k+1)\dfrac{\lambda}{2}, & k=0,1,2,\cdots \quad (\text{暗纹})\end{cases}$$

棱边 O 处，$e=0$，对应 $\Delta=0$，则 O 处为 $k=0$ 级明纹。

(2) 由于 M 处为第 7 条暗纹，对应于 $k=6$，代入上面的暗纹公式，得 SiO_2 的薄膜厚度

$$e=\frac{(2k+1)\lambda}{4n_2}=\frac{13\times546.1\times10^{-9}\,\text{m}}{4\times1.46}=1.22\times10^{-6}\,\text{m}$$

另解：由 M 处为 $k=6$ 级暗纹，O 处为 $k=0$ 级明纹，推算出从 O 到 M 共有 $N=6.5$ 个条纹间距，而一个条纹间距对应的薄膜厚度差 $\Delta e=\dfrac{\lambda_n}{2}=\dfrac{\lambda}{2n_2}$，所以 SiO_2 的薄膜厚度为

$$e=N\Delta e=N\times\frac{\lambda}{2n}=6.5\times\frac{546.1\times10^{-9}\,\text{m}}{2\times1.46}=1.22\times10^{-6}\,\text{m}$$

*2. 牛顿环

1675 年，牛顿制作天文望远镜时，偶然将一个望远镜的物镜放在平板玻璃上，观察到明暗相间的同心圆环组成的干涉图样，圆环中间疏、边缘密，如图 6-18 所示。当时牛顿并不认为是干涉现象。但后来人们发现在透镜和玻璃板之间形成了一个厚度不等的空气薄膜，牛顿观察到的同心圆环就是空气薄膜的等厚干涉条纹，故人们把干涉条纹称为“**牛顿环**”。

与空气劈尖类似，牛顿环装置中空气薄膜的上、下表面反射光的光程差为

$$\Delta=2ne+\frac{\lambda}{2}$$

式中 n 为空气薄膜的折射率，$n\approx1$。牛顿环的干涉条件为

$$\Delta=2e+\frac{\lambda}{2}=\begin{cases}k\lambda, & k=1,2,3,\cdots \quad (\text{明纹})\\ (2k+1)\dfrac{\lambda}{2}, & k=0,1,2,\cdots \quad (\text{暗纹})\end{cases}$$

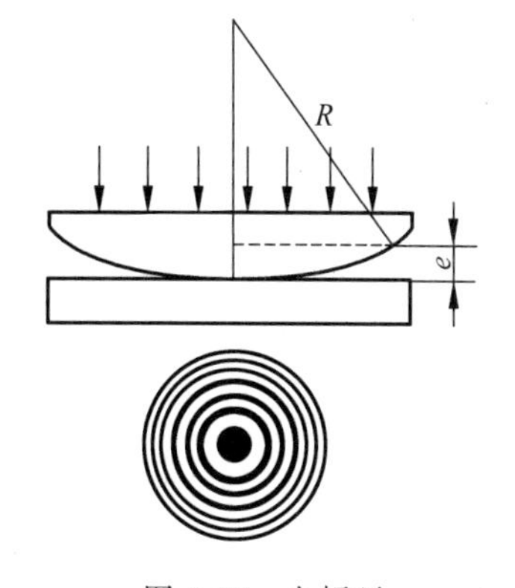

图 6-18　牛顿环

牛顿环干涉图样具有以下特点：

(1) 在透镜与玻璃板的接触处，$e=0$，光程差 $\Delta=\dfrac{\lambda}{2}$，形成暗纹；

(2) 由于牛顿环空气薄膜的等厚轨迹是以接触点为圆心的一系列同心圆，所以干涉条纹为明暗相间的同心圆环。根据几何关系和干涉条件，可推得明环和暗环的半径分别为

$$
r=\begin{cases}\sqrt{\left(k-\dfrac{1}{2}\right)R\lambda/n}, & k=1,2,\cdots（明环）\\ \sqrt{kR\lambda/n}, & k=0,1,2,\cdots（暗环）\end{cases} \tag{6-20}
$$

由上式可见，牛顿环分布不均匀，间距不相等，半径越大，牛顿环越密。

在工程精密测量中，牛顿环装置可以用来测量平凸透镜的曲率半径，还可用于检测透镜表面平整度等。

*6.5.3 迈克耳孙干涉仪

迈克耳孙干涉仪是利用光的干涉原理精确测定长度和长度微小变化的仪器。在历史上迈克耳孙和莫雷曾利用它进行过著名的否定“以太说”的实验，在物理学发展历程中有着重要的地位。现代科技中有多种干涉仪都是从迈克耳孙干涉仪衍生而来的，所以我们很有必要对它的结构和基本原理进行了解。

迈克耳孙干涉仪实验装置如图 6-19 所示，其基本结构和光路如图 6-20 所示。M_1 与 M_2 是一对互相垂直的精细磨光的平面反射镜，M_1 是固定的，M_2 用螺旋控制，可作微小的移动。G_1 和 G_2 是两块材料相同、厚度均匀相互平行的玻璃片，G_1，G_2 与 M_1、M_2 成 $45°$ 角。在 G_1 的背面上镀有半透明的薄银层（图中用粗线标出），使照射在 G_1 上的光一半反射，一半透射。来自光源 S 的光线，经过透镜 L 后变成平行光线，射向 G_1，射入 G_1 的光线，一部分由银层反射后从 G_1 折射向 M_2，再经 M_2 反射回来后透过 G_1 向 E 方向传播而进入眼睛，记为①光。另一部分透过银层，穿过 G_2 射向 M_1，此光线经 M_1 反射回来后，再一次穿过 G_2 射向 G_1，由银层反射后也向 E 方向传播而进入眼睛，记为②光。显然，①光和②光是相干光，所以我们可观察到干涉条纹。G_2 的作用是使②光同①光一样三次穿过玻璃片，从而避免两者之间有较大的光程差，因此一般称 G_2 为补偿板。

图 6-19 迈克耳孙干涉仪实验装置

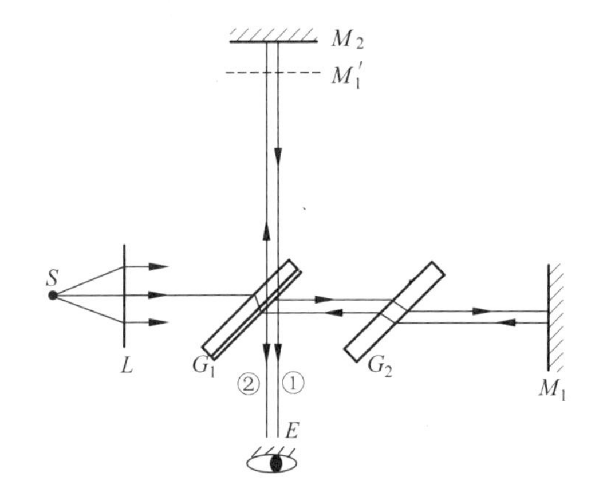

图 6-20 迈克耳孙干涉仪光路图

图 6-20 中 M_1' 为 M_1 经 G_1 所成的虚像，所以从 M_1 上反射的光，可看成是从虚像 M_1' 处发出来的，于是，在 M_2 和 M_1' 之间就形成了一个等效的空气膜。这样，进入眼中的①光和②光可以看成是等效空气膜两个表面 M_2 和 M_1' 上的反射光，因此在迈克耳孙干涉仪中所看到的干涉条纹应属于薄膜干涉的范畴。现在讨论以下情况：

(1) 如果 M_1 与 M_2 不严格垂直，那么 M_2 和 M_1' 就不严格平行，于是它们之间的空气薄膜就形成一个劈尖，这时在 E 处可观察到一系列平行等距、明暗相间的等厚干涉条纹。

(2) 若 M_1 与 M_2 严格垂直，则 M_2 和 M_1' 严格平行，光程差仅取决于入射角 i，i 相同处属于同一级条纹。因此，属于等倾干涉，条纹是一系列明暗相间的同心圆环。

(3) 若入射单色光波长为 λ，则每当 M_2 向前或向后移动半个波长的距离，就可看到干涉条纹平移过一条，如在视场中有 Δk 条干涉条纹移过，就可以算出 M_2 移动的距离为

$$\Delta d = \Delta k \frac{\lambda}{2} \tag{6-21}$$

若已知光源波长，利用上式可以测定微长度；若已知长度变化，则可用上式来测定波长。迈克耳孙曾用自己的干涉仪测定了红镉线的波长。在 $t=15℃$ 的干燥空气中，压强 $p=101\text{kPa}$ 条件下，测得红镉线的波长为 $\lambda=643.84696\text{nm}$。这种测量波长的方法要比用杨氏双缝实验测量波长精确得多。

6.6　光的衍射现象　惠更斯-菲涅耳原理

6.6.1　光的衍射现象和分类

在前面章节曾介绍过波能绕过障碍物继续传播的现象叫做波的衍射。如声波可以绕过墙壁，使人不见其影却能听其音；无线电波可以绕过高山、大厦传播到千家万户；水波遇到障碍物的小孔时，小孔将成为新的波源，产生以小孔为中心的半圆形波继续向前传播。可见，声波、无线电波、水波衍射现象比较显著，容易观察到。然而在日常生活中看到的光却是沿直线传播的，很少看到光的衍射现象。这是因为只有障碍物的线度和波长可以相比拟时，衍射现象才明显。声波的波长可达几十米，无线电波波长可达几百米，而可见光的波长只有几百万分之一米，比障碍物的线度小很多，所以一般情况下，光的衍射现象不明显。

当障碍物的线度和光的波长可以相比拟时，就可以观察到光的衍射现象，如图 6-17 所示，一束光通过一个宽度可以调节的狭缝后，在屏幕 P 上将呈现出光斑。若狭缝的宽度比波长大得多时，屏幕 P 上的光是直线传播的结果，如图 6-21(a)所示；若缩小缝宽，使它可与光波波长相比较时，在屏幕 P 上出现的光斑亮度虽然降低，但光斑范围反而增大，而且形成明暗相间的条纹，这就是光的衍射现象，我们称偏离原来方向传播的光为衍射光，如图 6-21(b)所示。

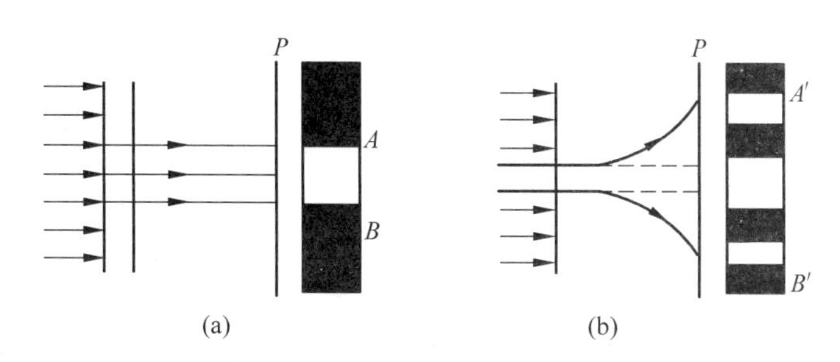

图 6-21　光的直线传播和衍射现象

按照光源、衍射物、接收屏三者的相互位置可把衍射分为两种：当光源、接收屏与衍射

物之间的距离有限时，这种衍射叫做**菲涅耳衍射**（或**近场衍射**），如图 6-22(a)所示；当光源、接收屏都距衍射物无限远时，这种入射光和衍射光都是平行光的衍射称为**夫琅禾费衍射**（或**远场衍射**），如图 6-22(b)所示。

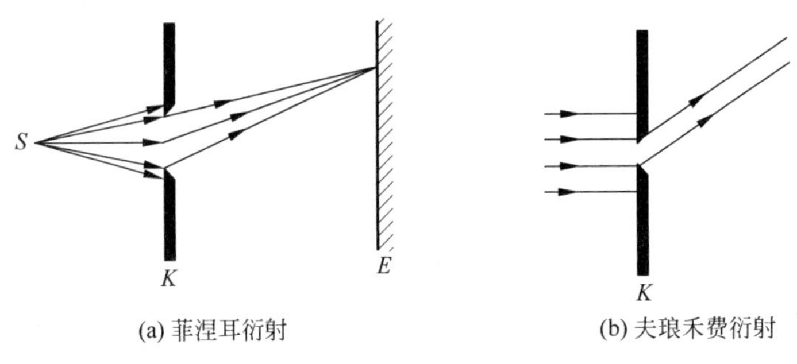

图 6-22　光的衍射分类

6.6.2　惠更斯-菲涅耳原理

在上一章的机械波中，我们介绍了惠更斯原理，并以其简洁的作图法定性地分析了波衍射过程的传播方向问题，但无法解决不同方向上的强度分布问题，故仅靠惠更斯原理不能解释衍射现象。

菲涅耳发展了惠更斯原理，指出波阵面前方空间某一点的振动，就是到达该点的所有子波的相干叠加。这样，把子波的概念和子波叠加产生干涉效应结合起来，这一原理就称为**惠更斯-菲涅耳原理**。

具体地利用惠更斯-菲涅耳原理计算衍射图样中的光强分布，需要考虑各个子波波源的振幅和相位与传播方向的关系，计算相当复杂。以后我们将利用半波带法来分析衍射条纹的状况，并讨论衍射光强的分布。

6.7　夫琅禾费单缝衍射

6.7.1　夫琅禾费单缝衍射的实验装置

如图 6-23 所示，实验室为了在有限的距离内实现夫琅禾费单缝衍射，通常在单缝 R 前后各放置一个透镜，将一单色光光源 S 放在透镜 L_1 的焦点上，屏幕 E 放在透镜 L_2 焦平面的位置。光源 S 发出的单色光通过透镜 L_1 成为一束平行光，平行光线垂直射到单缝后，将沿各个方向衍射，衍射角 φ（衍射光线与入射光线的夹角）不同的平行光线通过透镜 L_2 会聚到其焦平面上不同位置，就可以在屏幕上观察到衍射条纹。

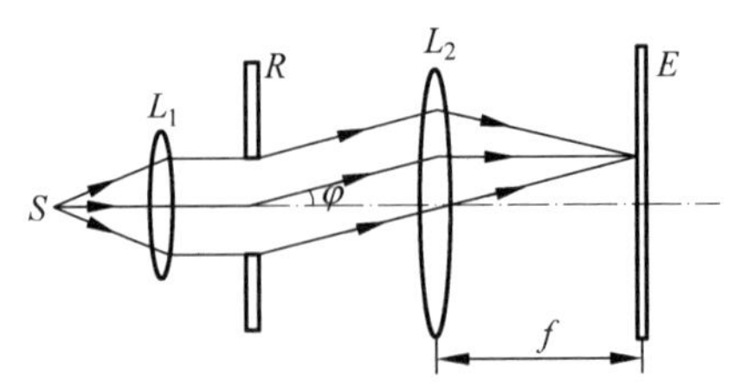

图 6-23　夫琅禾费单缝衍射装置示意图

6.7.2 半波带法分析单缝衍射条纹分布

为了研究单缝衍射条纹形成的条件、条纹的特点以及衍射光强的分布，我们采用一种半定性半定量的分析方法——半波带法。

把单缝衍射实验装置简化为图 6-24，AB 为单缝的截面，其宽度为 a，按照惠更斯-菲涅耳原理，AB 上各点都可以看成是新的子波源，它们发出的子波在空间某处相遇时会产生相干叠加。

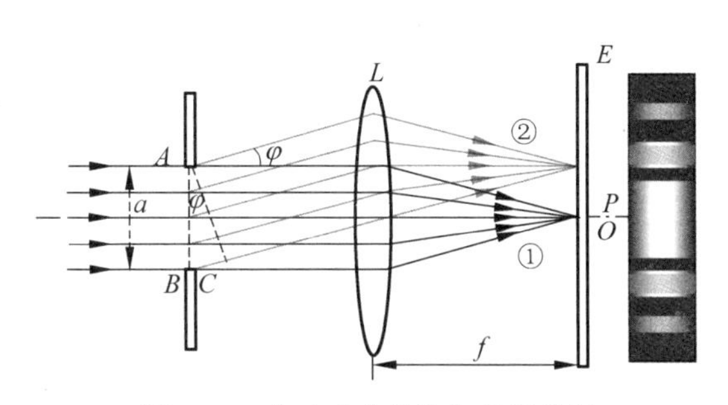

图 6-24 夫琅禾费单缝衍射简化图

首先考虑沿入射方向传播($\varphi=0$)的一束平行光(图中光束①)，它们从同一波阵面 AB 上各点出发时具有相同的相位，由于透镜不会产生附加的光程差，所以这些平行光经过透镜 L_2 汇聚 O 点时仍有相同的相位，因此干涉相长。这样，在正对狭缝中心的 O 点处出现一条平行于狭缝的亮纹，叫做**中央明纹**。

其次考虑沿某衍射角 φ 传播的平行光(图中光束②)，它们经过透镜汇聚于屏幕上的点 P，这束光中各子波到达 P 点时的光程并不相等，因而它们在 P 点的相位各不相同。如果过点 A 作一与各子波射线垂直的平面 AC，显然，面 AC 上各点到达 P 点的光程都相等，换句话说，面 AB 上各点发出的子波到达 P 点的光程差，就等于从面 AB 到面 AC 之间的光程差。这些子波中最大的光程差就是从单缝的 A，B 两端点发出的两条子波的光程差，其大小为

$$\Delta = BC = a\sin\varphi \tag{6-22}$$

P 点处明或暗就决定于这个最大的光程差。

如果 BC 恰好等于入射光半波长的整数倍，即

$$BC = \pm N\frac{\lambda}{2},\quad N=1,2,\cdots \tag{6-23}$$

则可以作 N 个彼此相距 $\frac{\lambda}{2}$ 平行于 AC 的平面，这些平面也就将单缝处波面 AB 分成 N 个面积相等的波带。图 6-25 中，$BC=4\frac{\lambda}{2}$，$N=4$，波面 AB 可分成 AA_1，A_1A_2，A_2A_3 和 A_3B 四个波带。由于相邻两个波带对应点所发出的子波光线到达 P 点的光程差均为 $\frac{\lambda}{2}$，故而又可称为**半波带**，而从每个半波带发出的子波的强度可以认为相等，所以它们将发生干涉，两两抵消。

对于给定的衍射角 φ，若 BC 恰好等于半波长的偶数倍，即单缝处波面 AB 恰好分割成

偶数个半波带，所有半波带的衍射光线将成对地一一对应相消，P 点处将出现**暗纹**。此时，最大光程差为

$$a\sin\varphi = \pm 2k\frac{\lambda}{2},\quad k=1,2,\cdots \tag{6-24}$$

对应于 $k=1,2,\cdots$ 分别叫做第一级暗纹、第二级暗纹……，式中正、负号表示条纹对称分布于中央明纹的两侧。

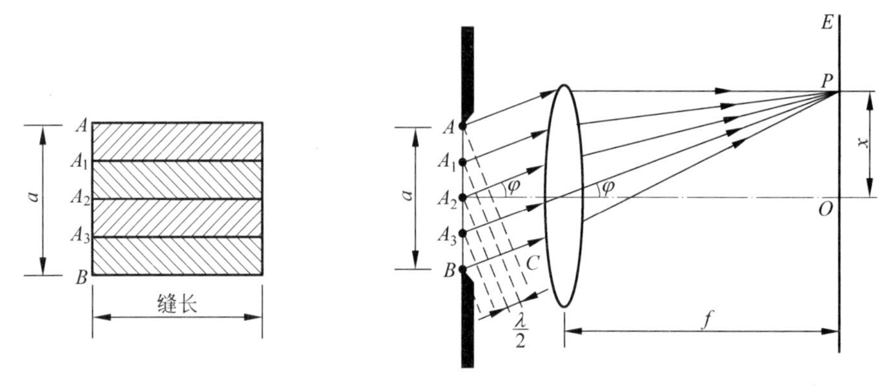

图 6-25　半波带法分析夫琅禾费单缝衍射

对于给定的衍射角 φ，若 BC 恰好等于半波长的奇数倍，即单缝处波面 AB 恰好能分割成奇数个半波带，前面偶数个半波带对应子波光线彼此干涉抵消，最后总还剩下一个半波带的子波没有被抵消，结果在屏幕上 P 点出现**明纹**。此时，最大光程差为

$$a\sin\varphi = \pm(2k+1)\frac{\lambda}{2},\quad k=1,2,\cdots \tag{6-25}$$

对应于 $k=1,2,\cdots$ 分别叫做第一级明纹、第二级明纹……。

如果 BC 不恰好等于半波长的整数倍，即单缝处波面 AB 不恰好分割成整数半波带，汇聚点的光强将介于明与暗之间。

应该指出的是，式(6-24)和式(6-25)均不包括 $k=0$ 情形。对式(6-24)来说，$k=0$ 对应着 $\varphi=0$，但这却是中央明纹的中心，不符合该式的含义。而对式(6-25)来说，虽然 $k=0$ 对应于一个半波带形成的亮点，但中央明纹已经覆盖了它的位置，可以不必单独表述。

值得注意的是，单缝衍射明、暗条件从形式上看虽说刚好与杨氏双缝干涉的条件相反，但是，衍射的本质就是干涉，单缝衍射是单缝处波面上各点发出的子波的相干叠加结果。

6.7.3　单缝衍射图样的特征

(1) 由上面讨论可以看出，单缝衍射条纹是一系列平行于狭缝的明暗相间的直条纹，除中央明纹外，各级明纹均有两条，对称地分布在中央明纹两侧。

(2) 中央明纹最亮，占据了绝大部分的光能，其他各级明纹的亮度将随着级数的增高而逐步减弱，光强分布如图 6-26 所示。我们可以利用菲涅耳半波带法来解释：由于明纹级数越高，对应的衍射角就越大，单缝处波面分成的半波带数目就越多，未被抵消的半波带面积也就越小，所以明纹的强度就越弱。

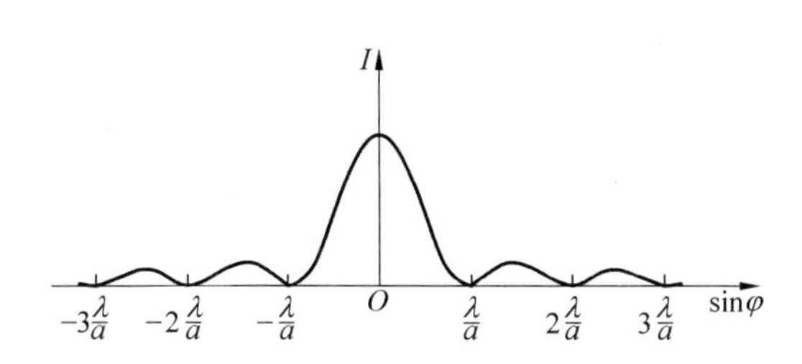

图 6-26　单缝衍射光强分布和条纹位置

(3) 条纹线宽度和角宽度。

在衍射角很小时,有 $\sin\varphi \approx \tan\varphi \approx \varphi$,根据图 6-25 的几何关系可以推出,条纹的位置 x(条纹中心距屏中心 O 点的距离)与衍射角 φ 的关系为

$$x = f\tan\varphi = f\sin\varphi = f\varphi$$

由式(6-24)可得,第一级暗纹的位置为

$$x_1 = \pm f\frac{\lambda}{a}$$

所以中央明纹的线宽度等于两条一级暗纹之间的距离,即

$$l_0 = \frac{2f\lambda}{a} \tag{6-26}$$

其他明纹的线宽度等于两相邻暗纹的间距,为

$$l = \varphi_{k+1}f - \varphi_k f = \frac{\lambda f}{a} = \frac{l_0}{2} \tag{6-27}$$

可见,所有其他明纹均有同样宽度,而中央明纹的宽度是其他明纹宽度的两倍。

从上式可以看出，当入射光波长为定值时,条纹间距与单缝宽度成反比。单缝宽度变小，条纹间距就变大，衍射现象就变得越明显；单缝宽度变大，条纹间距就变小,条纹相应变得狭窄而密集。当缝宽远较波长大,即 $a \gg \lambda$ 时,x_1 趋于零，条纹间隔非常小，且各级衍射条纹都密集于中央明纹附近而分辨不清，于是在屏幕上只形成单缝的像，这时光便可视为直线传播。此外,当缝宽一定时，入射光的波长越大，衍射角也越大。因此，若白光照射时，中央是白亮纹，而其两侧则依次呈现出一系列由紫到红的彩色条纹。

例 6.5　在单缝衍射实验中,波长为 550nm 的单色光,垂直射到缝宽为 0.5mm 的单缝上,在缝后放一焦距为 0.4m 的凸透镜,在透镜的焦平面上放一屏。求:(1)屏上中央明纹的宽度;(2)第一级明纹的位置及其相应的缝处波面分成的半波带数目。

解:(1) 由式(6-26),可得屏上中央明纹的宽度为

$$l_0 = \frac{2f\lambda}{a} = \frac{2\times 0.4\times 550\times 10^{-9}}{0.5\times 10^{-3}}\text{m} = 0.88\times 10^{-3}\text{m} = 0.88\text{mm}$$

(2) 由式(6-25),可得第一级明纹的衍射角为

$$\varphi_1 \approx \sin\varphi_1 = \pm\frac{3\lambda}{2a}$$

第一级明纹的位置为

$$x_1 = \pm f\varphi_1 = \pm f\frac{3\lambda}{2a} = \pm 0.4\times\frac{3\times 550\times 10^{-9}}{2\times 0.5\times 10^{-3}}\text{m} = \pm 0.66\times 10^{-3}\text{m} = \pm 0.66\text{mm}$$

对于 $k=1$ 级明纹，相应的缝处波面分成的半波带数目为

$$N=2k+1=3$$

6.8 圆孔衍射与光学仪器的分辨本领

6.8.1 圆孔衍射

前面讨论了光通过狭缝时产生的衍射现象。同样，当光通过小圆孔时，也会产生衍射现象，如图6-27所示。当用波长为 λ 的单色平行光垂直照射直径为 D 的小圆孔时，若在圆孔后面放置一个焦距为 f 的透镜 L，则在透镜的焦平面处的屏幕 E 上出现明暗交替的环纹，中心光斑较亮（称为**艾里斑**），显然，这是由于光的衍射造成的。由圆孔衍射理论可知，艾里斑的半径对透镜光心的张角 θ 与圆孔直径 D 和入射光波长 λ 的关系满足下面公式

$$\theta=1.22\frac{\lambda}{D} \tag{6-28}$$

可见圆孔越小和波长越长，艾里斑越大，衍射现象越明显。

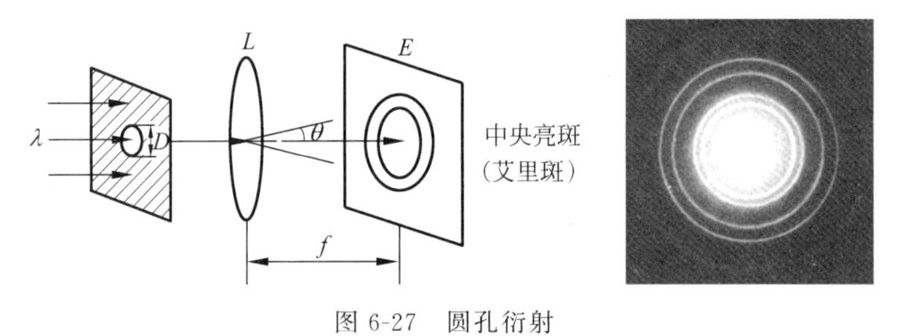

图6-27　圆孔衍射

6.8.2 光学仪器的分辨本领

多数光学仪器都利用透镜来成像，如望远镜、照相机以及人的眼睛。它们的工作原理都是使远处传来的光波通过透镜聚焦成像。透镜本身相当于一个小圆孔，光波通过透镜成像的过程，实际上也就是圆孔衍射的过程。当两个点光源或同一物体的两个发光点通过这些光学元件成像时，就会形成两个衍射斑，它们的像就是这两个衍射斑的非相干叠加。如果两个衍射斑相距太近，斑点过大，则这两个发光点的像就不够清晰，不能分辨。

那怎样才算能分辨呢？瑞利提出了一个标准，称作**瑞利判据**：对于两个强度相等的不相干的点光源（物点），一个点光源的衍射图样的主极大刚好和另一个点光源衍射图样的第1个极小相重合时，两个衍射图样的合成光强的“谷”“峰”相对比值约为0.8，此时仪器恰好还能分辨这两光点（图6-28(b)）。如果两光点的衍射斑相距变大，则能被仪器清晰分辨（图6-28(a)）；如果两光点的衍射斑相距再靠近，则不能被仪器分辨（图6-28(c)）。

由瑞利判据，在恰能分辨时，两个物点在透镜处的张角称为**最小分辨角**，用 θ_0 表示，也叫**角分辨率**。最小分辨角 θ_0 就等于艾里斑的半径对透镜光心的张角 θ，即

$$\theta_0=1.22\frac{\lambda}{D} \tag{6-29}$$

最小分辨角的倒数称为**分辨率**，用 R 表示，即

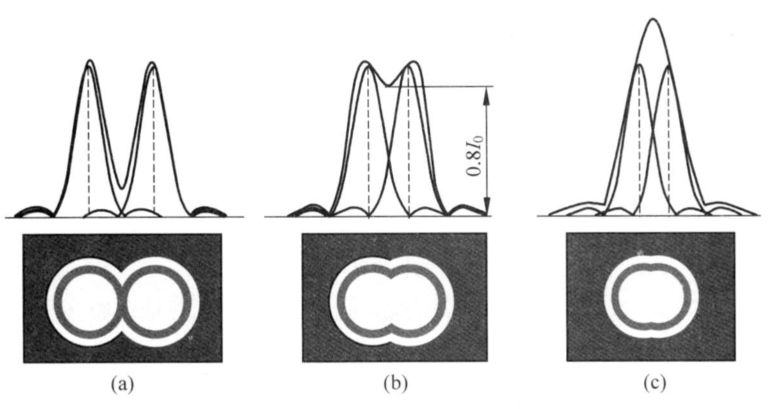

图 6-28　瑞利判据

$$R=\frac{1}{\theta_0}=\frac{D}{1.22\lambda} \tag{6-30}$$

上式表明,分辨率 R 的大小与仪器的孔径 D 和光波波长 λ 有关。

对于望远镜,光波波长 λ 不可选择,因此,大口径的物镜对提高望远镜的分辨率有利。1990 年发射的哈勃太空望远镜的凹面物镜的直径为 2.4m,角分辨率约 0.1″,它可以观察 130 亿光年远的太空深处。它发现了 500 亿个星系,但并不能满足科学家的期望,目前正在运行的最大凹面物镜的直径为 6.5m 的詹姆斯·韦伯太空望远镜(图 6-29),它于 2013 年升空,处于太阳-地球的第二拉格朗日点,科学家们期待能够利用它观察到"大爆炸"开端的"第一缕光线"。

图 6-29　詹姆斯·韦伯太空望远镜

对于显微镜则采用波长更短的光来提高分辨率,例如使用 400nm 的紫光照射待观测物体,其最小分辨距离约为 200nm,最大放大倍数约 2000 倍,这几乎是光学显微镜的放大极限了。好在科学家发现电子具有波动性,当电子在几十万伏加速电压的作用下,其波长只有约 10^{-3}nm,利用这一特性制造的电子显微镜取得了很高的分辨率,成为研究材料、分子、原子等领域有力的工具。

例 6.6　人眼的分辨率。人眼瞳孔的平均直径约为 2.00mm,眼睛水晶体的折射率 $n=1.34$,则人眼对黄绿光 $\lambda=550$nm 的最小分辨角是多少?若物体长为 $\Delta s=2.00$mm,问距离物体 15.0m 远的人能否分辨得清楚物体？

解：人眼的最小分辨角为

$$\varphi_0 = 1.22\frac{\lambda_n}{D} = 1.22\frac{\lambda}{nD} = 1.22 \times \frac{550\times10^{-9}}{1.34\times2.00\times10^{-3}}\text{rad} = 2.50\times10^{-4}\text{rad} \approx 1'$$

设人眼恰能分辨时，长为 $\Delta s = 2.00\text{mm}$ 的物体离人距离为 l，则有

$$l = \frac{\Delta s}{\varphi_0} = \frac{2.00\times10^{-3}}{2.50\times10^{-4}}\text{m} = 8.0\text{m}$$

已知该物体距人 15.0m 远，超过上述距离，故人眼不能分辨得清楚该物体。

6.9 光栅衍射 *光栅光谱

6.9.1 光栅

由大量的等宽平行狭缝等间距地排列所组成的光学元件称为光栅。在玻璃片上刻有大量等宽等间距的平行刻痕，形成的光栅叫透射光栅（图 6-30）。刻痕处相当于毛玻璃不透光，刻痕之间相当于狭缝透光。若光栅透光部分宽度为 a，不透光部分宽度为 b，定义 $d = a + b$ 为**光栅常量**。实用光栅，光栅常量一般只有零点几微米，每毫米内有几千条刻痕，因此光栅是一个精密的光学元件。通过光栅衍射得到的光谱比起单缝衍射光谱要清晰明亮得多，可用于精确测量光的波长以及进行光谱分析，光栅是现代科技中常用的重要光学元件。

图 6-30 玻璃透射光栅

6.9.2 光栅衍射

光栅衍射实验装置如图 6-31 所示，紧靠着光栅有一个焦距 f 很长的透镜 L，光屏放在透镜的焦平面处。

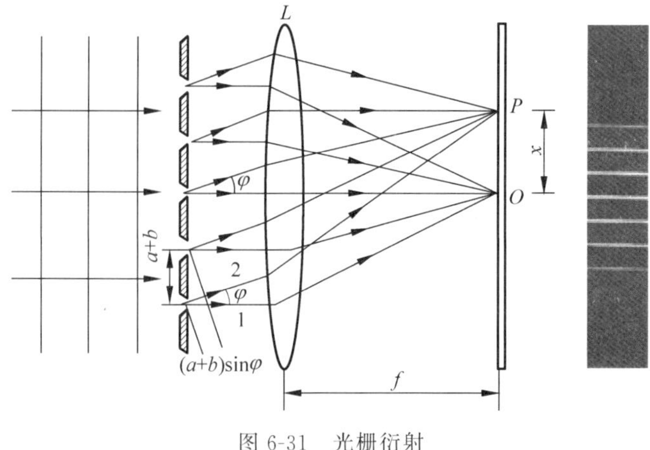

图 6-31 光栅衍射

当一束平行单色光垂直入射在光栅上时，光栅上的每个狭缝都能发生衍射，狭缝的衍射光经透镜会聚到光屏上又会发生干涉，在形成光栅衍射图样，如图 6-31 所示。光屏上出现的这一系列平行且等间距的尖锐、明亮的细线，称为光谱线。光栅衍射图样是单缝衍射和多缝干涉的综合结果。

如图 6-31 所示，平行于透镜主轴的光聚焦在焦平面的 O 点；衍射角为 φ 的平行衍射光线经透镜聚焦到光屏上 P 点，其中任意两个相邻狭缝的衍射光线的光程差都相同，为

$$\Delta=(a+b)\sin\varphi=d\sin\varphi$$

当该光程差满足干涉相长条件时，即

$$d\sin\varphi=\pm k\lambda,\quad k=0,1,2,\cdots \tag{6-31}$$

P 点形成明纹。上式称为**光栅方程**，满足光栅方程的明条纹又称为**主极大明纹**，式中 k 为主极大明纹的级次，$k=0$ 的明纹称为中央明纹，$k=1,2,\cdots$的各级明纹均有两条，对称分布在中央明纹的两侧。实验和研究表明，光栅各级明纹的强度几乎相等，光栅上的缝数越多，衍射明纹就越明亮，同时，明纹也越细、间距也越大，如图 6-32 所示。

图 6-32　光栅缝数越多，衍射谱线越清晰(从上到下缝数递增)

那么，相邻两主极大明纹之间都是暗纹吗？研究表明，一般来说，如果光栅有 N 条狭缝，那么每相邻两主极大明纹之间就有 $N-1$ 条暗纹，而在相邻的两条暗纹之间还有一条强度远小于主极大明纹的**次级明纹**。缝数越多，次级明纹相对于主极大明纹的强度就越小。由于一般光栅的缝数 N 都非常大，因此次级明纹的强度非常弱，几乎看不到。屏幕上除了看到主极大明纹外，是一片黑暗背景。

以上我们只是考虑了各条狭缝中出射光线相互间的干涉效果，事实上，由于每个狭缝的衍射作用，光栅所形成的干涉明纹并不是等强度分布的，而是受到单缝衍射光强分布的调制，如图 6-33 所示。图中满足光栅方程的主极大明纹中的 $k=\pm 3,\pm 6,\cdots$级次明纹，由于单缝衍射的影响反而成了暗纹，这一现象称为**缺级**。这是因为，若衍射角为 φ 的平行光线经透镜聚焦到光屏上某点 P 时，既满足光栅方程又正好满足单缝衍射的暗纹公式，这就意味着，在 P 点原本应该出现主极大明纹，但由于此时由每一个缝上各点射出的子波已经各自干涉相消，实际上在该衍射方向无光能贡献，则在 P 点不会出现明条纹，从而产生缺级。

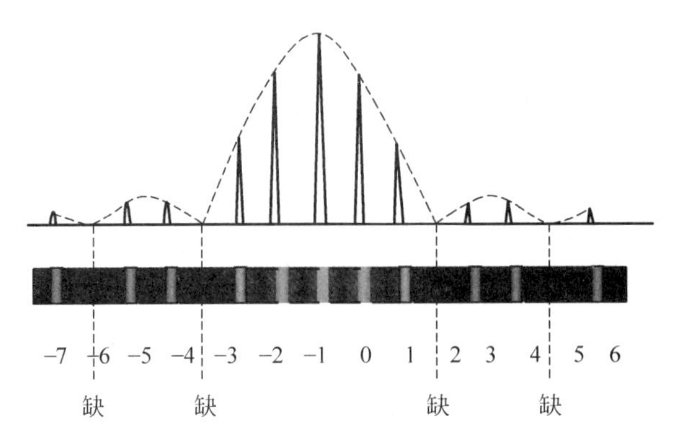

图 6-33　光栅衍射的光强分布受单缝衍射调制

*6.9.3　光栅光谱

从光栅方程式(6-31)知，当光栅常量 d 一定时，同一级谱线的衍射角的正弦 $\sin\varphi$ 与入射光的波长成正比，即入射光的波长较大时，对应的衍射角较大；反之，就较小。在白光入射时，除中央零级谱线为白光外，其他各级谱线的同一级会随衍射角 φ 的增大，而由紫到红，从内向外排列，形成一条彩色光谱带，每一组谱带称为**光栅光谱**。如图 6-34 所示。

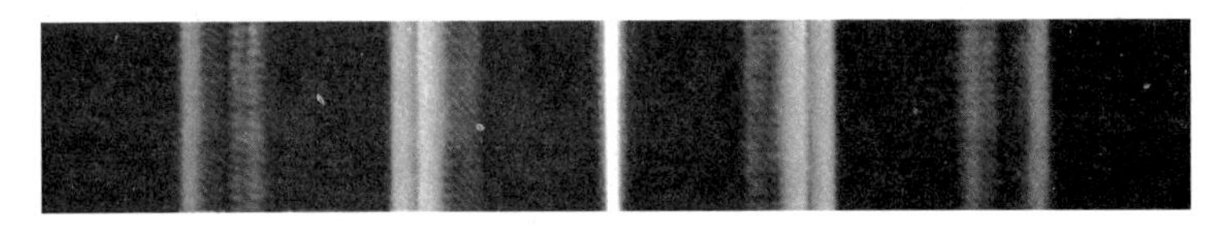

图 6-34　光栅光谱

从上述光栅光谱我们得知，透射光栅具有使复合光按波长分开，形成光谱的功能。能将复色光分离成光谱的光学仪器称为光谱仪(图 6-35)。光谱仪有多种类型，除在可见光波段使用的光谱仪外，还有红外光谱仪和紫外光谱仪。按色散元件的不同可分为棱镜光谱仪、光栅光谱仪和干涉光谱仪等。按探测方法分，有直接用眼观察的分光镜，用感光片记录的摄谱仪，以及用光电或热电元件探测光谱的分光光度计等。通过光谱仪对光信息的抓取、以照相底片显影，或电脑化自动显示数值仪器显示和分析，从而测知物品中含有何种元素，这种技术被广泛地应用于空气污染、水污染、食品卫生、金属工业等的检测中。

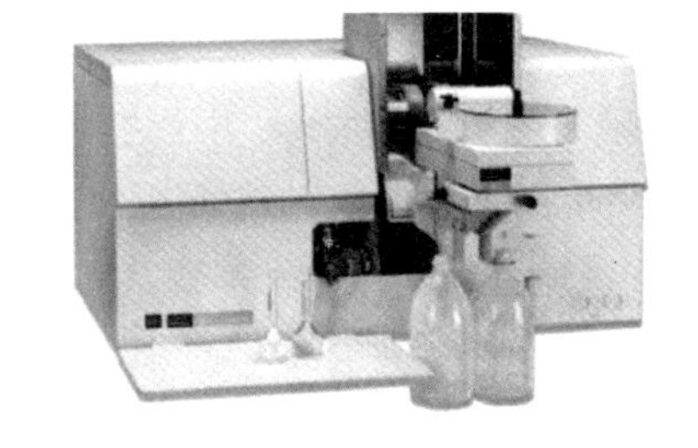

图 6-35　光谱仪

例 6.7　以白光垂直入射到光栅常量 $d=2.4\times10^{-4}$cm 的光栅上，在光栅后面用焦距 $f=0.25$m 的透镜把光会聚在光屏上。求：(1)第一级光谱线中，波长 $\lambda_V=400$nm 的紫光和波长 $\lambda_R=760$nm 的红光的谱线之间的距离；(2)屏上能否看到白光的第三级谱线？

解：(1) 由光栅方程可知，两种光的第一级谱线的衍射角 φ_{V_1}，φ_{R_1} 分别满足如下方程：

$$\sin\varphi_{V_1}=\lambda_V/d$$

$$\sin\varphi_{R_1}=\lambda_R/d$$

在衍射角很小的情况下，可以用角的正弦替代正切，故而两个一级谱线间的距离为

$$x_{R_1}-x_{V_1}=f\tan\varphi_{R_1}-f\tan\varphi_{V_1}\approx f\sin\varphi_{R_1}-f\sin\varphi_{V_1}$$

$$=f\frac{\lambda_R}{d}-f\frac{\lambda_V}{d}=f\frac{\lambda_R-\lambda_V}{d}=0.25\times\frac{760\times10^{-9}-400\times10^{-9}}{2.4\times10^{-6}}\text{m}=3.8\times10^{-2}\text{m}$$

（2）白光中谱线最大的衍射角是红光谱线的衍射角，由光栅方程可得，红光的第三级谱线的衍射角正弦为

$$\sin\varphi_{R_3}=\frac{3\lambda_R}{d}=\frac{3\times760\times10^{-9}}{2.4\times10^{-6}}=0.95<1$$

φ_{R_3} 未超过 90°，即白光中谱线最大的衍射角未超过 90°，所以能观察到白光的第三级谱线。

*6.10　X 射线衍射

6.10.1　X 射线的发现

德国物理学家伦琴在 1895 年发现，当高速电子撞击到固体上时会产生一种新的射线。这种射线具有一些奇特的性质，如眼睛看不见却能使照相底片感光，能使空气电离，但在电磁场中又不能发生偏转，且穿透力很强等。因为当时对它的本质尚不清楚，故称它为 X 射线，也叫伦琴射线。图 6-36 所示的是一种产生伦琴射线的真空管，K 是发射电子的热阴极，A 是由铜、钨或钼等金属材料制成的阳极。两极间加数万伏的高电压，热阴极发射的电子在如此强电场的作用下加速，获得巨大的动能，这些高速电子轰击阳极时，就产生了 X 射线。

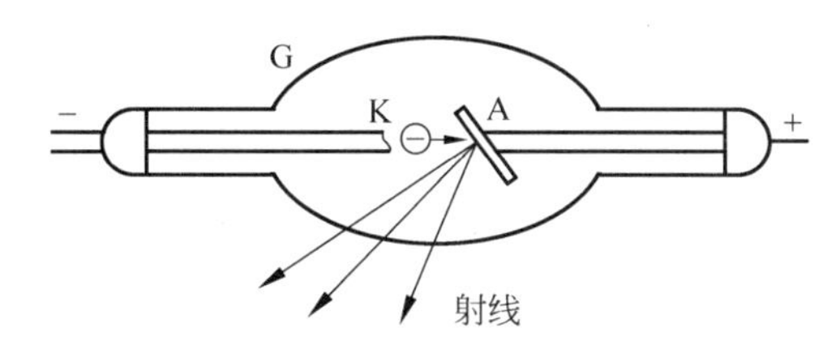

图 6-36　X 射线管

6.10.2　X 射线衍射——劳厄实验

由于 X 射线在电磁场中不能发生偏转，于是有人提出 X 射线也许是一种不可见光，应该有干涉和衍射现象，但用普通光栅却观察不到 X 射线的衍射现象。当然，光栅常数量级通常为 $10^{-5}\sim10^{-6}$ m，如果 X 射线波长远小于光栅常数，就不会出现较明显的衍射现象。1912 年，德国物理学家劳厄指出，天然晶体中原子是有规则排列的，如果 X 射线波长与晶体中原子间距离是同一数量级，则天然晶体就是一种适合 X 射线衍射的光栅常数很小的三维光栅。如图 6-37 所示，劳厄用一束 X 射线通过铅板上的小孔照射到晶体上，结果在照相底片上发现有一定规则分布的斑点，这些斑点称为劳厄斑，图 6-38 为晶体的劳厄衍射图样。这个实验证实了 X 射线的波动性，同时也反映出晶体内部原子的规则排列结构。

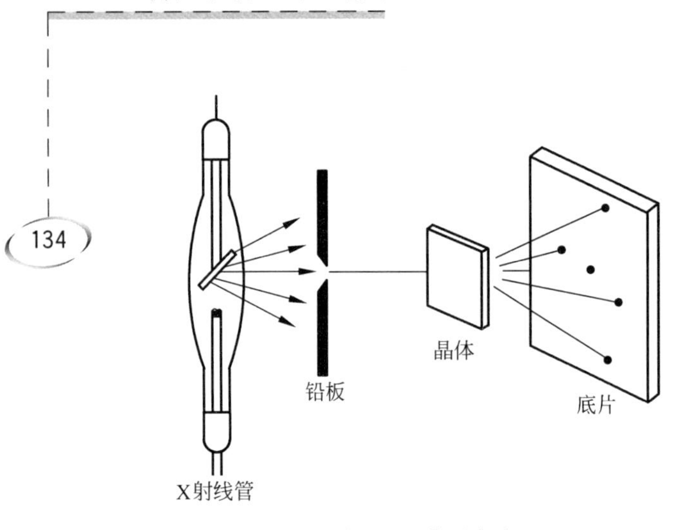

图 6-37　劳厄实验

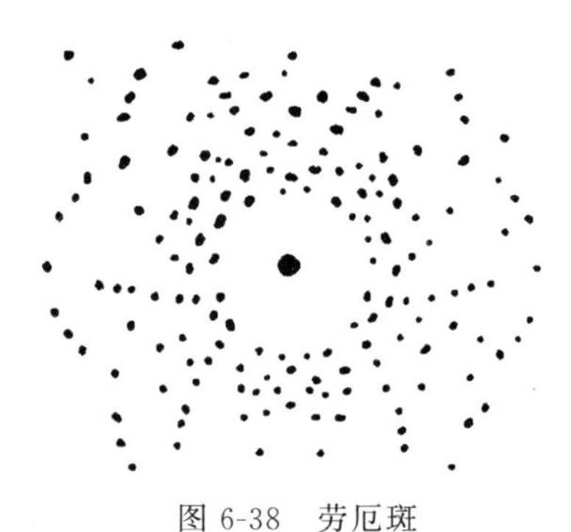

图 6-38　劳厄斑

6.10.3　布拉格公式

1913 年，英国物理学家布拉格父子提出了另一种研究 X 射线衍射的方法，这种方法把三维光栅作为一系列平面反射光栅处理，使问题大为简化。

如图 6-39 所示，他们把晶体看成是由一系列彼此相互平行的原子层构成的，这些原子层称为晶面，相邻原子层之间的距离 d 称为**晶格常数**，图中小圆点表示晶体点阵中的原子（或离子）。当一束平行的 X 射线以掠射角 φ（入射线与晶面间夹角）投射到晶体上时，按惠更斯原理，晶面上每一原子（或离子）就成为子波源，向各个方向发出散射光波，实验表明，只有满足反射定律的散射光波才能相互干涉而加强。由于 X 射线能透入晶体内，所以两相邻平面沿反射方向的散射光①②之间的光程差为 $AB+BC=2d\sin\varphi$，只有当光程差为波长 λ 的整数倍时，即

$$2d\sin\varphi=k\lambda,\quad k=1,2,3,\cdots \tag{6-32}$$

各晶面上沿反射方向的散射光将相互加强，形成亮点。上式就是著名的**布拉格公式**。

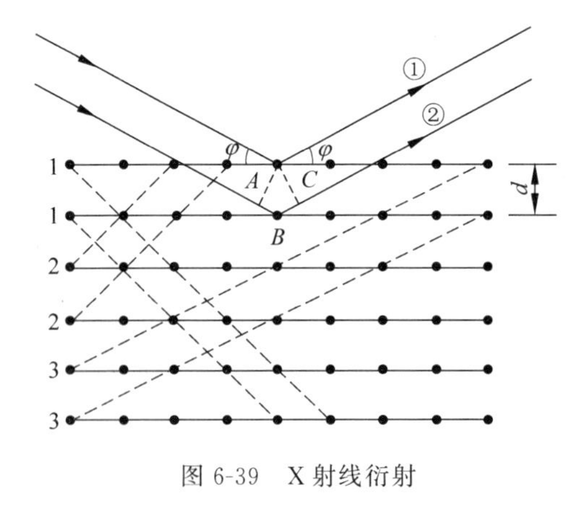

图 6-39　X 射线衍射

由布拉格公式可知，若已知 X 射线的波长 λ，并由实验测定出现最大强度时的掠射角 φ，就可确定晶格常数 d，由此研究晶体结构，进而了解材料性能；反之，若已知晶格常数 d，并测出掠射角 φ，就可以算出金属靶原子发射出的 X 射线（即入射 X 射线）的波长，通过研

究X射线光谱,进而了解原子结构。X射线的晶体结构分析和X射线的光谱分析在医学研究和工程技术上有着重要应用。

6.11　光的偏振

6.11.1　光的偏振性

光的干涉和衍射现象说明了光的波动性质,光的偏振现象则能进一步说明光是横波。

在干涉和衍射现象中,横波和纵波的表现相同,但在某些现象中,横波和纵波的表现就截然不同。如图6-40所示,如果在波的传播方向放置一个狭缝,对横波来说,当缝长与质点的振动方向平行时,横波可以穿过狭缝,继续传播;但当缝长与振动方向垂直时,横波就不能穿过。对纵波来说,无论缝的方向如何,都能穿过。就这方面的性质来看,纵波的振动对于波的传播方向是轴对称的,横波的振动对于波的传播方向不是轴对称的,横波的上述特点就是它的**偏振性**。

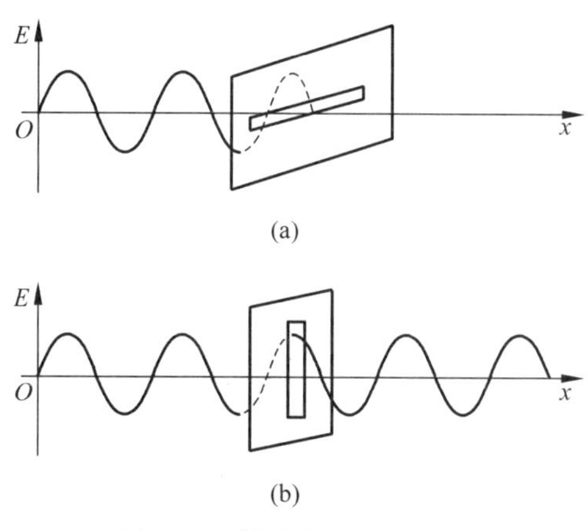

图6-40　横波穿过同向狭缝

1. 线偏振光

如果光矢量只沿一个固定的方向振动,则这种光叫做**线偏振光**。光矢量的振动方向与光的传播方向构成的平面叫作线偏振光的振动面,如图6-41(a)所示,线偏振光的振动面是固定不动的,光矢量始终在振动面内振动,因此线偏振光也叫平面偏振光。图6-41(b)所示的是线偏振光的表示方法,图中短线表示光振动平行于纸面,点表示光振动垂直于纸面。

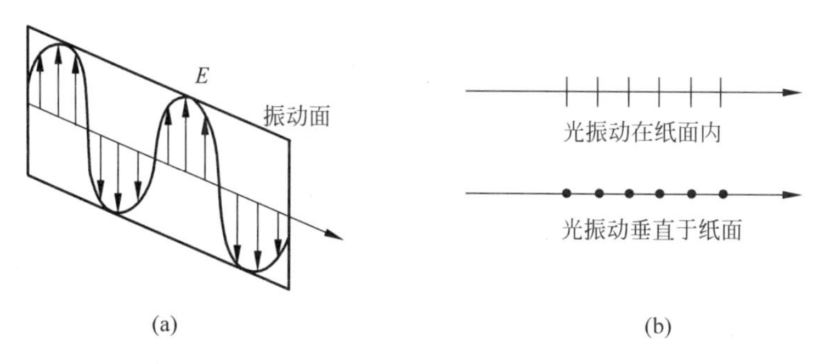

图6-41　线偏振光

2. 自然光

一个原子或分子在某一瞬间发出的光本来是有确定振动方向的光波列，但是光源中大量的原子或分子发光是一个瞬息万变、无序间歇的随机过程，所以各个波列的光矢量可以分布在一切可能的方位。平均来看，光矢量对于光的传播方向呈轴对称均匀分布，没有任何一个方位比其他方位更占优势，这种光称为**自然光**，如图 6-42(a)所示。自然光也可以用任意两个相互垂直的光振动来表示，这两个光振动的振幅相同，但无固定的相位关系，如图 6-42(b)所示。图 6-42(c)所示是自然光的表示方法，用短线和点分别表示平行于纸面和垂直于纸面的光振动。短线和点相互作等距离分布，表示这两个光振动的振幅相等，各具有自然光总能量的一半。

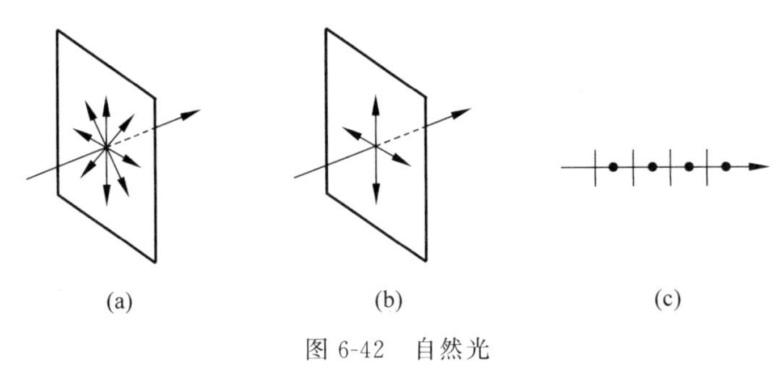

图 6-42　自然光

3. 部分偏振光

自然光在传播过程中，由于外界的某种作用，造成各个振动方向上的强度不相等，使某一方向的振动比其他方向占优势，这种光叫作**部分偏振光**，部分偏振光也可以用两个相互垂直的，彼此相位无关的振动来代替，但与自然光不同，这两个互相垂直的光振动的强度不等，如图 6-43 所示。

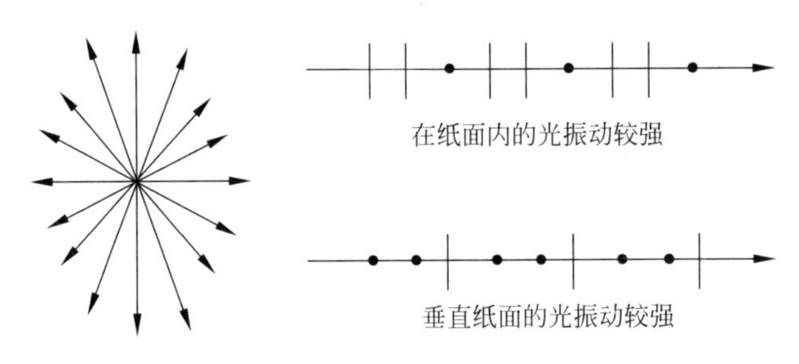

图 6-43　部分偏振光

6.11.2　偏振片的起偏和检偏　马吕斯定律

1. 偏振片的起偏

普通光源发出的光都是自然光，那么如何从自然光中获得偏振光呢？我们可以用偏振片来实现。

20 世纪 30 年代，美国青年科学家兰德发明了一种具有**二向色性**的材料，它能选择性地吸收某一方向的光振动，而允许与这个方向垂直的光振动通过，将这种材料涂在透明薄片上就制成了**偏振片**。偏振片上允许通过的光振动的方向称为**偏振化方向**，用记号“↕”表示。自然光通过偏振片后变成线偏振光的过程称为**起偏**。产生起偏作用的偏振片称为**起偏器**(图 6-44)。

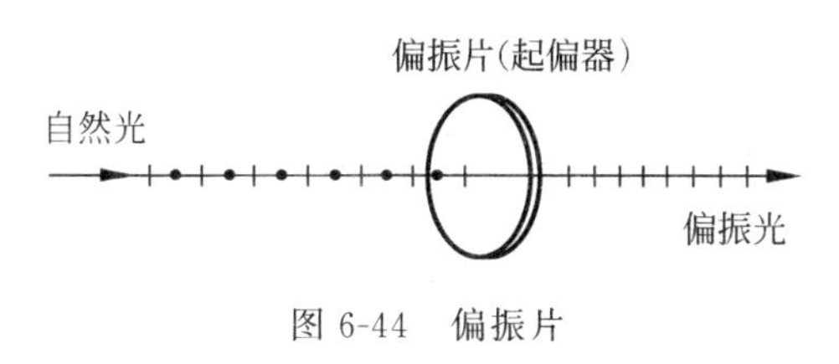

图 6-44　偏振片

2. 偏振光的检偏

线偏振光、自然光、部分偏振光是光的常见偏振态，如何鉴别这些偏振态呢？我们还是用偏振片来实现。检验光的偏振性的过程叫**检偏**，用于检偏的偏振片称为**检偏器**。图 6-45 中有两块偏振片 A 和 B，A 为起偏器，B 为检偏器。自然光通过起偏器 A 后成为振动方向与 A 的偏振化方向一样的线偏振光，该偏振光射到检偏器 B 上。当 B 的偏振化方向与 A 的偏振化方向相同时，则该偏振光可以通过偏振片 B，看到通过 B 的光最亮，见图 6-45(a)。如果把 B 转过 90°，B 和 A 的偏振化方向相互垂直，此时，该偏振光不能通过偏振片 B，观察到的结果是最暗，见图 6-45(c)。当以光的传播方向为轴不停地旋转偏振片 B 时，可发现透过 B 的光经历着由最亮到最暗，再由最暗到最亮的过程。如果直接将自然光或者部分偏振光射向检偏器 B 就不会出现上述现象。对于自然光，由于其光矢量在垂直于传播方向的各个方向均匀分布，因此当转动检偏器 B 时，透过 B 的光的明暗程度不变；而对于部分偏振光，当转动 B 时，透过 B 的光虽然也是从亮到暗、又从暗到亮的变化，但此时的暗并不是全黑。因此，用检偏器 B 可检查入射光是否为线偏振光，并可确定入射到检偏器的偏振光的振动面。

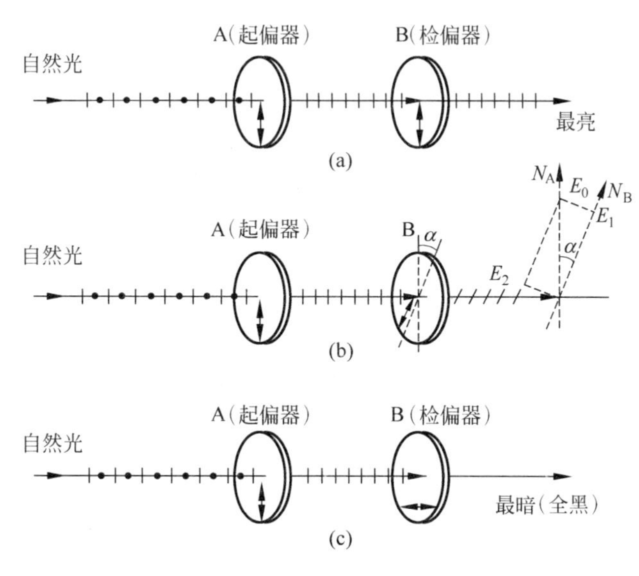

图 6-45　偏振片的检偏

3. 马吕斯定律

1809 年，马吕斯首先发现，从起偏器射出的线偏振光透过检偏器后，其光强的变化遵循一定的规律。如图 6-45(b)所示，设起偏器 A 和检偏器 B 的偏振化方向 N_A，N_B 之间的夹角为 α，由起偏器 A 产生的偏振光的振幅为 E_0，E_0 在平行于 N_B 方向上的分量为 $E_1 = E_0\cos\alpha$，在垂直于 N_B 方向上的分量为 $E_2 = E_0\sin\alpha$。由于只有沿 N_B 方向振动的光矢量能通过检偏器 B，所以通过检偏器 B 后，光矢量的振幅为 E_1。设入射至检偏器 B 的偏振光的光强为 I_0，经检偏器出射的偏振光的光强为 I，因光强与振幅的平方成正比，所以

$$\frac{I}{I_0} = \frac{E_1^2}{E_0^2} = \frac{E_0^2\cos^2\alpha}{E_0^2} = \cos^2\alpha$$

即

$$I = I_0\cos^2\alpha \tag{6-33}$$

这个公式称为**马吕斯定律**。从马吕斯定律可以看到，随着检偏器的旋转，角度 α 在改变，则从检偏器透射出的偏振光的光强也随着改变，当 $\alpha = 0$ 时，$I = I_0$，透射光最亮；当 $\alpha = \frac{\pi}{2}$时，$I = 0$，透射光最暗；当 $0 < \alpha < \frac{\pi}{2}$时，透射光介于最亮与最暗之间。

例 6.8 一束自然光入射到互相重叠的三块偏振片上，每块偏振片的偏振化方向相对于前一块偏振化方向沿顺时针转过 45°。问透过这三块偏振片的光强是入射光的几分之几？

解：设入射自然光的光强为 I_0，透过第一、二、三块偏振片后的光强分别为 I_1，I_2，I_3，则根据自然光的光矢量在垂直于传播方向的各个方向均匀分布的特点，得

$$I_1 = \frac{I_0}{2}$$

根据马吕斯定律可得

$$I_2 = I_1\cos^2 45° = \frac{I_0}{2}\,\frac{1}{2} = \frac{I_0}{4}$$

$$I_3 = I_2\cos^2 45° = \frac{I_0}{4}\,\frac{1}{2} = \frac{I_0}{8}$$

即只有 1/8 的入射光能透过偏振片组。

6.11.3 反射和折射的偏振性 布儒斯特角

实验表明，自然光在两种各向同性介质的分界面上反射和折射时，反射光和折射光都成为部分偏振光，不过反射光中垂直于入射面的振动较强，而折射光中平行于入射面的振动较强，如图 6-46 所示。

1812 年，布儒斯特在实验中发现反射光的偏振化程度与入射角有关。当入射角等于某一特定值 i_0 时，反射光是光振动垂直于入射面的线偏振光，如图 6-47 所示，这个特定的入射角 i_0 称为**起偏角**，叫做**布儒斯特角**。

实验还发现，当自然光以布儒斯特角 i_0 入射时，其反射光和折射光的传播方向相互垂直，即

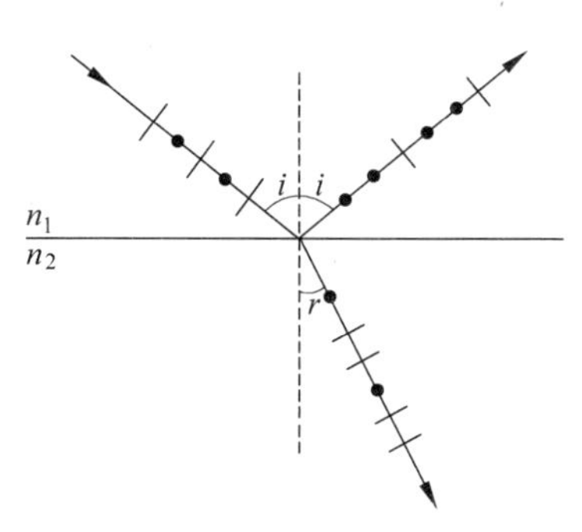

图 6-46　反射光和折射光的偏振性

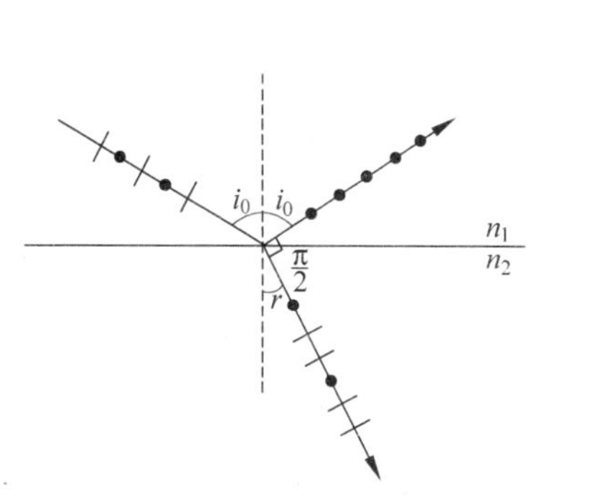

图 6-47　布儒斯特角

$$i_0+\gamma=\frac{\pi}{2}$$

式中 γ 为折射角。设入射光所在介质的折射率为 n_1，折射光所在介质的折射率为 n_2，根据折射定律，有 $n_1\sin i_0=n_2\sin\gamma=n_2\cos i_0$，于是得

$$\tan i_0=\frac{n_2}{n_1} \tag{6-34}$$

上式所反映的规律称为**布儒斯特定律**。

实验还表明，无论入射角怎样改变，折射光都不会成为线偏振光。

应该指出，当自然光以布儒斯特角入射时，反射线偏振光的光强相对较弱，在入射的自然光中，垂直于入射面的光振动只有15%被反射，而其他85%的垂直光振动以及入射光中全部平行于入射面的光振动都折射进入了介质。

在实际生活中，由于自然光经光滑的非金属表面在一定角度下反射后形成的眩光是偏振光，因而反射光的偏振现象随处可见。例如当驾驶汽车在公路上迎着太阳前行，路面的反射光就是十分炫目的偏振光，会影响驾驶员的视线。于是人们发明了偏光太阳镜，使镜片的偏振化方向垂直于路面方向，只要戴上它，就可以防止炫光的耀眼，能更清晰地观察路况，保障行车安全。图 6-48 是偏光太阳镜与普通太阳镜对光线的阻隔对比，偏光太阳镜片因具有偏光性质，所以可完全阻隔因散射、折射、反射等各种因素所造成之刺眼的眩光，而普通太阳镜则没有阻隔眩光的效果。又如许多偏振光在摄影中是有害的。玻璃表面的反射光，使我们拍摄不到玻璃橱窗里面的东西，水面的反射光使我们拍摄不到水中的石头，树叶表面的反射光使树叶变成白色，等等。在照相取景时为了滤除这些反射偏振光，使照片颜色更加饱和，画面更加清晰，通常会在相机镜头的前端装上偏振镜。图 6-49 为一款常见的相机镜头的偏振镜，图 6-50 是两幅使用偏振镜前后的照片效果对比图。

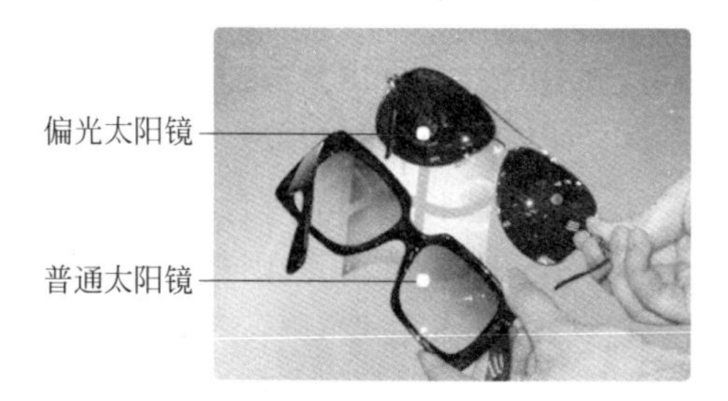

图 6-48　偏光太阳镜与普通太阳镜的对比

图 6-49　照相机镜头的偏振镜

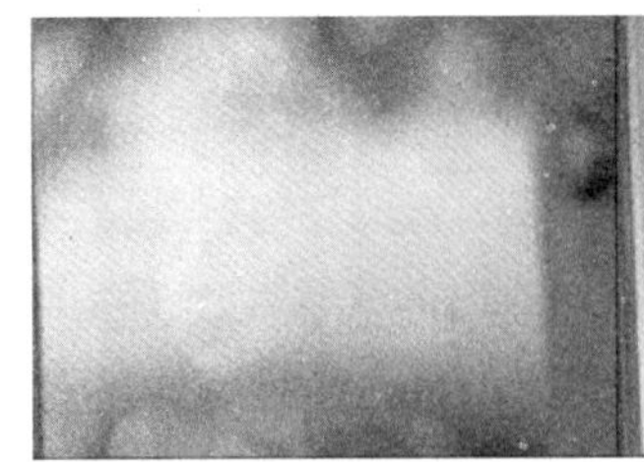

(a) 未使用偏振镜
(玻璃后面人物模糊)

(b) 使用偏振镜
(玻璃后面人物清晰)

(c) 未使用偏振镜(水面反光明显)　(d) 使用偏振镜(水清澈见底)

图 6-50　使用偏振镜前后拍照效果对比图

例 6.9　相机偏振镜的使用效果。摄影师用镜头装有偏振镜的相机拍摄玻璃橱窗中的模特和水中的鱼儿,请问要分别以什么角度去拍摄效果最佳?已知空气的折射率 $n_1\approx1$,玻璃和水的折射率分别为 $n_2=1.58$ 和 $n_2'=1.33$。

解:由布儒斯特定律知,以布儒斯特角取景效果最佳。

设拍摄玻璃橱窗中的模特和水中的鱼儿时的最佳拍摄角度分别为 i_0 和 i_0',则根据布儒斯特定律有

$$\tan i_0=\frac{n_2}{n_1}=1.58,\quad \tan i_0'=\frac{n_2'}{n_1}=1.33$$

解得

$$i_0=57.7°,\quad i_0'=53.1°$$

故拍摄玻璃橱窗中的模特约 58°取景,拍摄水中的鱼儿约 53°取景,拍摄效果最佳。

习题

一、选择题

6.1　在双缝干涉实验中,为使屏上的干涉条纹间距变大,可以采取的办法是:　[　　]

(A) 使屏靠近双缝　　(B) 使两缝的间距变小

(C) 把两个缝的宽度稍微调窄　　(D) 改用波长较小的单色光源

6.2　在双缝干涉实验中,若单色光源 S 到两缝 S_1、S_2 距离相等,则观察屏上中央明条纹位于图 6-51 中 O 处,现将光源 S 向下移动到示意图中的 S'位置,则:　[　　]

(A) 中央明条纹也向下移动,且条纹间距不变

(B) 中央明条纹向上移动,且条纹间距增大

(C) 中央明条纹向下移动，且条纹间距增大

(D) 中央明条纹向上移动，且条纹间距不变

6.3　在双缝干涉实验中，屏幕上的 P 点处是明条纹。若将缝 S_2 盖住，并在缝 S_1、S_2 连线的垂直平分面处放一反射镜 M，如图 6-52 所示，则此时：[　　]

(A) P 点处仍为明条纹

(B) P 点处为暗条纹

(C) 不能确定 P 点处是明条纹还是暗条纹

(D) 无干涉条纹

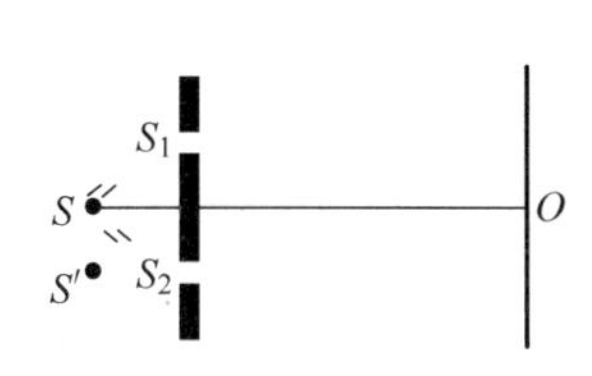

图 6-51　习题 6.2 图

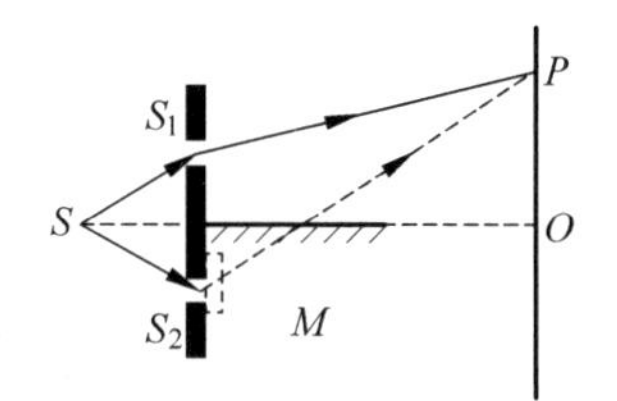

图 6-52　习题 6.3 图

6.4　用白光光源进行双缝干涉实验，若用一个纯红色的滤光片遮盖一条缝，用一个纯蓝色的滤光片遮盖另一条缝，则：[　　]

(A) 干涉条纹的宽度将发生改变

(B) 产生红光和蓝光的两套彩色干涉条纹

(C) 干涉条纹的亮度将发生改变

(D) 不产生干涉条纹

6.5　如图 6-53 所示，平行单色光垂直照射到薄膜上，经上下两表面反射的两束光发生干涉，若薄膜的厚度为 e，并且 $n_1<n_2$，$n_2>n_3$，λ_1 为入射光在折射率为 n_1 的媒质中的波长，则两束反射光在相遇点的位相差为：[　　]

(A) $2\pi n_2 e/(n_1\lambda_1)$　　(B) $4\pi n_1 e/(n_2\lambda_1)+\pi$

(C) $4\pi n_2 e/(n_1\lambda_1)+\pi$　　(D) $4\pi n_2 e/(n_1\lambda_1)$

6.6　如图 6-54 所示，两块平板玻璃构成空气劈尖，左边为棱边，用单色光垂直入射。若上面的平板玻璃以棱边为轴，沿逆时针方向作微小转动，则干涉条纹的 [　　]

(A) 间距变小，并向棱边方向平移

(B) 间距变大，并向远离棱边方向平移

(C) 间距不变，向棱边方向平移

(D) 间距变小，并向远离棱边方向平移

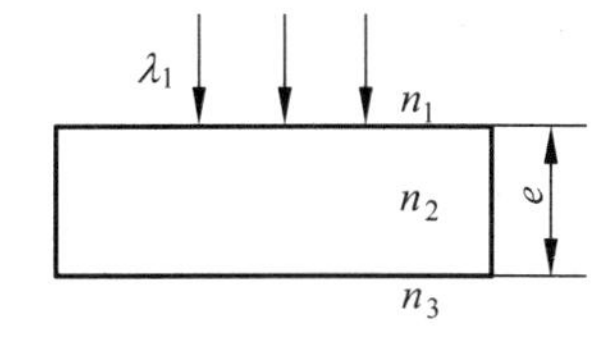

图 6-53　习题 6.5 图

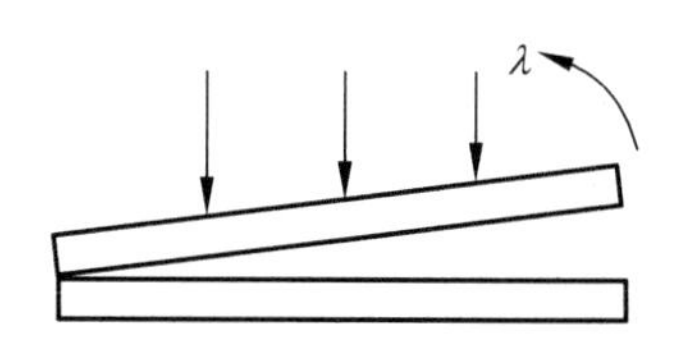

图 6-54　习题 6.6 图

6.7 以下几种说法，正确的是： [ ]

(A) 无线电波能绕过建筑物，而光波不能绕过建筑物，是因为无线电波的波长比光波的波长短，所以衍射现象显著

(B) 声波的波长比光波的波长长，所以声波容易发生衍射

(C) 用单色光做单缝衍射实验，波长 λ 与缝宽 b 相比，波长 λ 越长，缝宽 b 越小，衍射条纹越清楚

(D) 用波长为 λ_1 的红光与波长为 λ_2 的紫光的混合光做单缝衍射实验，在同一级衍射条纹中，红光的衍射角比紫光的衍射角小

6.8 在夫琅禾费单缝衍射中，对于给定的入射光，当缝宽度变小时，除中央亮纹的中心位置不变外，各级衍射条纹： [ ]

(A) 对应的衍射角变小　　(B) 对应的衍射角变大

(C) 对应的衍射角也不变　　(D) 光强也不变

6.9 根据惠更斯-菲涅耳原理，若已知光在某时刻的波阵面为 S，则 S 的前方某点 P 的光强度决定于波阵面 S 上所有面积元发出的子波各自传到 P 点的 [ ]

(A) 振动振幅之和　　(B) 光强之和

(C) 振动振幅之和的平方　　(D) 振动的相干叠加

6.10 在如图 6-55 所示的单缝夫琅和费衍射实验装置中，当把单缝 S 垂直于透镜光轴稍微向上平移时，屏幕上的中央衍射条纹将： [ ]

(A) 向上平移

(B) 向下平移

(C) 不动

(D) 条纹间距变大

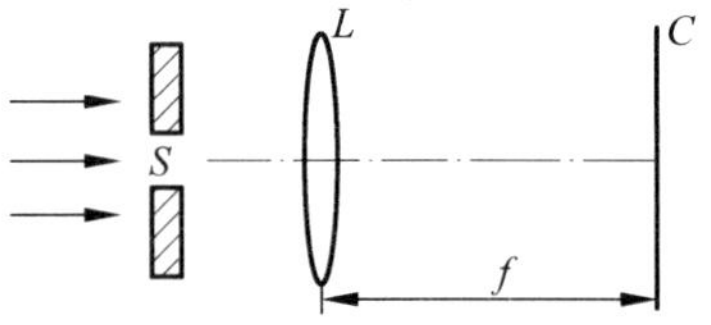

图 6-55 习题 6.10 图

6.11 一束平行单色光垂直入射在光栅上，当光栅常数 $(b+b')$ 为下列哪种情况时（b 代表每条缝的宽度），$k=3$、6、9 等级次的明纹均不出现？ [ ]

(A) $b+b'=2b$　　(B) $b+b'=3b$

(C) $b+b'=4b$　　(D) $b+b'=6b$

6.12 孔径相同的微波望远镜和光学望远镜相比较，前者的分辨本领较小的原因是： [ ]

(A) 星体发出的微波能量比可见光能量小　　(B) 微波更易被大气所吸收

(C) 大气对微波的折射率较小　　(D) 微波波长比可见光波长大

6.13 两偏振片堆叠在一起，一束自然光垂直入射其上时没有光线通过。当其中一偏振片慢慢转动 180°的过程中透射光强度发生的变化为： [ ]

(A) 光强单调增加

(B) 光强先增加，后又减小至零

(C) 光强先增加，后减小，再增加

(D) 光强先增加，然后减小，再增加，再减小至零

6.14 使一光强为 I_0 的平面偏振光先后通过两个偏振片 P_1 和 P_2。P_1 和 P_2 的偏振化方向与原入射光矢量振动方向的夹角分别是 α 和 90°，则通过这两个偏振片后的光强

I 是：　　　　　　　　　　　　　　　　　　　　　　　　　　　　　　　　[　　]

(A) $\frac{1}{2}I_0\cos^2\alpha$　　(B) $\frac{1}{4}I_0\sin^2(2\alpha)$　(C) $\frac{1}{4}I_0\sin^2\alpha$　　(D) 0

6.15　自然光以60°入射角照射到某两介质交界面时，反射光为完全偏振光，则折射光为：　　　　　　　　　　　　　　　　　　　　　　　　　　　　　　　　[　　]

(A) 完全偏振光且折射角是30°

(B) 部分偏振光且只是在该光由真空入射到折射率为$\sqrt{3}$的介质时，折射角30°

(C) 部分偏振光，但须知两种介质的折射率才能确定折射角

(D) 部分偏振光且折射角是30°

二、填空题

6.16　如图6-56所示，假设有两个同相的相干点光源 S_1 和 S_2，发出波长为 λ 的光。A 是它们连线的中垂线上的一点。若在 S_1 与 A 之间插入厚度为 e，折射率为 n 的薄玻璃片，则两光源发出的光在 A 点的位相差 $\Delta\varphi=$________。若已知 $\lambda=500\text{nm}$，$n=1.5$，A 点恰为第四级明纹中心，则 $e=$________ nm。

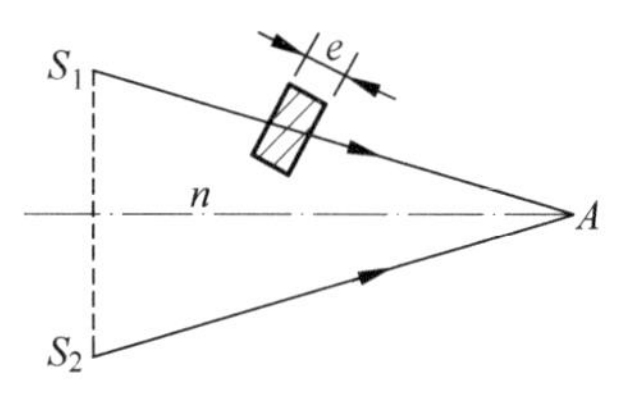

图6-56　习题6.16图

6.17　把细丝夹在两块平玻璃板之间，形成一劈尖，已知细丝到棱边距离 L 为 2.888×10^{-2}m，入射光波长为 5.893×10^{-7}m，在 4.295×10^{-3}m 距离内测得30条明纹。则细丝的直径 $d=$________。

6.18　在用迈克耳孙干涉仪测波长时，当 M_2 移动 1.2×10^{-3}m 时，观察到干涉图样中心缩进5000个明纹，则被测光的波长为________。

6.19　平行单色光垂直入射单缝上，观察夫琅禾费衍射。若屏上 P 点处为第二级暗纹，则单缝处波面相应地可划分为________个半波带。若将缝宽缩小一半，P 点将是第________级________纹。

三、计算题

6.20　在某个单缝衍射实验中，光源发出的光含有两种波长 λ_1 和 λ_2，并垂直入射于单缝上，假如 λ_1 的第一级暗纹与 λ_2 的第二级暗纹相重合，则这两种波长之间的比值。

6.21　老鹰眼睛的瞳孔直径约为6mm，问其最多飞翔高度多少时可以看清地面上身长为5cm的小鼠？设光在空气中的波长为600nm。

6.22　在杨氏干涉实验中，若两缝距离为0.4mm，观察屏离双缝的距离为100cm，在观察屏上测量20个条纹共宽3cm，问所用单色光波的波长是多少？

6.23　白色平行光垂直入射到相距为0.25mm的双缝上，距缝50cm处放置屏幕。分别求出第一级和第五级明纹彩色带的宽度。(设白光的波长范围是为400～760nm。)

6.24　一薄玻璃片，厚度为0.40μm，折射率为1.5，置于空气中。用白光垂直照射，问在可见光的范围内，哪些波长的光在反射中加强，哪些波长的光在透射中加强？

6.25　在折射率 $n_1=1.52$ 的照相机镜头表面镀有一层折射率 $n_2=1.38$ 的 MgF_2 增反膜，如果此膜适用于波长 $\lambda=450\text{nm}$ 的光，问膜的最小厚度应是多少？

6.26　用波长 $\lambda=500\text{nm}$ 的单色光垂直照射在由两块平玻璃板构成的空气劈尖上，如

图 6-57 所示，劈尖角 $\theta=2.0\times10^{-4}$ rad。如果让劈尖内充满折射率 $n=1.40$ 的液体，求从劈尖棱边数起第五个明条纹在充入液体前后移动的距离。

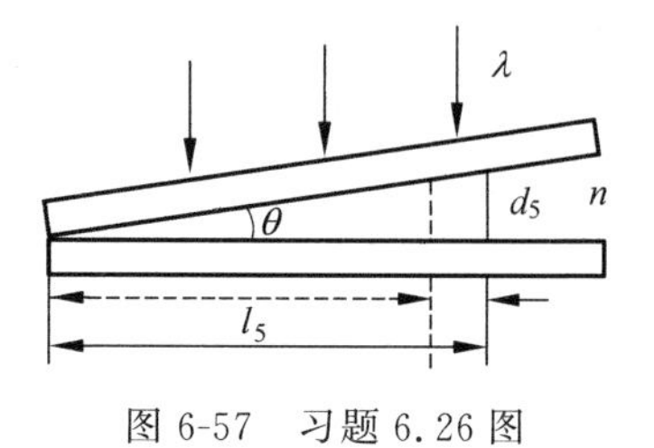

图 6-57　习题 6.26 图

6.27　如图 6-58 所示，用波长 $\lambda=500$nm 的单色光垂直照射单缝，缝后有一焦距 $f=0.40$m 透镜。(1)若点 P 是第一级暗纹所在位置，则 AB 长是多少？(2)若点 P 是第二级暗纹所在位置，且 $x=2.0\times10^{-3}$m，则单缝的宽度 b 为多少？(3)若改变单缝的宽度 b，使点 P 处变为第一级明纹中心，则此时单缝的宽度 b' 为多少？

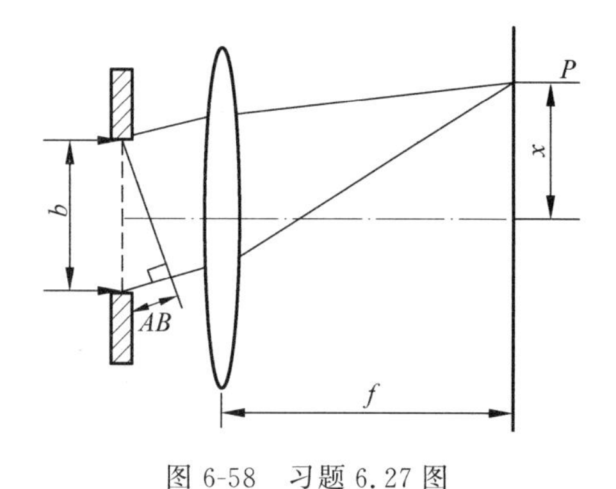

图 6-58　习题 6.27 图

6.28　波长为 500nm 的平行光垂直入射于一宽为 1mm 的狭缝，若在缝的后面有一焦距为 100cm 的薄透镜，使光线聚焦于一屏幕上，试求从衍射图形的中心点到下列各点的距离。

(1)第一级极小处；(2)第一级明条纹极大处；(3)第三级极小处。

6.29　某天文台反射式望远镜的通光孔径为 2.5m，试求它能分辨的双星的最小夹角。(设从双星传来的光的波长为 5.5×10^{-7}m。)

6.30　一束具有两种波长 λ_1 和 λ_2 的平行光垂直照射到一衍射光栅上，测得波长 λ_1 的第三级主极大衍射角和 λ_2 的第四级主极大衍射角均为 30°。已知 $\lambda_1=560$nm，试求：(1)光栅常数 $a+b$；(2)波长 λ_2。

6.31　波长为 500nm 和 520nm 的两种单色光，同时垂直入射在光栅常数为 0.002cm 的光栅上。紧靠光栅后面，用焦距为 2m 的透镜把光线汇聚在屏幕上。求这两种单色光的第一级明纹之间的距离和第三级明纹之间的距离。

6.32　用波长为 589.3nm 的平行钠黄光垂直照射光栅，已知光栅上每毫米中有 500 条刻痕，且有 $a=b$。试问最多能看到几条亮条纹？并求第一级谱线与第三级谱线的衍射角。

6.33　已知一波长为 0.296nm 的 X 射线投射到一晶体上，所产生的第一级衍射线偏离原射线方向 31.7°，求相应的晶面簇的晶面间距。

6.34　水的折射率为 1.33，玻璃的折射率为 1.50。当光由水中射向玻璃而反射时，布儒斯特角为多少？当光线由玻璃射向水中而反射时，布儒斯特角又为多少？

模块三　热学

热学是物理学的重要组成部分，它与力学、电磁学和光学一起共同被称为经典物理的四大支柱。热学起源于人类对冷热现象的探索，冷热现象是人们最早观察和认识的自然现象之一。

热学是专门研究热现象的规律及其应用的一门学科。凡是与温度有关的物理性质的变化，统称为**热现象**。如水的汽化和结冰现象；夏季高速行驶的汽车由于轮胎的温度升高而导致车胎内气体膨胀，发生车胎爆裂的现象；打开香槟的瞬间瓶口冒出白烟；热气球的升空等。

热学有两种截然不同的研究方法，一是热力学，二是统计物理学。热力学是根据观察和实验，总结出宏观热现象所遵循的基本规律，然后运用缜密的逻辑推理研究宏观物体的热性质，由此得出热现象的宏观理论；统计物理学则是从物质的微观结构出发，即从分子、原子的运动以及它们之间的相互作用出发，运用统计的方法去研究热现象的规律，由此得到热现象的微观理论。热力学理论是基于观察和实验的理论，因而具有较高的准确性和可靠性，可以用来验证微观统计理论的准确性。但是它没有涉及到热现象的本质。统计物理学则从大量分子的热运动出发，把宏观热性质看作由微观粒子热运动的统计平均值所决定，由此找出宏观量和微观量的关系，弥补了热力学的缺陷。热力学和统计物理学相辅相成。

研究发现，固体、液体和气体内部的原子或分子总是在作永不停息的无规则热运动，由于固体和液体中原子或分子之间的相互作用比气体中强很多，使这种无规则的热运动大大减弱，只有气体的热运动才明显。因此，热运动成为气体的主要运动形式，对气体的性质和状态变化起着决定性的作用。本篇将以气体为研究对象，分别用统计物理学和热力学两种方法，从不同角度研究气体的热运动。

第7章

分子动理论

分子动理论从广义上来说是统计物理学的重要组成部分。它是在伯努利、罗蒙诺索夫、麦克斯韦等人的努力下,最终于19世纪中叶建立起来的关于热物理学的微观理论模型。该理论从气体的微观结构模型出发,根据大量分子运动所表现出来的统计规律,解释气体的宏观性质,从而揭示气体所表现出来的宏观热现象的本质。

本章将从热力学系统的基本概念出发,讲述系统状态参量、平衡态、理想气体的物态方程以及热力学第零定律等,然后再引入分子动理论的基本概念和观点,建立物质的微观模型,揭示理想气体的压强和温度的微观本质,讨论能量均分定理,气体分子的速率分布律,分子平均自由程和平均碰撞频率等。

开尔文(Lord Kelvin,1824—1907),英国著名物理学家,原名威廉·汤姆孙,因为他在科学上的成就和对大西洋电缆工程的贡献,获英女皇授予开尔文勋爵衔,后世改称他为开尔文。他研究广泛,在数学物理、热力学、电磁学、弹性力学、以太理论和地球科学等方面都有重大的贡献。在热力学方面,他创立了热力学温度,目前已成为国际单位制中测温的基本单位。他还是热力学第二定律的奠基人之一,提出了"焦耳-汤姆孙效应",这一成果成为制造液态空气的理论依据。

7.1 热力学系统基本概念

7.1.1 热力学系统的描述

1. 热力学系统的分类

热学的研究对象都是由大量粒子(如原子、分子、电子等)或场量(如电场、磁场等)组成的宏观物质体系,被称为**热力学系统**,简称**系统**。与系统发生相互作用的外部环境称为**外界**。如果热力学系统与外界不发生任何能量和物质的交换,被称为**孤立系统**。与外界只有能量的交换而没有物质交换的系统称为**封闭系统**;与外界同时发生能量和物质交换的系统称为**开放系统**。

2. 热力学系统的状态参量

在经典力学中,我们曾引入位移、速度等物理量,其目的是为了描述质点的运动状态。

然而要完整地描述热力学系统的变化过程,讨论单个粒子的运动物理量既没有可能也没有任何的意义。为此,人们引入了**体积**、**压强**和**温度**这些宏观物理量来描述热力学系统的状态变化。

(1) 体积

系统的体积一般用 V 表示,它是指气体分子运动时所能到达的空间。在国际制单位中,体积的单位为 m^3(立方米),其他的单位有 L(升),换算关系为 $1m^3=10^3L$。

(2) 压强

气体的压强一般用 p 表示,其宏观定义是气体作用大容器壁单位面积上指向器壁的垂直作用力。在国际制单位中,压强的单位为 Pa(帕[斯卡]),$1Pa=1N\cdot m^{-2}$。其他的常用压强单位有 atm(标准大气压)、mmHg(毫米汞柱)等,其换算关系如下

$$1atm=1.01325\times10^5Pa=760mmHg$$

(3) 温度

系统的温度一般用 T 表示,它表征系统的冷热程度。在国际制单位中,热力学温度的单位为 K(开[尔文])。其他的单位有℃(摄氏度),用 t 表示。换算关系为

$$T=273.15+t$$

这里必须强调:自然界的温度没有上限,却有下限。理论上人们能够达到的最低温度是 0K(−273.15℃),即**绝对零度**。

附录:热力学第零定律

温度是表征物体冷热程度的物理量,它最初的概念是基于人们对冷热程度的感受,然而这种感受往往是不准确的。例如,在寒冷的冬天,用手触摸一块铁板和一块木板,我们会明显感觉到铁板比木板要冷得多,但实际上它们具有相同的温度。其原因是金属材料比木质材料的导热要大得多。由此看来仅仅凭借人们对冷热程度的感受来定义温度是靠不住的。

我们可以做一个这样的实验,把一杯热饮放在一盆冷水当中,不久杯中的饮料逐渐冷却,同时盆中的水逐渐变热,最终两者的冷热程度趋于一致。如果这两者没有与外界发生热量的交换,则它们的冷热程度不会再发生变化。物理上称这两者处于**热平衡**。同时实验上发现:如果两个热力学系统同时和第三个热力学系统处于热平衡,则这两个系统也必然处于热平衡。这个实验规律被称为**热力学第零定律**。由此定律可以推出:处于同一热平衡状态的两个系统必定具有一个共同的物理性质,表征这个性质的物理量就是我们所熟知的**温度**。所以在比较各个物体的温度时,只需要将作为标准的物体——**温度计**,分别与各个物体接触就可以客观地判断不同物体的冷热程度。

7.1.2 平衡态

一个系统在没有外界的影响(即外界既不对系统做功,又不传热)的条件下,经过一定的时间后,系统各个部分达到一种稳定的、宏观性质(如体积、压强和温度等)不随时间变化的状态,这种状态在物理上被称为**平衡态**。人们常用 p-V 图上的一个点,来具体表示一个平衡态。例如,有个密闭的孤立容器,最初中间用一个隔板隔开,将其分成 A,B 两室,其中 A 室装满某种气体,B 室为真空,如图 7-1(a)所示。此时系统处于平衡态Ⅰ,其状态参量为(p,V,T)。然后将隔板抽去,A 室的气体向 B 室扩散。由于气体在扩散的过程中,其状态

参量没有确定的值，因此过程中的每一个中间态都是非平衡态。随着时间的推移，气体充满了整个容器，扩散停止，如图 7-1(b)所示。此时系统达到了新的平衡态Ⅱ，其状态参量为 (p',V',T')。系统前后两个平衡态可分别用 p-V 图上的点Ⅰ(p,V,T)和Ⅱ(p',V',T')表示，如图 7-2 所示。

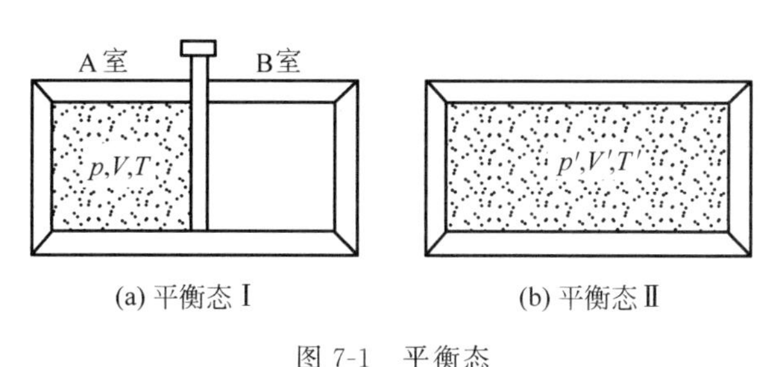

图 7-1　平衡态

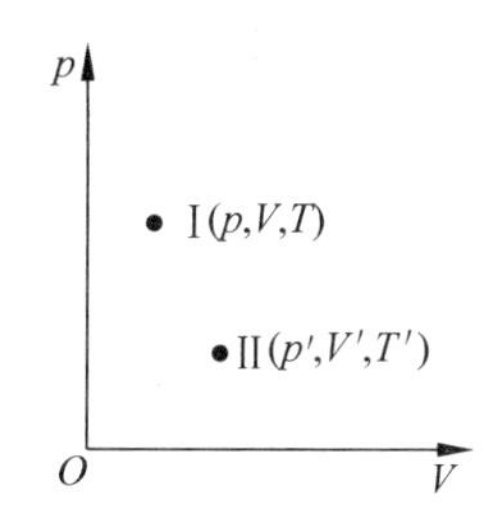

图 7-2　p-V 图上的点代表气体的平衡态

不过应当指出，任何一个系统总是不可避免与外界发生不同程度的能量和物质交换，理想化的平衡态是不可能存在的。然而，系统的状态变化很微小时，就可以近似看成平衡态。本章所讨论的气体状态，除特别声明外，指的都是平衡态。

7.1.3　物态方程

当一个热力学系统处于平衡态时，描述这个状态的热力学参量，如体积、压强和温度等都具有确定的数值，而且它们之间还存在一定的关系。表示这一关系的数学方程式叫做系统的物态方程，也称为状态方程。一般可以表示为

$$f(p,T,V)=0 \tag{7-1}$$

一般说来，这个方程的形式是十分复杂的，有时甚至很难找到数学表达式，只能根据实验的数据，用曲线拟合或者图表加以描述。这里，我们只讨论简单的理想气体物态方程。

在中学物理中，我们已经知道，在温度不太低，压强不太大的实验条件下，一般气体都遵守波意耳定律、盖吕萨克定律和查理定律。我们把严格遵守上述三条实验定律的气体称为**理想气体**。由此看出理想气体也是物理上的理想模型，它是关于实际气体的一种宏观理想模型，就像质点是物体运动的理想模型一样。

根据上述的三大实验定律和阿伏伽德罗定律，我们可以推导出**理想气体的物态方程**为

$$pV=\frac{M'}{M}RT=\nu RT \tag{7-2}$$

式中，M'表示气体的质量，M 表示气体的摩尔质量，ν 表示气体摩尔数。R 为**摩尔气体常**

量，其表达式为

$$R=\frac{p_0V_m}{T_0}=8.31\text{J}\cdot\text{mol}^{-1}\cdot\text{K}^{-1}$$

式中的 p_0 为标准大气压 1.013×10^5Pa，V_m 为 1mol 理想气体的体积 $22.4\times10^{-3}\text{m}^3$，$T_0$ 为水的三相点温度 273.15K。

7.2 分子动理论的基本概念

7.2.1 分子动理论的基本观点

1. 物质由大量分子构成

自然界的一切宏观物体，不论是气体、液体还是固体，都是由大量分子或者原子构成的。在一般情况下，固体和液体每立方米中的分子数（分子数密度 n）的数量级约为 10^{28}，而气体的分子数密度的量级约为 10^{25}。表 7-1 中列出了固态、液态和气态三种不同物质的分子数密度。

表 7-1 单位体积内的分子数

物质	密度 $\rho/(\text{kg}\cdot\text{m}^{-3})$	分子质量 m/kg	分子数密度 n/m^{-3}
铁	7.8×10^3	9.3×10^{-26}	8.4×10^{28}
水	10^3	3×10^{-26}	3.3×10^{28}
氮	1.15	4.6×10^{-26}	2.5×10^{25}

可以看出，三种物态下物质的分子数密度都非常大，科学计数法表示起来不方便。因此，人们便引入阿伏伽德罗常数 $N_A=6.0221367(36)\times10^{23}\text{mol}^{-1}$ 来表示微观分子的数量。任何一种物质 1mol 所含的分子数就为 N_A。

2. 分子之间存在一定的距离

日常生活中，我们可以看到气体很容易被压缩，这表明气体分子之间存在着很大的空隙。例如氧气，在标准大气压下，氧气分子之间的平均距离大约是氧气分子自身线度的 10 倍左右。但是，我们却看到固体和液体很难被压缩。这说明固体和液体比气体要紧致得多。即便如此，固体和液体的分子之间仍旧存在一定的距离。例如，人们对装满油的密闭的钢瓶加压，当压强达到 2×10^9 Pa 时，发现油透过钢瓶壁渗出，这就表明钢材料的分子之间存在缝隙。

3. 分子之间存在相互作用力

人们用力拉伸物体时，会感受到物体内反抗拉抻的弹力；同样，压缩物体时，也会感受到反抗压缩的排斥力。这些现象表明分子间存在着相互作用力。不同物态下，分子之间的相互作用力是不同的。固体材料分子间的作用力最大，人们切开一块金属或者是金属变形需要很大的外力便可以说明这一点。液体分子之间的作用力要小得多，因此它具有流动性，其形状可以任意改变；气体分子间的作用力最小，在常温、常压下其作用力几乎为零，分子可以自由地运动。因此，在一般情况下，研究气体的性质时可以忽略分子之间的相互作用力。

分子之间的作用力可以表现为吸引力也可以表现为排斥力，其作用规律如图 7-3 所示。当分子质心的距离 $r=r_0$ 时（大约为 10^{-10}m），分子之间的引力和斥力正好平衡，分子之间

的作用力 F 为零，r_0 则被称为平衡距离。当 $r>r_0$ 时，$F<0$，分子之间表现为引力。当 $r>10r_0$ 时，分子之间的作用力一般可以忽略不计，例如常温常压下气体分子之间的作用力一般可以不用考虑。当 $r<r_0$ 时，$F>0$，分子之间的作用力表现为斥力。随着间距的减小，斥力急速增大。这里有必要强调的是：人们在压缩气体时感受到的抵抗力既不是分子之间的斥力，也不是分子之间的引力，而是分子热运动带来的压力。

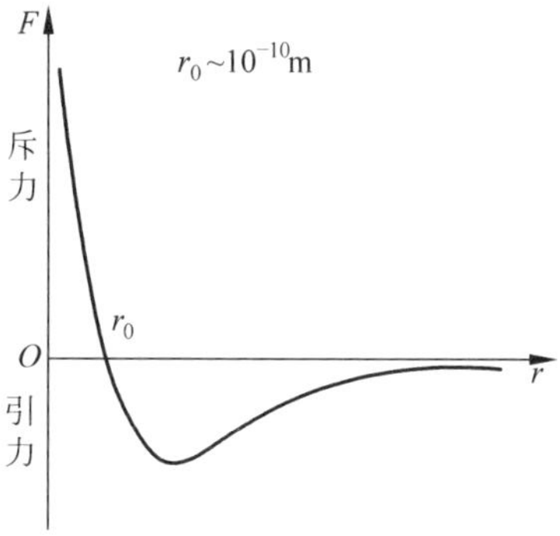

图 7-3　分子力 F 与分子间距 r 关系曲线

4. 分子永不停息的热运动

1827 年，英国植物学家布朗用显微镜观察悬浮在液体中的花粉，发现花粉颗粒在液体中不停地作无规则的运动，这种运动被称为布朗运动。而花粉之所以会作布朗运动是因为花粉受到周围液体分子不断的碰撞。这便间接地反应了一个很重要的事实：构成物质的分子处于永不停息、杂乱无章的运动之中。而这种运动一般被称之为分子热运动。

7.2.2　统计规律性

热力学研究的对象是由大量分子组成的物质体系。原则上每一个粒子的运动都遵从动力学规律的约束。一切宏观热现象从本质上而言，是构成物质的大量分子所进行的杂乱无章运动的外在表现。但是当体系中包含的分子数量极其庞大时，体系所表现出来的宏观现象就不再是简单的机械运动的叠加。因此，目前来说，使用超级计算机跟踪单个粒子位移、速度等物理量的行为不但不现实，也没有太大的意义。但是也正是因为体系的分子数量极其庞大，导致整个体系的行为会遵从一种全新的、独立于动力学之外的规律——统计规律性。

往桌上掷一枚硬币，结果究竟是国徽朝上还是数字朝上，这完全是偶然的，但是如果投掷上千万次（越多越好），或者一次同时掷成千上万个（也是越多越好）相同面值的硬币，那么对所得结果进行统计就会发现，国徽和数字出现的次数大约各占一半。重复做此实验，结果发现尽管各次国徽朝上的数目有所不同，但基本上是占总数的一半，这就是一种统计规律。

我们还可以用伽耳顿板来演示另一种统计规律的现象，如图 7-4 所示，在一块竖木板的上部规则地钉上很多铁钉，木板的下部用竖直隔板隔成许多等宽的狭槽，板前盖一块玻璃。另外，配备一盒小玻璃球（比绿豆还小）作为这套仪器的附件。实验时，先每次投入一个小球，我们看到，小球进过与钉子的多次碰撞，最后落进哪一个槽中完全是偶然的。然后每次投入少量小球，则小球在各个槽中的分布情况也是无规律的。但是，当把大量小球倒进伽耳顿板时，则小球在各槽中的分布就出现如图 7-4(c)中的情况，即在中央槽内的小球最多，而在离中央槽越远的槽中球越少。反复做几次实验，尽管在某一槽中各次出现的小球数有些出入，但总的说来分布情况仍然如图所示，这一实验事实说明，尽管单个小球落到哪一个槽中这一个别现象是偶然的，但大量小球倒进来后在各个槽中的分布这一总体现象却出现了一种必然性的结果，这也是一种统计规律性。

根据统计理论，伽耳顿板实验中单个小球落入某个槽中存在一定的可能性，这种可能性

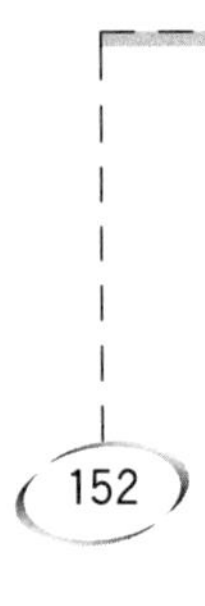

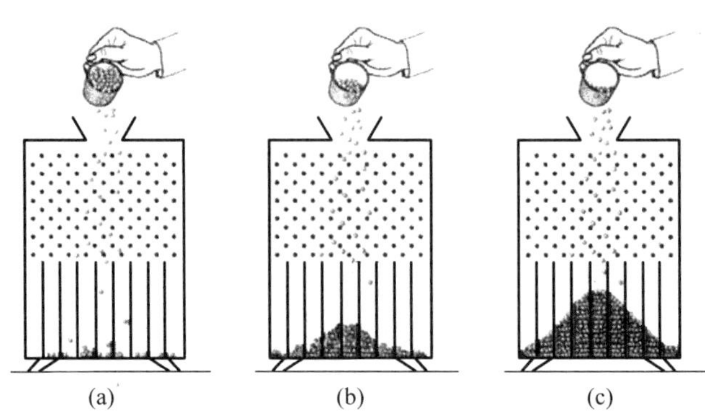

图 7-4　小球在伽耳顿板中的分布

的大小称为**概率**，用 P_i 表示。所谓概率可定义为事件 X 出现的次数 N_i 与所有事件出现的总次数 N 的比值，即

$$P_i=\frac{N_i}{N}$$

若可能事件有 n 种，则不同事件发生的概率之和应该为 1，即

$$\sum_{i=1}^{n}P_i=\sum_{i=1}^{n}\frac{N_i}{N}=1$$

称为概率的归一化条件。

大量气体分子的热运动也同样具有统计规律性，研究表明，气体热运动有以下统计规律：

(1) 容器内单位体积内的气体分子数处处相同；

(2) 气体分子沿着空间各个方向的运动概率相等，即没有哪个方向的运动占优势；

(3) 气体分子的速度在各个方向上分量的平方的统计平均值相等，即

$$\overline{v_x^2}=\overline{v_y^2}=\overline{v_z^2}=\frac{1}{3}\overline{v^2} \tag{7-3}$$

7.3　理想气体的微观模型

在 7.1 节中，我们从宏观热力学的角度描述了**理想气体**。本节中，我们将利用分子动理论的思想，从微观角度重新认识理想气体，即，建立起关于理想气体的微观模型。进而从微观的角度重新理解理想气体的压强和温度。

7.3.1　理想气体的微观模型的建立

要用分子动理论的思想来解释理想气体，还需要对微观模型做进一步的假定。根据实验现象的归纳和总结，人们对理想气体做如下假定：

(1) 每个理想气体分子可视为一个质点，其运动服从牛顿运动定律。

(2) 气体分子与分子之间、气体分子与容器器壁之间，只存在着碰撞相互作用，其他作用忽略不计。

(3) 分子之间、分子与容器器壁之间碰撞都是完全弹性碰撞。

综上所述，理想气体是大量不断作无规则运动、存在着随机碰撞作用的弹性质点的集合，这称为**理想气体的微观模型**。显然这是一个理想模型，它只是真实气体在压强较小时的

近似模型。

下面我们将以理想气体分子为模型,运用统计规律导出理想气体的压强公式。

7.3.2　理想气体压强的微观解释

理想气体压强的微观解释是由瑞士物理学家丹尼尔·伯努利首先提出的,后来经过克劳修斯、麦克斯韦等人的发展,导出的方法越来越合理。克劳修斯指出:“气体对容器壁的压强是大量分子对容器壁碰撞的结果。”生活中我们也有这样的经验,当我们撑着雨伞在瓢泼大雨中行走时,如图 7-5 所示,就会感觉到密集的雨点打在雨伞上所产生的压力。相同的道理,如果大量的分子打到容器壁也会产生相同的效果,这也正是压力(压强)的微观意义。

图 7-5　雨点打在伞上

假设有一个边长分别为 x、y 及 z 的长方形容器,储有 N 个质量为 m 的同类气体分子,如图 7-6 所示。由于热运动,大量气体分子将对容器器壁持续碰撞,气体对器壁的压强就是大量分子对容器不断碰撞所产生的单位面积冲击力的统计平均结果。在热平衡态下器壁各处压强相同,因此可任选一个器壁的面,例如选择与 x 轴垂直的 A 面,计算其所受压强。

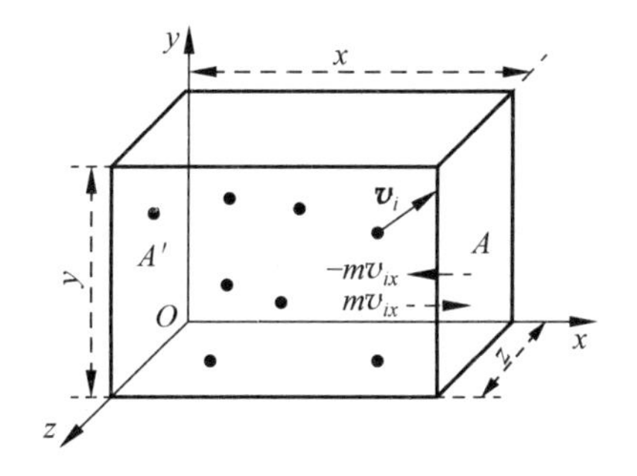

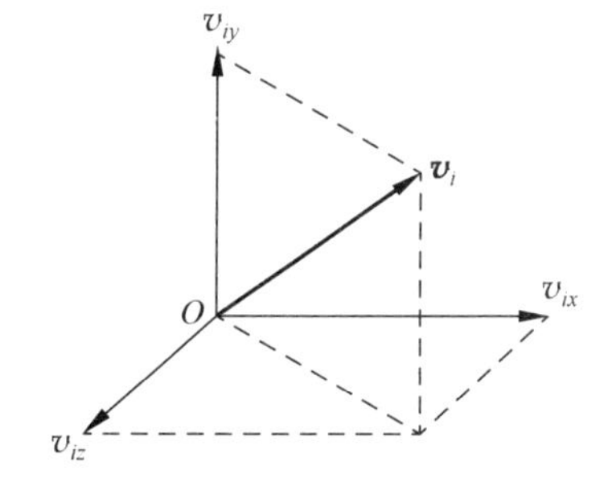

图 7-6　气体动理论压强公式推导

在大量气体分子中,任选一个分子 i,设其速度为$\boldsymbol{v}_i=v_{ix}\boldsymbol{i}+v_{iy}\boldsymbol{j}+v_{iz}\boldsymbol{k}$。当分子 i 以速度$\boldsymbol{v}_i$ 与器壁的 A 面发生完全弹性碰撞时,分析可知,碰撞过程中该分子沿 x 轴方向的动量增量为$-2mv_{ix}$(沿 x 轴负方向)。由动量定理可知,它等于分子 i 受到器壁的冲量,又由牛顿第三定律知,分子 i 在每次碰撞时对器壁的冲量为 $2mv_{ix}$(沿 x 轴正方向)。

分子 i 与 A 面碰撞后反弹作匀速直线运动,并与其他分子相碰,由于两个质量相等的弹性质点完全弹性碰撞时交换速度,故可等价分子 i 直接运动到 A'面,与 A'面发生弹性碰撞后又返回与 A 面再次碰撞,因此分子 i 相邻两次与 A 面碰撞的时间间隔为 $\Delta t=2x/v_{ix}$,则单位时间内分子与 A 面碰撞的次数为 $1/\Delta t=v_{ix}/2x$,所以,在单位时间内 i 分子对 A 面的冲量为 $2mv_{ix}\cdot\dfrac{v_{ix}}{2x}$,该冲量即为 i 分子对 A 面的平均冲力 $\bar{F}_i$,即

$$\bar{F}_i=2mv_{ix}\cdot\frac{v_{ix}}{2x}=\frac{mv_{ix}^2}{x}\tag{7-4}$$

现在对所有分子对器壁 A 面产生的作用力进行统计平均,所有分子对器壁 A 面的平

均作用力 $\overline{F}$ 为式(7-4)对所有分子求和，即

$$\overline{F}=\sum_{i=1}^{N}F_{ix}=\frac{m}{x}\sum_{i=1}^{N}v_{ix}^{2}$$

器壁 A 面的面积 $S=yz$，它所受到的压强为

$$p=\frac{\overline{F}}{S}=\frac{m}{xyz}\sum_{i=1}^{N}v_{ix}^{2} \tag{7-5}$$

分子数密度 $n=\frac{N}{V}=\frac{N}{xyz}$，又由 $\overline{v_x^2}=\frac{1}{N}\sum_{i=1}^{N}v_{ix}^{2}$，式(7-5)可变为 $p=nm\overline{v_x^2}$，再利用统计规律 $\overline{v_x^2}=\frac{1}{3}\overline{v^2}$，又得

$$p=\frac{1}{3}nm\overline{v^2}$$

令 $\bar{\varepsilon}_t=\frac{1}{2}m\overline{v^2}$，$\bar{\varepsilon}_t$ 表示分子的平均平动动能，则

$$p=\frac{2}{3}n\overline{\varepsilon_t} \tag{7-6}$$

式(7-6)称为理想气体压强公式，它反映了宏观物理量压强 p 与微观统计平均值之间的关系。它表明气体作用于器壁的压强 p 正比于分子数密度 n 和分子平均平动动能 $\bar{\varepsilon}_t$。即，分子数密度越大，压强就越大；分子的平均平动动能越大，压强也越大。

应当指出，分子对器壁的撞击是不连续的，器壁受到的冲量数值也是起伏不定的。只有在气体分子数量足够大的时候，器壁获得的冲量才有确定的统计平均值。换言之，离开了大量和平均的概念，压强就失去意义。因此论及个别或少量分子压强是无意义的。

7.3.3 理想气体温度的微观解释

温度这一宏观量的微观本质，可以由理想气体分子的平均平动动能和温度的关系式来解释。

设一定量的理想气体的分子质量为 m，分子总数为 N，已知 1mol 气体的分子数为阿伏伽德罗常数 N_A，则气体的总质量 $M'=Nm$，气体的摩尔质量 $M=N_Am$。由理想气体的物态方程(7-2)，可以推出

$$p=\frac{M'}{M}\frac{RT}{V}=\frac{Nm}{N_Am}\frac{RT}{V}=\frac{N}{V}\frac{R}{N_A}T \tag{7-7}$$

令 $k=R/N_A=1.38\times10^{-23}\mathrm{J\cdot K^{-1}}$，称为**玻耳兹曼常量**，令 $n=N/V$，称为单位体积分子数，即**分子数密度**，则有

$$p=nkT \tag{7-8}$$

结合上式与理想气体压强公式(7-6)，可得

$$p=\frac{1}{3}n\cdot m\overline{v^2}=\frac{2}{3}n\cdot\overline{\varepsilon_t}$$

上式与式(7-8)相比较，可得

$$\overline{\varepsilon_t}=\frac{1}{2}m\overline{v^2}=\frac{3}{2}kT \tag{7-9}$$

这就是理想气体分子的平均平动动能和温度的关系式。它揭示了气体温度的微观实质：气

体温度标志着气体内部分子无规则热运动的剧烈程度,是分子平均平动动能大小的量度。同压强一样,温度是大量分子热运动的集体表现,具有统计意义,离开了大量和平均的概念,温度便失去了意义。

从式(7-9)可以看出,温度 T 和分子的平均平动动能 ε_t 成正比。因此,当分子的平均平动动能不断减小到零时,温度理论上可以达到下限,即 0K。现代的量子论指出,即使在绝对零度附近,微观粒子仍然具有能量(称为零点能)。因此系统的温度是不可能达到 0K 的。

7.4　能量均分定理

7.4.1　自由度

力学中,我们把确定一个物体空间位置所必须的独立坐标数目定义为**自由度**,用符号 i 表示。在三维空间中平动的物体(可视为质点),其空间位置应该有 x,y,z 三个独立坐标来确定,故自由度为 3。若物体还在转动,则必须考虑描述转动所需要的自由度。所以,物体的运动情况不同,其自由度也不同。

根据气体分子的结构,我们可以把分子分为单原子分子(如 He,Ne 等)、双原子分子(如 H_2,O_2,CO 等)和多原子分子(3 个或 3 个以上原子组成的分子,如 H_2O,NH_4 等),如图 7-7 所示。在常温下,分子中原子之间距离基本保持不变,可将分子看成大小、形状不变的刚性分子。因此,单原子气体分子可视为一个质点,双原子分子可视为一个刚性的哑铃,多原子分子可视为刚体。不同结构的气体分子具有不同的热运动形式,因此它们有着不同的自由度。表 7-2 给出了几种不同的刚性分子的自由度。

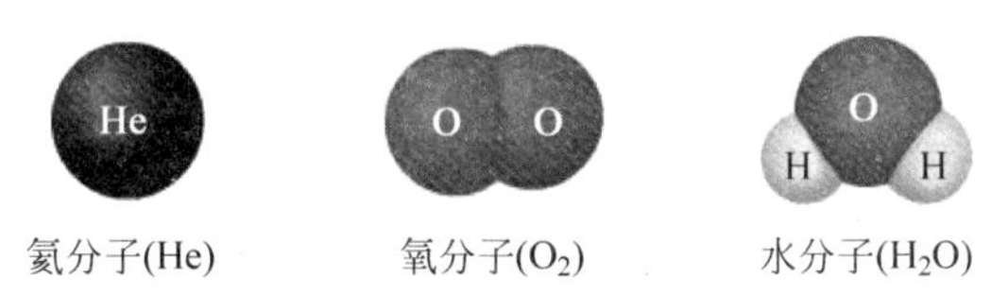

图 7-7　不同的气体分子结构不同

表 7-2　几种刚性分子的自由度

分子种类	平动自由度 t	转动自由度 s	总自由度 i
单原子分子	3	0	3
双原子分子	3	2	5
多原子分子	3	3	6

7.4.2　能量按自由度均分定理

上一节中曾指出,温度为 T 的理想气体热平衡时,气体分子的平均平动动能与温度的关系为

$$\overline{\varepsilon_t}=\frac{1}{2}m\overline{v^2}=\frac{3}{2}kT$$

考虑到气体处于平衡态时,分子在任何一个方向的运动都不能比其他方向占优势,分子在各个

方向运动的概率是相等的，即 $\overline{v_x^2}=\overline{v_y^2}=\overline{v_z^2}=\frac{1}{3}\overline{v^2}$。因此分子在各个方向的平均平动动能为

$$\frac{1}{2}m\overline{v_x^2}=\frac{1}{2}m\overline{v_y^2}=\frac{1}{2}m\overline{v_z^2}=\frac{1}{3}\left(\frac{1}{2}m\overline{v^2}\right)=\frac{1}{3}\bar{\varepsilon}_{\mathrm{t}}=\frac{1}{2}kT$$

上式可以理解为，分子的平均平动动能 $3kT/2$ 均匀分配在每个平动自由度上。即，每一个平动自由度上获得的平均平动动能为 $kT/2$。由于气体分子的不停息的热运动，分子间极为频繁地碰撞，分子在各个自由度上的能量也频繁地互相转换，既然平动的总能量会均匀地分配到 3 个平动自由度上，因此，完全有理由相信，如果该气体分子除了平动自由度之外还有其他自由度，分子的能量必然会均分到所有自由度去。这就是**能量按自由度均分定理**。可表述为，在温度为 T 的平衡态下，物质分子的每个自由度都具有相同的平均动能，其值为 $kT/2$。因此，如果气体分子有 i 个自由度，分子的平均动能用 $\bar{\varepsilon}_{\mathrm{k}}$ 表示，则有

$$\bar{\varepsilon}_{\mathrm{k}}=\frac{i}{2}kT \tag{7-10}$$

7.4.3 理想气体内能

外界对热力学系统的作用会使系统内部的状态发生变化，在热学中，将由系统内部状态决定的能量称为**内能**，用符号 E 表示。从微观角度看，内能是系统中所有粒子热运动的动能和粒子之间相互作用势能之和。但是就理想气体而言，由于忽略了分子间的相互作用力，因而也就不存在分子之间的相互作用势能。显然，理想气体的内能只是气体中所有分子的动能之和。

假设某种理想气体分子有 i 个自由度，则 1mol 理想气体的内能为

$$E_{\mathrm{m}}=N_{\mathrm{A}}\bar{\varepsilon}_{\mathrm{k}}=N_{\mathrm{A}}\left(\frac{i}{2}kT\right)=\frac{i}{2}RT \tag{7-11}$$

νmol 的理想气体的内能则为

$$E=\nu\frac{i}{2}RT \tag{7-12}$$

由上式可以看出，一定量的某种理想气体（ν、i 确定），内能仅仅是温度 T 的单值函数，即 $E=E(T)$。这是理想气体的一个重要性质。因此，当温度改变 $\mathrm{d}T$ 时，理想气体的内能也相应变化 $\mathrm{d}E$，有

$$\mathrm{d}E=\nu\frac{i}{2}R\mathrm{d}T \tag{7-13}$$

表 7-3 给出理想气体分子自由度、平均平动动能、平均转动动能、平均总动能以及 1mol 理想气体内能的理论值。

表 7-3 理想气体分子自由度、动能、内能

	单原子分子	双原子分子	多原子分子
自由度（i）	3	5	6
平均平动动能（$\bar{\varepsilon}_{\mathrm{t}}$）	$3kT/2$	$3kT/2$	$3kT/2$
平均转动动能（$\bar{\varepsilon}_{\mathrm{r}}$）	0	kT	$3kT/2$
平均总动能（$\bar{\varepsilon}_{\mathrm{k}}$）	$3kT/2$	$5kT/2$	$3kT$
1mol 内能（E_{m}）	$3RT/2$	$5RT/2$	$3RT$

7.5　麦克斯韦速率分布律

上述章节中，我们分析了理想气体的压强、温度以及内能的微观物理意义，从中可以清晰地看出，这些物理量都和气体分子的速率息息相关。然而，对于任意个宏观热力学系统，其分子数目都极其庞大，并且系统的分子都以不同的速度作杂乱无章的热运动，再加上相互碰撞，每个分子的速度都在不断地变化，因而，要想获得系统中每个分子的具体速度变化，进而获得速率与气体的压强、温度等宏观量的关系是不现实的。但是，就大量分子整体来看，它们的速率分布却是遵从一定的统计规律。

7.5.1　麦克斯韦速率分布函数

1859年，麦克斯韦把统计方法引入到分子动理论，首先从理论上导出了气体分子的速率分布律：在平衡状态下，理想气体分子速率分布在任意速率区间 $v\sim v+\mathrm{d}v$ 内的分子数 $\mathrm{d}N$ 与总分子数 N 的比率为

$$\frac{\mathrm{d}N}{N}=4\pi\left(\frac{m}{2\pi kT}\right)^{3/2}v^2\mathrm{e}^{-(mv^2/2kT)}\mathrm{d}v \tag{7-14}$$

上式称为**麦克斯韦速率分布律**。式中 m 为分子的质量，k 为玻耳兹曼常数，T 为热力学温度。可以看出，$\mathrm{d}N/N$ 不仅仅与速率 v 有关，而且还与 $\mathrm{d}v$ 有关。显然，$\mathrm{d}v$ 越大，分布在该速率区间内的分子数就越多。

上式还可以表示为

$$\frac{\mathrm{d}N}{N\mathrm{d}v}=4\pi\left(\frac{m}{2\pi kT}\right)^{3/2}v^2\mathrm{e}^{-(mv^2/2kT)}=f(v) \tag{7-15}$$

式中的 $f(v)$ 称为**麦克斯韦速率分布函数**。其物理意义为：速率在 v 附近单位速率区间内的分子数与总分子数的比率。对于确定的气体，麦克斯韦速率分布函数 $f(v)$ 只与温度 T 有关。其函数曲线如图7-8所示。图中 $v\sim v+\mathrm{d}v$ 速率区间对应的小长方形面积 $\mathrm{d}S=f(v)\mathrm{d}v$，在数值上等于该速率区间内的分子数占总分子数的比率，也可以理解为一个分子的速率落在 $v\sim v+\mathrm{d}v$ 速率区间的概率。

从图中可以看出，速率很大和很小的分子所占的比率都很小，具有中等速率的分子所占的比率较大，或者说一个分子取中等速率的概率较大。如果对分布函数 $f(v)$ 做全域积分，根据其物理意义可知

$$\int_0^\infty f(v)\mathrm{d}v=1 \tag{7-16}$$

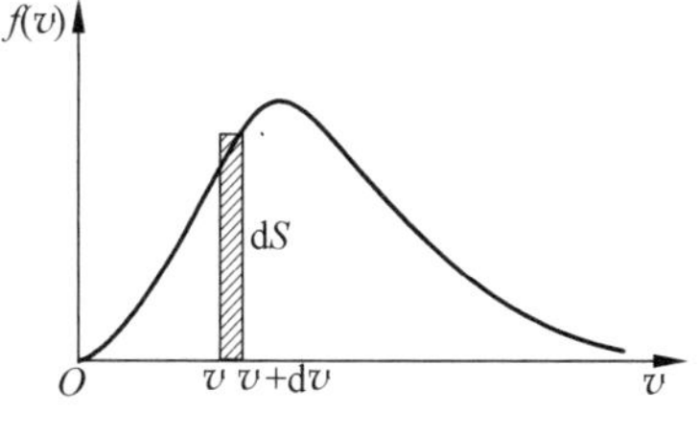

图7-8　麦克斯韦速率分布曲线

上式称为分布函数的归一化条件。

7.5.2　三个统计速率

应用麦克斯韦速率分布函数(7-15)可以求出气体分子运动的平均速率、方均根速率和最概然速率。

1. 平均速率

所有气体分子的速率的算术平均值叫做**平均速率**，用 $\bar{v}$ 表示。如取 $\mathrm{d}N$ 代表气体分子速率在 $v \sim v+\mathrm{d}v$ 区间内的分子数，按照算术平均值的计算方法，分子的平均速率为

$$\bar{v} = \frac{\int_0^{\infty} v \mathrm{d}N}{N} = \int_0^{\infty} v f(v) \mathrm{d}v$$

将麦克斯韦速率分布函数(7-15)代入后并积分，可得

$$\bar{v} = \sqrt{\frac{8kT}{\pi m}} = \sqrt{\frac{8RT}{\pi M}} \simeq 1.60\sqrt{\frac{RT}{M}} \tag{7-17}$$

应当注意，这里讨论的是平均速率，而不是平均速度。在平衡态中，由于分子向各个方向运动的概率相等，所以分子的平均速度为零。

2. 方均根速率

气体分子速率平方的平均值的二次方根称为**方均根速率**，一般用 $v_{\mathrm{rms}} = \sqrt{\overline{v^2}}$ 表示。根据麦克斯韦速率分布函数和平均值的定义，可以求得

$$\overline{v^2} = \frac{\int_0^{\infty} v^2 \mathrm{d}N}{N} = \int_0^{\infty} v^2 f(v)$$

将麦克斯韦速率分布函数(7-15)代入后并积分，可得

$$v_{\mathrm{rms}} = \sqrt{\overline{v^2}} = \sqrt{\frac{3kT}{m}} = \sqrt{\frac{3RT}{M}} = 1.73\sqrt{\frac{RT}{M}} \tag{7-18}$$

3. 最概然速率

从图 7-8 中可以看出，气体速率分布函数 $f(v)$ 有一个极大值，物理上把与 $f(v)$ 极大值对应的速率称为**最概然速率**，又称为**最可几速率**，用 v_{p} 表示。其物理意义为：气体分子以这种速率运动的概率最大。根据极值条件 $\mathrm{d}f(v)/\mathrm{d}t=0$，可以得到

$$v_{\mathrm{p}} = \sqrt{\frac{2kT}{m}} = \sqrt{\frac{2RT}{M}} = 1.41\sqrt{\frac{RT}{M}} \tag{7-19}$$

应当注意的是，最概然速率 v_{p} 反映的是速率分布特征的物理量，并不是分子运动的最大速率。

从上述式子可以看出，气体的三种速率都与 $\sqrt{T}$ 成正比，与 $\sqrt{m}$（或者 $\sqrt{M}$）成反比。同种气体在不同温度下，$T_1 < T_2$，$v_{\mathrm{p1}} < v_{\mathrm{p2}}$，如图 7-9 所示；同一温度下的不同气体，$m_{O_2} > m_{H_2}$，$v_{\mathrm{pO}} < v_{\mathrm{pH}}$，如图 7-10 所示。

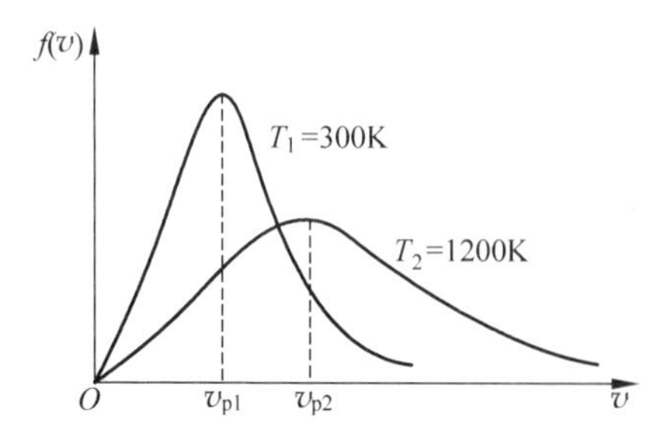

图 7-9　同种气体不同温度下的速率分布

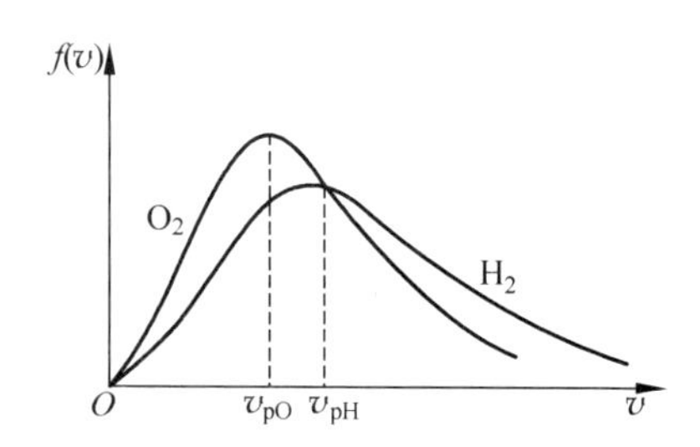

图 7-10　同一温度下不同气体的速率分布

三种速率中，v_{rms} 最大，$\bar{v}$ 次之，v_p 最小，如图 7-11 所示。气体系统的这三个速率可以定量地反映出气体分子的运动情况，根据最概然速率 v_p 可以粗略判断热平衡态下气体分子速率的分布情况，平均速率 $\bar{v}$ 常用于研究气体分子的平均自由程与迁移现象，方均根速率$\sqrt{\overline{v^2}}$一般用于研究理想气体压强及分子平均动能等问题。

例 7.1　分析太阳风的成分。太阳风是从太阳大气最外层的日冕，向空间持续抛射出来的超高速粒子流(图 7-12)。太阳风有两种：一种持续不断地辐射出来，速度较小，粒子含量也较少，被称为"持续太阳风"；另一种是在太阳活动时辐射出来，速度较大，粒子含量也较多，这种太阳风被称为"扰动太阳风"。扰动太阳风对地球的影响很大，当它抵达地球时，往往引起很大的磁暴与强烈的极光，同时也产生电离层骚扰。设太阳日冕层的温度 $t=2.0\times10^6$℃，已知太阳日冕层的主要元素为氢和氦，氢的摩尔质量为 $M_H=1.008\times10^{-3}\text{kg}\cdot\text{mol}^{-1}$，氦的摩尔质量为 $M_{He}=4.003\times10^{-3}\text{kg}\cdot\text{mol}^{-1}$，求太阳日冕层中氢气和氦气分子的方均根速率，并分析太阳风的主要成分。

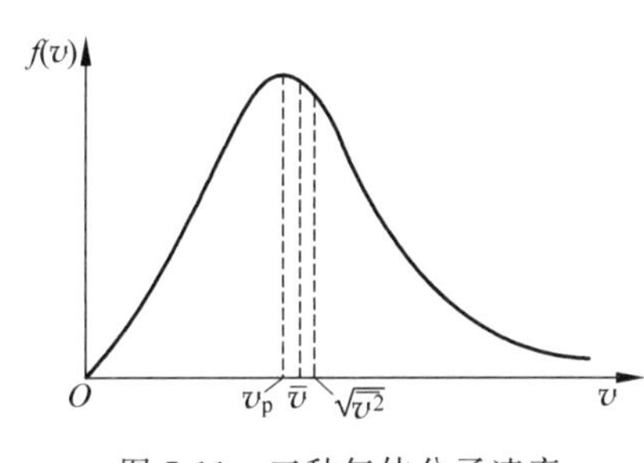

图 7-11　三种气体分子速率

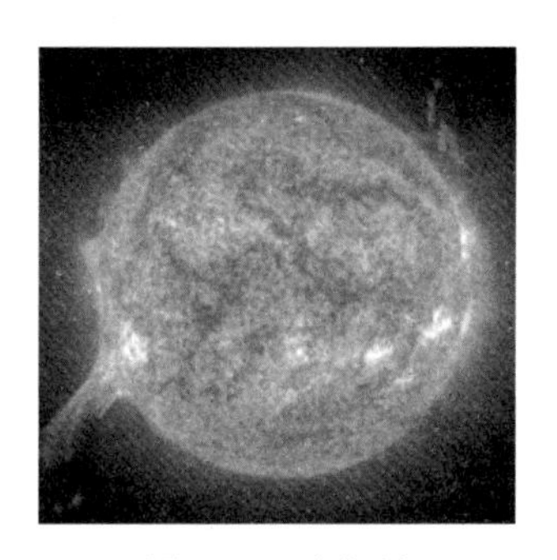

图 7-12　太阳风

解：太阳日冕层的温度 $t=2.0\times10^6$℃换算成热力学温度 T，有

$$T=273.15+t=2.0\times10^6+273.15\approx2.0\times10^6\text{K}$$

由方均根速率公式，可求得太阳日冕层中氢气和氦气分子的方均根速率分别为

$$v_{rms}(\text{H})=\sqrt{\frac{3RT}{M_H}}=\sqrt{\frac{3\times8.31\times2.0\times10^6}{1.008\times10^{-3}}}\text{m}\cdot\text{s}^{-1}=2.2\times10^5\text{m}\cdot\text{s}^{-1}$$

$$v_{rms}(\text{He})=\sqrt{\frac{3RT}{M_{He}}}=\sqrt{\frac{3\times8.31\times2.0\times10^6}{4.003\times10^{-3}}}\text{m}\cdot\text{s}^{-1}=1.1\times10^5\text{m}\cdot\text{s}^{-1}$$

方均根速率是大量气体分子速率的统计平均值，由统计规律性可知，在日冕层中应该有大量的氢气和氦气分子的速率大于它们的方均根速率。根据万有引力定律可以求得太阳日冕层的"逃逸速度"为 $6.18\times10^5\text{m}\cdot\text{s}^{-1}$，因此，当氢气和氦气分子的速率大于"逃逸速度"时，这些分子就可以从日冕层逃出，形成"太阳风"。这就是太阳风的主要成分是氢粒子和氦粒子的原因。

*7.6　平均碰撞频率和平均自由程

碰撞是气体分子运动的基本特征之一，分子之间通过碰撞可以实现动量或者动能的交换，使热力学系统由非平衡态向平衡态过渡。例如容器中气体各个地方的温度不相同时，通过分子间的碰撞来实现动能的交换，从而使得容器的温度处处相等。此外，达到平衡态的系统，也是需要不停的碰撞来保持其宏观性质的稳定。因此，碰撞问题也是分子动理论要讨论的重要内容之一。

7.6.1 平均碰撞频率

平衡态系统中，单位时间内一个分子平均碰撞的次数称为分子**平均碰撞频率**，简称**碰撞频率**，用 $\bar{Z}$ 表示。为了简化计算平均碰撞频率 $\bar{Z}$，我们把所有分子都看作有效直径为 d 的钢球。假定气体分子中只有一个分子 A 以平均速率 $\bar{v}$ 运动，设想其他分子都静止不动。分子 A 在运动的过程中不断地与其他分子作完全弹性碰撞。它的球心轨迹为一系列的折线，现在以折线为轴，以分子的直径为 d 为半径作一个曲折的圆柱面，显然，只有分子球心在该圆柱面内的分子才能与分子 A 发生碰撞，如图 7-13 所示。在 Δt 的时间内，运动分子平均走过的路程为 $\bar{v}\Delta t$，相应的圆柱体的体积为 $\pi d^2\bar{v}\Delta t$。设分子数密度为 n，则圆柱体内的分子数为 $n\pi d^2\bar{v}\Delta t$。这就是分子 A 在 Δt 时间内与其他分子碰撞的次数，因此，单位时间内平均碰撞次数为

$$\bar{Z}=\frac{n\pi d^2\bar{v}\Delta t}{\Delta t}=n\pi d^2\bar{v} \tag{7-20}$$

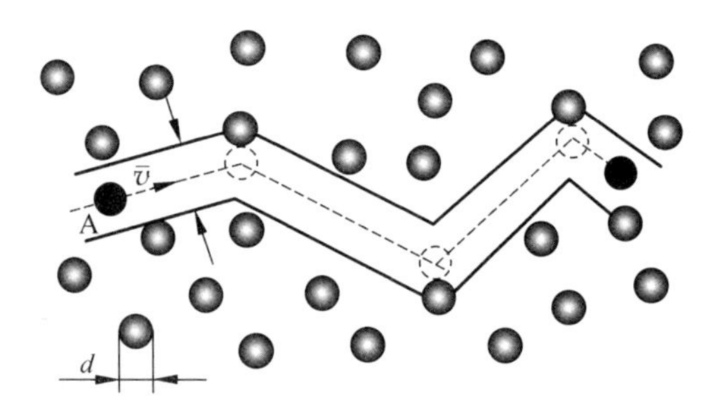

图 7-13 平均碰撞频率的计算

上述的推导是假定一个分子运动，而其他分子都保持静止不动，这与真实情况的差异很大。实际上所有分子都在不停地运动，另外，各个分子运动的速率各不相同，且遵守麦克斯韦气体分子速率分布规律。因此，必须对上式加以修正。根据统计物理的知识，如果考虑到所有分子都在运动，分子的碰撞频率是上式的$\sqrt{2}$倍，即

$$\bar{Z}=\sqrt{2}n\pi d^2\bar{v} \tag{7-21}$$

7.6.2 平均自由程

从图 7-13 中，我们看到，由于分子在运动的过程中不断地与其他分子碰撞。它的运动轨迹是一系列的折线，而且长短不一。物理上把气体分子运动过程中，连续两次碰撞之间自由通过路程的平均值称为**平均自由程**，用 $\bar{\lambda}$ 表示。显然，在 Δt 的时间内，平均速率为 $\bar{v}$ 的分子走过的平均路程为 $\bar{v}\Delta t$，碰撞平均次数为 $\bar{Z}\Delta t$，则分子的平均自由程为

$$\bar{\lambda}=\frac{\bar{v}\Delta t}{\bar{Z}\Delta t}=\frac{\bar{v}}{\bar{Z}}=\frac{1}{\sqrt{2}\pi d^2 n} \tag{7-22}$$

从上式可以看出，分子的平均自由程与分子有效直径的平方以及分子数密度成反比。因为 $p=nkT$，平均自由程又可以表示为

$$\bar{\lambda}=\frac{kT}{\sqrt{2}\pi d^{2}p} \tag{7-23}$$

上式表明，当温度恒定时，平均自由程与压强成反比。压强越小，分子越稀薄，平均自由程就越长。

对于空气分子，$d\approx3.5\times10^{-10}$ m。利用式(7-23)可求出在标准状态下，空气分子的平均自由程 $\bar{\lambda}=6.9\times10^{-8}$ m，这时，平均碰撞频率 $\bar{Z}=6.5\times10^{9}\,\mathrm{s}^{-1}$，每秒钟内一个分子竟然发生几十亿次的碰撞！在书房看书的你总是要稍微等等，才能闻到厨房里妈妈炒菜飘出来的香味，这就是原因。

习题

一、选择题

7.1　理想气体处于平衡状态，设温度为 T，气体分子的自由度为 i，则每个分子所具有的　　[　　]

(A) 动能为$\frac{i}{2}kT$　　(B) 动能为$\frac{i}{2}RT$

(C) 平均动能为$\frac{i}{2}kT$　　(D) 平均平动动能为$\frac{i}{2}RT$

7.2　一瓶氦气 He 和一瓶氮气 N_2 分子数密度相同，分子平均平动动能相同，而且都处于平衡状态，则它们：　　[　　]

(A) 温度、压强都相同

(B) 温度、压强都不同

(C) 温度相同，但氦气的压强大于氮气的压强

(D) 温度相同，但氦气的压强小于氮气的压强

7.3　麦克斯韦速率分布曲线如图 7-14 所示，图中虚线把分布曲线下面所包围的面积分成 A、B 两部分，两部分面积相等，则该图表示：　　[　　]

(A) v_0 为最可几速率

(B) v_0 为平均速率

(C) v_0 为方均根速率

(D) 速率大于和小于 v_0 的分子数各一半

7.4　图 7-15 两条曲线为同一温度的气体，则它们的摩尔质量关系为：　　[　　]

(A) M_1 大于 M_2　　(B) M_1 小于 M_2

(C) M_1 等于 M_2　　(D) 无法确定

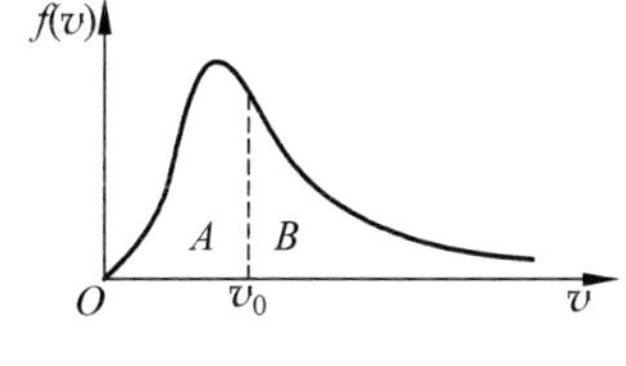

图 7-14　习题 7.3 图

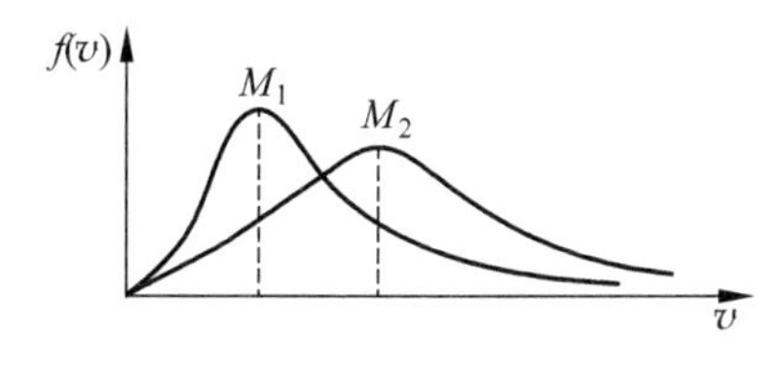

图 7-15　习题 7.4 图

7.5　在麦克斯韦速率分布率中,速率分布函数 $f(v)$ 的意义可以理解为:　[　]

(A) 速率为 v 的分子数

(B) 速率在 v 附近的单位速率区间内的分子数

(C) 速率等于 v 的分子数占总分子数的比率

(D) 速率在 v 附近的单位速率区间的分子数占总分子数的比率

7.6　汽缸内盛有一定量的理想气体,当温度不变,压强增大一倍时,该分子的平均碰撞频率 $\bar{Z}$ 和平均自由程 $\bar{\lambda}$ 的变化情况是:　[　]

(A) $\bar{Z}$ 和 $\bar{\lambda}$ 都增大一倍　(B) $\bar{Z}$ 和 $\bar{\lambda}$ 都减为原来的一半

(C) $\bar{Z}$ 增大一倍而 $\bar{\lambda}$ 减为原来的一半　(D) $\bar{Z}$ 减为原来的一半而 $\bar{\lambda}$ 增大一倍

二、填空题

7.7　双原子理想气体,温度为 T,根据理想气体分子的分子模型和统计假设,其分子平动动能的平均值为________。

7.8　三个容器 A、B、C 中装有同种理想气体,其分子数密度 n 相同,方均根速率之比为 $\sqrt{\overline{v_A^2}}:\sqrt{\overline{v_B^2}}:\sqrt{\overline{v_C^2}}=1:2:4$,则其压强之比 $p_A:p_B:p_C$ 为________。

7.9　温度为27℃时,1mol 氢气分子具有的总平动动能为________,总转动动能为________。欲使一个氢分子的平均平动动能等于1eV,则气体的温度需为________K。

7.10　在温度为127.0℃时,压强为5atm 的氧气分子的平均速率是________,方均根速率是________,最概然速率是________,分子的平均动能等于________。

三、计算题

7.11　两种气体的温度相同,摩尔数相同,问它们的平均平动动能、平均动能和内能是否分别相同?

7.12　说明下列各量的意义:(1) $f(v)\mathrm{d}v$;(2) $Nf(v)\mathrm{d}v$;(3) $\int_{v_1}^{v_2} f(v)\mathrm{d}v$;(4) $\int_0^{\infty} vf(v)\mathrm{d}v$。

7.13　气体的温度为 $T=273\mathrm{K}$,压强 $p=1.013\times10^5\mathrm{Pa}$,密度为 $\rho=1.29\times10^{-2}\mathrm{kg\cdot m^{-3}}$。求:(1)气体的方均根速率;(2)气体的摩尔质量,并确定它是什么气体。

7.14　求0℃,101325Pa 下,1cm^3 的氮气中速率在 $500\sim501\mathrm{m\cdot s^{-1}}$ 之间的分子数。

7.15　电子管的真空度约为 $1.33\times10^3\mathrm{Pa}$,设气体分子的有效直径 $3.0\times10^{-10}\mathrm{m}$,求27℃时单位体积内的分子数、平均自由程和平均碰撞频率。

第8章

热力学基础

热力学是热物理学的宏观理论，它以大量的直接观察和实验测量为基础，应用数学方法，通过逻辑推理和演绎，得出与热现象相联系的各种规律的科学。其基本原理概括为三个定律，即热力学第一定律、热力学第二定律和热力学第三定律。这三个定律都是大量事实的经验总结。因此，热力学具有高度的可靠性和普遍性。本章将从能量的观点出发，以大量的实验观测为基础，研究热现象的宏观基本规律及其应用。主要内容包括：准静态过程、热量、功和内能等基本概念，热力学第一定律及其应用，理想气体摩尔热容量、循环过程、卡诺循环、热力学第二定律等。

克劳修斯（Rudolf Clausius，1822—1888），德国著名的物理学家和数学家，热力学的主要奠基人之一。他曾提出热力学第二定律的克劳修斯表述。为了说明不可逆过程，他提出了熵的概念，并得出孤立系统的熵增加原理。此外，克劳修斯在气体分子动理论上提出了均位力积法来处理气体的状态方程，尤其是引进气体分子自由程的概念来研究气体分子间的碰撞以及能量、动量和质量的迁移等。这些都为研究气体的输运过程开辟了道路。

8.1 热力学第一定律

8.1.1 准静态过程

当一个热力学系统受到外界的影响而发生能量或者物质的交换时，其状态会发生变化，例如摩擦生热、气体自由膨胀等，我们把系统状态发生变化的整个历程称为**热力学过程**。根据系统中间状态的特征，热力学过程可以分为**准静态过程**和**非静态过程**。如果在过程中，每一个中间状态都无限接近平衡态，这个过程就称为**准静态过程**。准静态过程是实际过程进行得无限缓慢的极限情况，可以在 p-V 图上用曲线表示出来。曲线上的每一个点对应着一个平衡态，具有确定的 p，V 值。如果热力学过程的中间状态存在非平衡态，这样的过程就称为**非静态过程**。非静态过程无法在 p-V 图用曲线表示，因为非平衡态没有确定的状态参量值。如图 8-1 所示，气缸内充有一定量的气体，活塞可以自由移动。当活塞非常缓慢移动时，气缸中气体的每一个中间态都可以近似被认为是平衡态，即具有确定的状态参量值。这样的过程就是一个准静态过程；但是，如果我们快速地移动活塞，使气缸内的气体迅速减少，则气缸中气体分子分布不均匀，靠近活塞部分的气体较密集，压强较大，因此无法用状态参量描述整个系统，即，中间的状态为非平衡态，这样的过程就是非静态过程。

原则上，一切实际的热力学过程都是非静态过程。但是，如果系统每一次从非平衡态恢复到新的平衡态所需的时间比外界变化的时间（如活塞的运动）小得多，或者说，在过程的每时每刻，体系都来得及恢复平衡，就可以认为该过程是准静态过程。因此，准静态过程是理想过程，是实际过程的理想化、抽象化，它在热力学的理论研究中和对实际应用的指导上有着重要的意义。**在本章中，如没有特别说明，所讨论的过程都是准静态过程。**

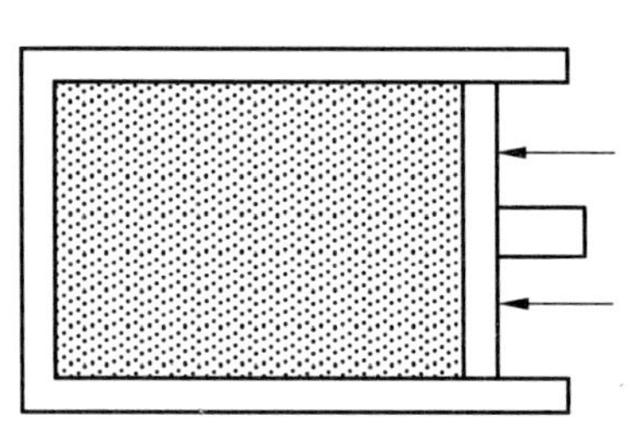
图 8-1　准静态过程

8.1.2　准静态过程中的功

热力学系统与外界力学相互作用的过程中，其转移的能量用功来度量。如图 8-2 所示，在一个带有活塞的气缸内盛一定量的气体，气体压强为 p，活塞的面积为 S，则作用在活塞上的力为 $F=pS$。当系统经历一个微小的准静态过程使活塞移动了微小距离 $\mathrm{d}l$ 时，气体的体积增加了 $\mathrm{d}V$。在这个过程中系统对外界所做的元功为

$$\mathrm{d}W=F\,\mathrm{d}l=pS\,\mathrm{d}l=p\,\mathrm{d}V \tag{8-1}$$

若气体体积从 V_1 变化到 V_2，这系统对外界做的功为

$$W=\int_{V_1}^{V_2}p\,\mathrm{d}V \tag{8-2}$$

当 $V_2>V_1$ 时，气体膨胀，系统对外界做正功，$W>0$；当 $V_2<V_1$ 时，气体被压缩，系统对外界做负功（外界对系统做正功），$W<0$。系统的准静态过程可以在 p-V 图上用曲线表示，如图 8-3 所示。根据数学中积分的几何意义，热力学系统准静态过程中所做的功在数值上等于整条曲线下的面积。这也清晰地表明，系统做功的大小与过程有密切的关系，即，过程曲线不同，曲线下的面积就不同，功的大小也不同。因此，功是一个过程量。

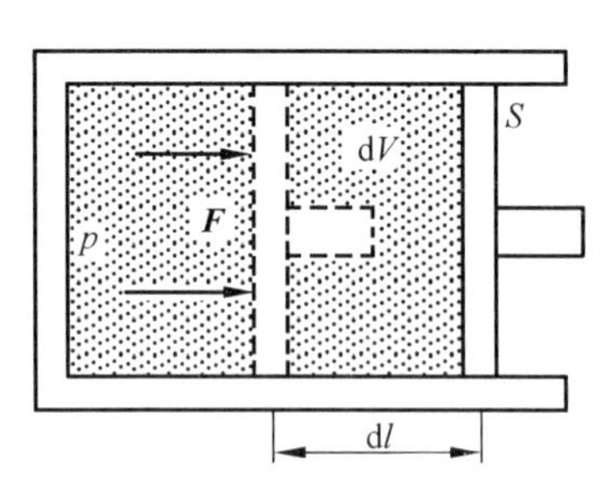

图 8-2　准静态过程中的功

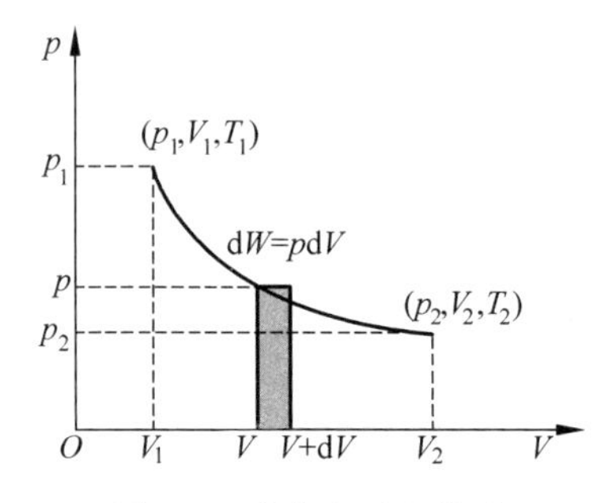

图 8-3　准静态过程做功

8.1.3　热量

除了外界做功会使热力学系统状态发生改变之外，现实中，还时常遇见另一种因为热力

学平衡遭到破坏而引起能量传递的热力学现象，即**热传递现象**。例如，一杯刚刚沸腾的开水在常温下会逐渐把热量传递到空气中，最后降温成为一杯凉开水。高温铁锅会把冷水加热，直到烧开为止等。物理上把系统与外界存在温度差时，从高温物体传递到低温物体的能量称为**热量**，用符号 Q 表示。和功一样，热量也是对系统状态变化的过程中所传递的能量的度量。因此，热量也是一个过程量。国际制单位中，热量 Q 也采用和能量相同的单位 J(焦[耳])。热量的单位过去习惯用 cal(卡)来表示。从能量传递的观点来看，热量和功应该是等当的。因此两者之间必然存在一定的当量关系。从 19 世纪 40 年代起，焦耳花了 20 年的时间采取各种不同的方法，用实验精确测定热和功的当量关系，即热功当量。现在公认的热功当量的数值为

$$1\mathrm{cal}=4.1858\mathrm{J}$$

8.1.4　内能　热力学第一定律

1. 内能

在前面所述的分子动理论中，我们已经知晓，对于一个热力学系统而言，其内能 E 是系统所有粒子热运动的动能与粒子之间相互作用势能之和。其中，由于压强 p 和温度 T 都与微观的分子平均平动动能成正比，因此，分子热运动的动能必然是压强和温度的函数；另外，由于系统的体积 V 与分子间的距离 l 的三次方成正比(分子势能大小取决于分子间的距离 l)，因此，粒子之间相互作用势能也必然是体积的函数。由此可知，热力学系统的内能必然是系统状态参量(p,T,V)的函数，即 $E=E(p,T,V)$，内能是一个状态量，它与系统的过程无关。结合物态方程 $f(p,T,V)=0$ 可以消去一个变量，因此，一般认为，系统内能是温度 T 和体积 V 的函数，可表示为

$$E=E(T,V) \tag{8-3}$$

对于理想气体而言，由于忽略了分子间的相互作用力，无论体积 V 如何变化，分子之间的相互作用势能始终为零。这意味着理想气体的内能 E 仅是温度 T 的单值函数，即

$$E=E(T) \tag{8-4}$$

在上一章中已经分析得出 $E=\nu\dfrac{i}{2}RT$。当温度改变 ΔT 时，理想气体的内能变化量 $\Delta E=\nu\dfrac{i}{2}R\Delta T$。

2. 热力学第一定律

从前面对做功和热传递的分析可知，热力学系统与外界相互作用的过程中会出现能量的传递，进而引起系统内能 E 的变化。因此，根据能量守恒定律，传递的能量在数值上应该与系统内能的增量相等。这就是**热力学第一定律**要阐述的物理内容，其完整描述如下：在任何一个热力学过程中，系统所吸收的热量 Q 等于系统的内能的增量 ΔE 与系统对外做功 W 之和。用数学公式表示为

$$Q=\Delta E+W \tag{8-5}$$

热力学第一定律一方面说明了内能、热量和功是可以相互转化的，另一方面又表述它们转化时的数量关系。为了便于使用热力学第一定律式(8-6)，一般做如下的规定：系统从外界吸收热量时，Q 为正值，系统向外界放出热量时，Q 为负值；系统对外界做功时，W 为正值，外

界对系统做功时,W 为负值;系统的内能增加时,ΔE 取正值,系统内能减少时,ΔE 取负值。

对于状态微小变化的过程,热力学第一定律的数学表达式为

$$\mathrm{d}Q=\mathrm{d}E+\mathrm{d}W \tag{8-6}$$

如果发生变化的是准静态的气体,上式还可以表示为

$$\mathrm{d}Q=\mathrm{d}E+p\,\mathrm{d}V \tag{8-7}$$

必须指出的是,热力学第一定律是许多科学家经过大量科学实验总结出的基本实验定律。在该定律被确立之后,即 1942 年,迈尔(Mayer)发表论文阐述了能量守恒定律。因此,在时间顺序上,热力学第一定律出现在能量守恒定律之前,这与文中叙述的顺序略有不同。

8.2 热力学第一定律的应用

本节将讨论热力学第一定律在理想气体等值过程(等体、等压和等温过程)以及绝热过程中的应用,讨论各个过程中的功、热量、内能变化及其相互转化。

8.2.1 热力学的等值过程

1. 等体过程

理想气体的体积保持不变的过程称为**等体过程**。例如高压锅加热时,锅内的水沸腾蒸发成水蒸气,由于高压锅是刚性的密闭容器(体积固定不变),则水蒸气在其中被加热升温的过程就是等体过程。等体过程在 p-V 图中是一条平行于 p 轴的直线,称为等体线,如图 8-4 所示。

理想气体等体过程方程为

$$\frac{p}{T}=\nu\frac{R}{V}=\text{恒量} \tag{8-8}$$

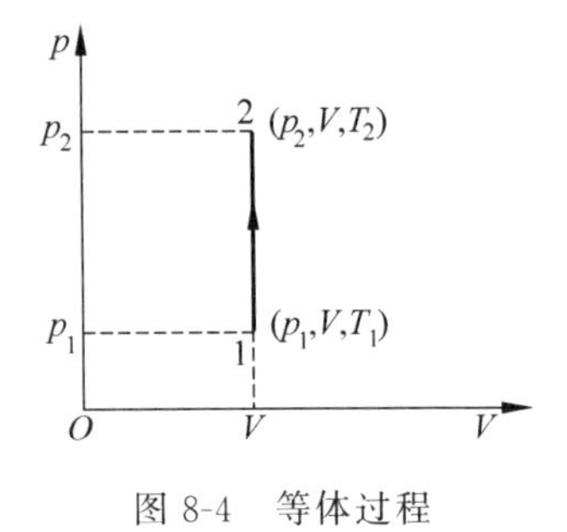

图 8-4 等体过程

设一定量的理想气体经过一个等体过程由状态 1 到状态 2,则系统内能的增量为

$$\Delta E=E_2-E_1=\nu\frac{i}{2}R(T_2-T_1) \tag{8-9}$$

由于等体过程气体的体积 V 保持不变,即 $\mathrm{d}V=0$,所以系统对外界做功为

$$W_V=0 \tag{8-10}$$

由热力学第一定律可得,系统吸收的热量为

$$Q_V=\Delta E+W_V=\Delta E=\nu\frac{i}{2}R(T_2-T_1) \tag{8-11}$$

上式表明,在等体过程中,理想气体吸收的热量,全部用于增加气体的内能,系统对外不做功。

2. 等压过程

理想气体的压强保持不变的过程称为**等压过程**。例如在标准大气压下,装有理想气体的汽缸受热后气体膨胀缓慢地推动活塞的过程。等压过程在 p-V 图中是一条平行于 V 轴的直线,称为等压线,如图 8-5 所示。

理想气体等压过程方程为

$$\frac{V}{T}=\nu\frac{R}{p}=\text{恒量} \tag{8-12}$$

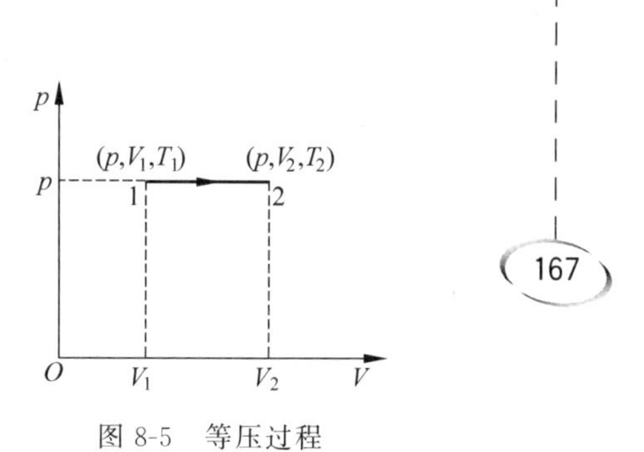

图 8-5　等压过程

设一定量的理想气体经过一个等压过程由状态 1 到状态 2,则系统内能的增量为

$$\Delta E=E_2-E_1=\nu\frac{i}{2}R(T_2-T_1) \tag{8-13}$$

等压过程中,压强 p 为恒量,故系统对外界做功为

$$W_p=\int_{V_1}^{V_2}p\,\mathrm{d}V=p(V_2-V_1) \tag{8-14}$$

由理想气体物态方程 $pV=\nu RT$,上式还可以表示为

$$W_p=p(V_2-V_1)=\nu R(T_2-T_1)$$

由热力学第一定律可得,等压过程中系统吸收的热量为

$$\begin{aligned}Q_p&=\Delta E+W_p\\&=\nu\frac{i}{2}R(T_2-T_1)+\nu R(T_2-T_1)\\&=\nu\left(\frac{i}{2}R+R\right)(T_2-T_1)\end{aligned} \tag{8-15}$$

上式表明,在等压过程中,理想气体吸收的热量一部分用于增加系统的内能,另一部分用于对外做功。

3. 等温过程

理想气体的温度保持不变的过程称为**等温过程**。例如把汽缸置于一个恒温热源(例如大量恒温的水)中,用手缓慢推动理想气体的活塞做功就是一个等温过程。该过程在 p-V 图上为一条双曲线,称为等温线,如图 8-6 所示。

理想气体等温过程方程为

$$pV=\nu RT=\text{恒量} \tag{8-16}$$

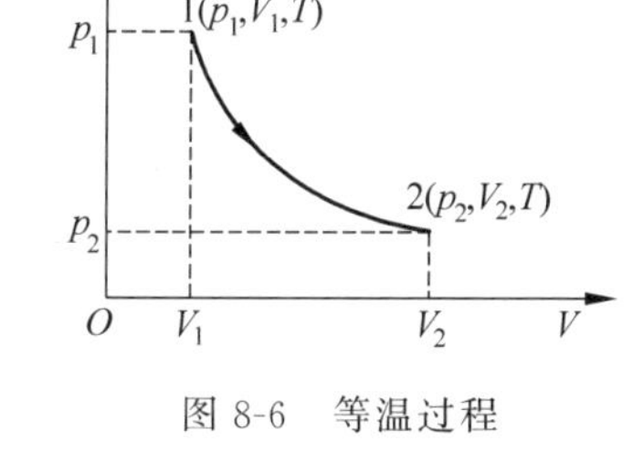

图 8-6　等温过程

设一定量的理想气体经过一个等温过程由状态 1 到状态 2,由于温度保持不变,即 $\Delta T=0$,因而系统内能的增量为

$$\Delta E=\nu\frac{i}{2}R\Delta T=0 \tag{8-17}$$

系统对外界做功为

$$W_T=\int_{V_1}^{V_2}p\,\mathrm{d}V$$

考虑到理想气体的物态方程 $pV=\nu RT$,以及等温过程中 T 是常量,上式可以写成

$$W_T=\int_{V_1}^{V_2}\nu RT\frac{\mathrm{d}V}{V}=\nu RT\ln\frac{V_2}{V_1} \tag{8-18}$$

因为 $p_1V_1=p_2V_2$,上式也可以写成

$$W_T=\nu RT\ln\frac{p_1}{p_2}$$

由热力学第一定律可得，系统吸收的热量为

$$Q_T=\Delta E+W_T=W_T=\nu RT\ln\frac{V_2}{V_1}=\nu RT\ln\frac{p_1}{p_2} \tag{8-19}$$

上式表明，在等温过程中，理想气体从恒温热源吸收的热量全部用于对外做功，系统内能保持不变。

例 8.1 如图 8-7 所示，质量为 0.5kg 的氮气，从初态 $A(p_1=0.9\text{atm},t_1=20℃)$按下列两种不同的过程变化到末态 $B(p_2=8.1\text{atm},t_2=20℃)$：(1)等温过程($\overset{\frown}{AB}$)；(2)先等体后等压过程($A\to C\to B$)。试分别计算在这两个过程中，氮气内能的变化、吸收的热量和对外所做的功。(氮气可视为理想气体，其摩尔质量为 $28\times10^{-3}\text{kg}\cdot\text{mol}^{-1}$。)

解：(1) 当系统从状态 A 出发，经过等温过程到达状态 B 时，由于温度 T 保持不变，所以氮气内能的变化为

$$\Delta E_{\overset{\frown}{AB}}=0$$

根据热力学第一定律可得，氮气吸收的热量和对外所做的功为

$$Q_{\overset{\frown}{AB}}=W_{\overset{\frown}{AB}}=\int_{V_1}^{V_2}\nu RT\frac{\mathrm{d}V}{V}=\nu RT\ln\frac{V_2}{V_1}=\nu RT\ln\frac{p_1}{p_2}$$

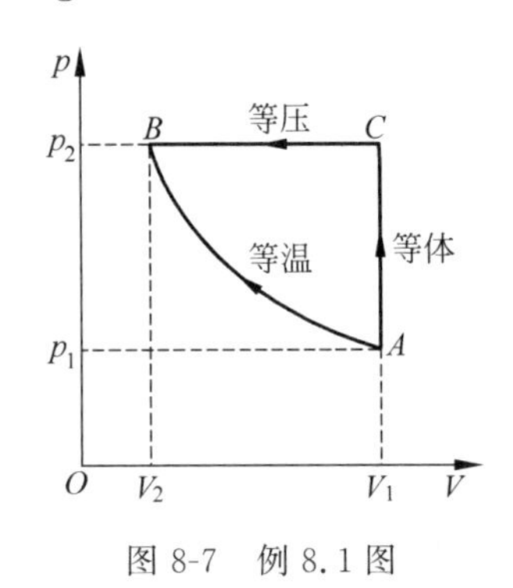

图 8-7 例 8.1 图

已知 $\nu=\dfrac{M'}{M}=\dfrac{0.5}{28\times10^{-3}}=17.9\text{mol}$，$T=t℃+273=(20+273)\text{K}=293\text{K}$，$p_1=0.9\text{atm}$，$p_2=8.1\text{atm}$，将这些数据代入上式，得

$$Q_{\overset{\frown}{AB}}=W_{\overset{\frown}{AB}}=\nu RT\ln\frac{p_1}{p_2}=17.9\times8.31\times293\times\ln\frac{0.9}{8.1}\text{J}=-9.6\times10^4\text{J}$$

其中负号说明氮气放出热量，氮气对外界做负功(或外界对氮气做正功)。

(2) 氮气从状态 A 出发，先在等体的情况下到达状态 C，然后在等压下到达状态 B。由于 A，B 两态的温度相同，所以此过程氮气内能的总变化量为

$$\Delta E_{ACB}=0$$

由热力学第一定律得，氮气吸收的热量和对外所做的功为

$$Q_{ACB}=W_{ACB}=W_{AC}+W_{CB}$$

AC 为等体过程，$\mathrm{d}V=0$，故

$$W_{AC}=0$$

CB 为等压过程，有

$$W_{CB}=p_B(V_B-V_C)=\nu R(T_B-T_C)=\nu RT_B\left(1-\frac{T_C}{T_B}\right)$$

而

$$\frac{T_C}{T_B}=\frac{T_C}{T_A}=\frac{p_C}{p_A}=\frac{p_2}{p_1},\quad T_B=t_2+273=293\text{K}$$

代入具体数值，求得

$$W_{CB}=\nu RT_B\left(1-\frac{p_2}{p_1}\right)=17.9\times8.31\times293\times\left(1-\frac{8.1}{0.9}\right)\text{J}=-3.5\times10^5\text{J}$$

故有

$$Q_{ACB}=W_{CB}=-3.5\times10^5\,\mathrm{J}$$

计算结果表明：(1)由于氮气的始、末状态相同，尽管经过两个不同的变化过程，其内能的改变量却相同，说明内能是状态函数，与过程无关；(2)尽管氮气的始、末状态相同，但是由于状态变化的过程不同，氮气吸收的热量和对外界所做的功就不同，说明功和热量都是与具体过程有关的物理量。

8.2.2　绝热过程

在理想气体的状态发生变化的过程中，如果它与外界没有热量的交换，则称这种过程为**绝热过程**。现实中，绝对的绝热过程是没有的，但是有些过程在进行中，虽然系统与外界之间有热量传递，但是所传递的热量很小，以致可以忽略不计，这种过程就可以近似认为是绝热过程。例如，香槟酒开瓶瞬间瓶口产生白色烟雾的过程；高压锅中水蒸气被突然释放的过程；蒸汽机汽缸中蒸汽的膨胀和压缩过程等，这些过程都进行得很快，在过程的进行当中，只有很少量的热量通过器壁进入或离开系统。因此都可以近似地看作是绝热过程。

在 p-V 图中，绝热过程曲线和等温过程曲线非常相似，但绝热线比等温线要陡，如图 8-8 所示。

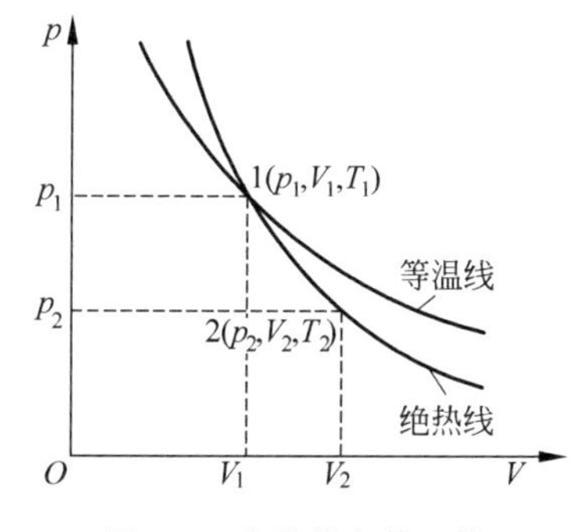

图 8-8　绝热线与等温线

绝热过程方程为

$$pV^{\gamma}=\text{恒量} \tag{8-20}$$

式中指数 γ 为理想气体的比热容比，在工程上将其称为绝热系数。γ 的值由理想气体的本身性质决定，不同气体的 γ 值不同，但都大于 1($\gamma>1$ 正是绝热线比等温线陡的原因，读者可自行分析)。关于 γ 的具体定义我们在下一节详细讨论。

设一定量的理想气体经过一个绝热过程由状态 1 到状态 2，则系统内能的增量为

$$\Delta E=E_2-E_1=\nu\frac{i}{2}R(T_2-T_1) \tag{8-21}$$

绝热过程中系统与外界没有热量的交换，即 $\mathrm{d}Q_a=0$，故系统吸收的热量为

$$Q_a=0 \tag{8-22}$$

由热力学第一定律可得，系统对外界做功为

$$W_a=Q_a-\Delta E=-\Delta E=-\nu\frac{i}{2}R(T_2-T_1) \tag{8-23}$$

上式表明，在绝热过程中，外界对系统所做的功全部用来增加系统的内能；或者说系统要对外界做功只能通过消耗自身的内能。

从式(8-23)可以看出，气体绝热膨胀时，$W_a>0$，则 $T_2<T_1$，气体温度降低；气体被绝热压缩时，$W_a<0$，则 $T_2>T_1$，气体温度升高。这两种情况在实际应用中常见。例如，自行车的气门芯拔掉的瞬间，你可以感受到喷出的气体温度特别冰凉；而不停地用打气筒向轮胎打气时，筒壁会发热。

例 8.2　一旦移去高压锅的安全阀，高压锅中的水蒸气会突然喷射出来并迅速膨胀，此

过程中由于系统还来不及与外界进行热交换,因此可近似为一绝热膨胀过程。设喷嘴处水蒸气的温度为115℃,喷到一定高度后,冲出的气流的体积增大2倍,试问此时气流的温度将变成多少℃?(已知水蒸气的比热容比$\gamma=4/3$。)

解:把水蒸气视为理想气体,其喷射过程为绝热过程,满足绝热过程方程

$$pV^{\gamma}=恒量$$

将理想气体物态方程$pV=\nu RT$代入上式,消去p,可得绝热过程方程的另一种表达式

$$V^{\gamma-1}T=恒量$$

即

$$V_1^{\gamma-1}T_1=V_2^{\gamma-1}T_2$$

由题意知,$T_1=115℃+273=388\mathrm{K}$,$V_2/V_1=2$,$\gamma=4/3$,将数据代入上式,得

$$T_2=T_1\left(\frac{V_1}{V_2}\right)^{\gamma-1}=388\times\left(\frac{1}{2}\right)^{1/3}\mathrm{K}=308\mathrm{K}$$

即

$$t_2=T_2-273=(308-273)℃=35℃$$

计算结果表明,虽然在高压锅喷嘴处的水蒸气温度非常高(115℃),以至于能把人烫伤,但喷出后气流温度会急剧下降,距喷嘴一定高度处,热气的"杀伤力"将大大减弱。也可以用热力学第一定律解释这一现象,由于气流迅速喷出的过程可视为绝热膨胀过程,系统对外做功以消耗自身内能为代价,随着内能减少,温度自然会急剧下降。尽管如此,使用高压锅时还是不要随便移开安全阀,以免烫伤。

*8.3 摩尔热容

大多数情况下,系统和外界之间的热传递会引起系统本身的温度发生变化,所以我们很有必要讨论一下热传递与温度的变化之间的关系。它们之间的关系我们用热容来描述。一定量的物质每升高单位温度所吸收的热量,就定义为**热容**,用符号C表示。不同物质升高相同温度时吸收的热量一般不同,热容也就不同。由于热容还与物质的质量有关,因此我们通常会引入摩尔热容来描述热传递与温度变化的关系。1mol的物质每升高单位温度所吸收的热量,称为该物质的**摩尔热容**,用符号C_{m}表示。若νmol的物质温度升高$\mathrm{d}T$时,吸收的热量为$\mathrm{d}Q$,则该物质的摩尔热容定义为

$$C_{\mathrm{m}}=\frac{1}{\nu}\frac{\mathrm{d}Q}{\mathrm{d}T}\tag{8-24}$$

单位为$\mathrm{J\cdot mol^{-1}\cdot K^{-1}}$(焦[耳]每摩[尔]开[尔文])。

由于热量是一个与热力学过程相关的物理量,因此,热力学过程不同,同种物质的摩尔热容也不同。每个不同的热力学过程都可以定义相应的摩尔热容,用来反映气体在此类过程中吸热、放热性能的强弱。常用的摩尔热容有等体摩尔热容和等压摩尔热容两种,分别由等体和等压条件下物质吸收的热量决定。下面仅讨论理想气体的摩尔热容。

等体过程气体摩尔热容用符号$C_{V,\mathrm{m}}$表示,其数学表达式为

$$C_{V,\mathrm{m}}=\frac{1}{\nu}\frac{\mathrm{d}Q_V}{\mathrm{d}T}\tag{8-25}$$

等体过程，$dW=0$，νmol 的理想气体温度升高 dT 时，吸收的热量为 $dQ_V=dE=\nu\frac{i}{2}RdT$，代入上式可得

$$C_{V,m}=\frac{i}{2}R \tag{8-26}$$

等压气体摩尔热容用符号 $C_{p,m}$ 表示，其数学表达式为

$$C_{p,m}=\frac{1}{\nu}\frac{dQ_p}{dT} \tag{8-27}$$

等压过程，νmol 的理想气体温度升高 dT 时，气体对外做功 $dW=pdV=\nu RdT$，吸收的热量为 $dQ_p=dE+dW=\nu\frac{i}{2}RdT+\nu RdT$，代入上式可得

$$C_{p,m}=\frac{i}{2}R+R \tag{8-28}$$

比较式(8-28)和式(8-26)，可得

$$C_{p,m}-C_{V,m}=R \tag{8-29}$$

上式说明，等压摩尔热容与等体摩尔热容的差等于摩尔气体常量 R。也就是说，在等压过程中，1mol 理想气体温度升高 1K 时，要比等体过程多吸收 8.31J 的热量，用以对外做功。

在实际应用中，常用到等压摩尔热容 $C_{p,m}$ 与等体摩尔热容 $C_{V,m}$ 的比值，该比值称为**比热容比**，用符号 γ 表示，即

$$\gamma=\frac{C_{p,m}}{C_{V,m}}=\frac{i+2}{i} \tag{8-30}$$

表 8-1 给出了各种理想气体的 γ，$C_{V,m}$，$C_{p,m}$ 的理论值。

表 8-1 理想气体的 γ、$C_{V,m}$、$C_{p,m}$ 的理论值

	单原子	双原子	多原子
i	3	5	6
γ	1.67	1.40	1.33
$C_{V,m}$	$3R/2$	$5R/2$	$3R$
$C_{p,m}$	$5R/2$	$7R/2$	$4R$

8.4 循环过程

8.4.1 热力学循环过程

实际应用中，如果希望热与功之间的转换能够持续地进行下去，需要利用热力学系统的循环过程。例如，汽车发动机、冰箱、空调等内部工作物质(简称**工质**)的热力学过程就是典型的循环过程。物理上把系统(如热机中的工质)经过一系列变化后，又回到原来状态的过程称为**热力学循环过程**，简称**循环**。研究循环过程的规律在实践上(如热机的改进)和理论上都有很重要的意义。

图 8-9 是一条准静态循环过程曲线，过程变化沿着顺时针方向进行。可以把整个循环过程分为 $A \to c \to B$ 和 $B \to d \to A$ 两部分。其中，$A \to c \to B$ 过程，系统对外界做正功 W_{AcB}，其数值等于曲线 AcB 下方的面积；$B \to d \to A$ 过程，系统对外界做负功 W_{BdA}，其数值等于曲线 BdA 下方的面积。从面积的对比可明显看出，$W_{AcB} > W_{BdA}$，说明系统经历这个循环过程之后，对外做的净功为

$$W = W_{AcB} - W_{BdA} > 0 \tag{8-31}$$

从 p-V 图上可以看出，W 在数值上正好等于循环曲线所包围的面积。

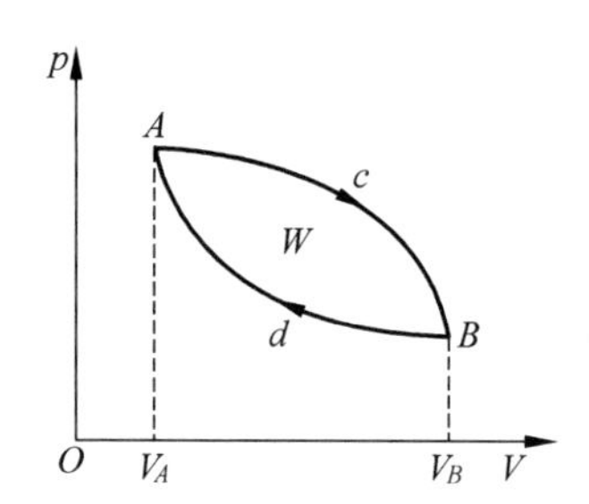

图 8-9　热力学循环过程

上述分析表明，循环过程沿着顺时针方向进行时，系统对外所做的净功为正，我们把这样的循环称为**正循环**。

同理分析可知，如果系统沿着逆时针方向进行循环，则有

$$W = W_{AdB} - W_{BcA} < 0 \tag{8-32}$$

系统对外界所做的净功为负，我们把这样的循环称为**逆循环**。

8.4.2　热机和制冷机

1. 热机　热机的效率

能够实现正循环的机器称为**热机**。热能是当今世界上主要的能源，热机是实现将热能转化为机械能的主要设备。第一部实用的热机是蒸汽机，产生于 17 世纪末，用在煤矿中抽水。目前的蒸汽机主要用在发电厂中。蒸汽机工作的循环过程如图 8-10 所示。一定量的水先从锅炉（高温热源）中吸收热量 Q_1 变成高温高压的水蒸气，然后进入汽缸，在汽缸中蒸汽膨胀推动汽轮机的叶轮对外做功 W，做功后水蒸气变成低温低压的“废气”，废气进入冷凝器（低温热源）后凝结为水，放出热量 Q_2，最后水又被泵压回到锅炉中去而完成一个循环过程。

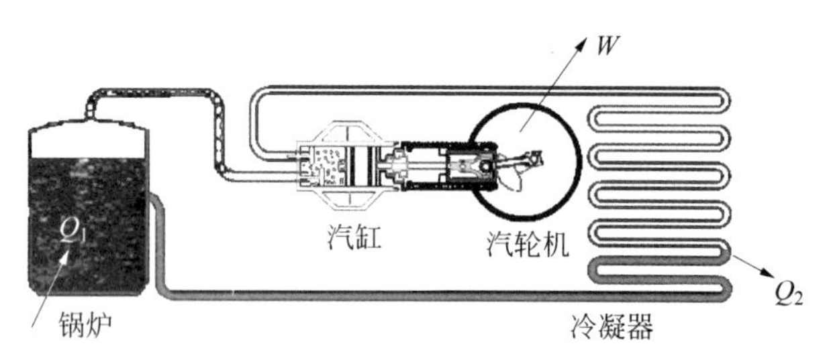

图 8-10　蒸汽机循环过程示意图

不同热机尽管循环过程不同，但工作原理却基本相同，都是通过正循环不断地把热量转变为功。所有热机的工作原理都可用图 8-11 简单表示。热机在工作时，工作物质在高温热源中吸收热量 Q_1 对外做净功 W，并将多余的热量 Q_2 在低温热源释放，完成一个正循环过程。由于工质经过一个循环又回到初态，所以内能不变。根据热力学第一定律，若 Q_1，Q_2，W 均取其绝对值，有 $W = Q_1 - Q_2$。通常，人们把此循环中，工质对外所做的净功 W 与它从高温热源吸收的热量 Q_1 之比，定义为**热机效率**，用 η 表示。即

$$\eta=\frac{W}{Q_1}=\frac{Q_1-Q_2}{Q_1}=1-\frac{Q_2}{Q_1} \tag{8-33}$$

在实践中，人们很注重热机的效率，它是反映热机效能的重要标志。由于整个循环过程中工质总要向外界放出一部分热量，即 Q_2 不可能为零(热力学第二定律中会讨论这一结论)，所以热机效率 η 总是小于1。目前，实际的蒸汽循环的效率最高只到36%左右。

热机除蒸汽机外，还有内燃机、喷气机等。不同热机的效率各不相同，表8-2给出了几种常见装置的热机效率。

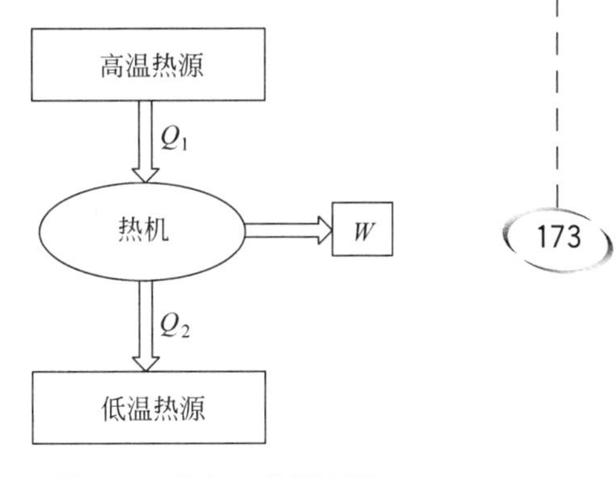

图 8-11　热机工作原理图

表 8-2　几种常见热机的效率 η

液体燃料火箭	燃气轮机	柴油机	汽油机	蒸汽机车
0.48	0.46	0.37	0.25	0.08

2. 制冷机　制冷系数

能够实现逆循环的机器称为**制冷机**。制冷机的工作过程和热机正好相反。冰箱是典型的制冷机，冰箱工作的循环过程如图8-12所示。制冷机冰箱的工质用较易液化的物质，如氨。冰箱是通过消耗外界的电能使压缩机工作，对低温制冷剂氨气做功，氨气在压缩机汽缸内被急速压缩后，变成高温高压的气体进入冷凝器(高温热源)，放出热量 Q_1 后凝结为液态氨。液态氨经节流阀的小口通道后，降压降温，再进入蒸发器，此时，低压低温的液态氨将从冷藏室(低温热源)中吸收热量 Q_2，使冷藏室的温度降低而自身全部蒸发为蒸气。蒸气最后被吸入压缩机汽缸进行下一循环。

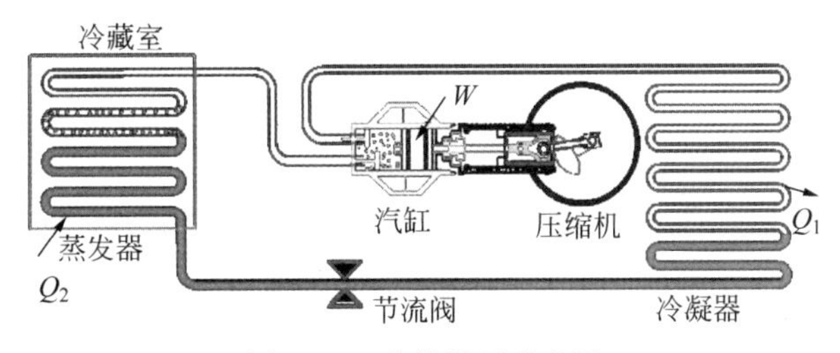

图 8-12　冰箱循环示意图

不同制冷机尽管循环过程不同，但工作原理却基本相同，都是通过逆循环来逆转热传递的方向，使热量从低温热源向高温热源传递，从而进一步降低低温热源的温度。所有制冷机的工作原理都可用图8-13简单表示。制冷机通过外界对系统做功 W，使工作物质从低温热源吸收热量 Q_2，并在高温热源放出热量 Q_1，完成一个逆循环。若 Q_1，Q_2，W 均取其绝对值，根据热力学第一定律，有 $-W=Q_2-Q_1$，即 $W=Q_1-Q_2$。通常把制冷机在一次循环中，从低温热源吸收的热量 Q_2 与外界做功 W 之比，称为制冷机的**制冷系数**，用 e 表示。即

$$e=\frac{Q_2}{W}=\frac{Q_2}{Q_1-Q_2} \tag{8-34}$$

制冷系数其实就是单位功耗所能获得的冷量，也称制冷性能系数，是制冷机的一项重要技术

经济指标。制冷系数大，表示制冷机能源利用效率高。这是与制冷剂种类及运行工作条件有关的一个系数，理论上的制冷系数可达 2.5～5。由于这一参数是用相同单位的输入和输出的比值表示，因此为一无量纲数。

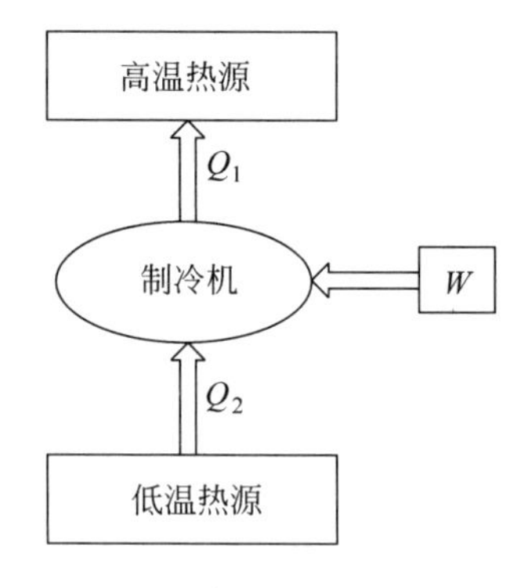

图 8-13　制冷机工作原理图

例 8.3　1mol 氦气经过如图 8-14 所示的循环，其中 $p_2=2p_1$，$V_4=2V_1$，求在 1-2、2-3、3-4、4-1 等过程中气体吸收的热量和循环效率。

解：从图 8-14 可见，1-2、3-4 为等体过程，2-3、4-1 为等压过程，且 $p_2=2p_1$，$V_2=V_1$；$p_3=2p_1$，$V_3=2V_1$；$p_4=p_1$，$V_4=2V_1$。设状态 1 的氦气温度为 T_1，则由理想气体物态方程可以分别求得状态 2、3、4 的温度分别为

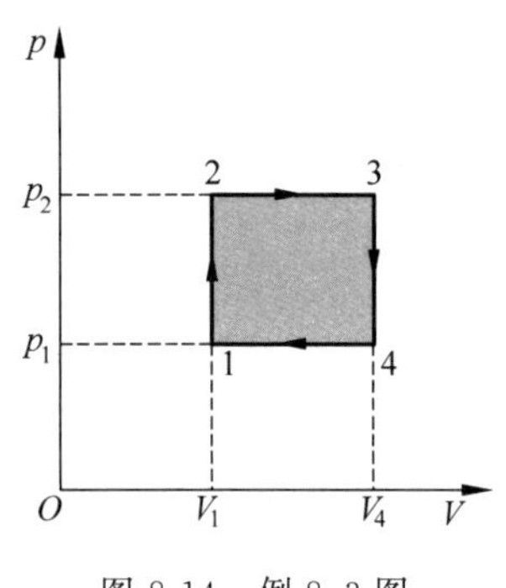

图 8-14　例 8.3 图

$$T_2=2T_1,\quad T_3=4T_1,\quad T_4=2T_1$$

由此利用等体和等压过程热量的计算公式，可计算出，1mol 氦气经过此 4 个过程所吸收的热量分别为

$$Q_{12}=C_{V,\mathrm{m}}(T_2-T_1)=C_{V,\mathrm{m}}T_1$$

$$Q_{23}=C_{p,\mathrm{m}}(T_3-T_2)=2C_{p,\mathrm{m}}T_1$$

$$Q_{34}=C_{V,\mathrm{m}}(T_4-T_3)=-2C_{V,\mathrm{m}}T_1$$

$$Q_{41}=C_{p,\mathrm{m}}(T_1-T_4)=-C_{p,\mathrm{m}}T_1$$

计算结果表明，在等体过程 1-2 和等压过程 2-3 中，氦气分别吸收热量 Q_{12} 和 Q_{23}；在等体过程 3-4 和等压过程 4-1 中分别放热 Q_{34} 和 Q_{41}。所以氦气经过一个循环吸收的热量之和为

$$Q_1=Q_{12}+Q_{23}=C_{V,\mathrm{m}}T_1+2C_{p,\mathrm{m}}T_1$$

放出热量之和为

$$Q_2=|Q_{34}|+|Q_{41}|=2C_{V,\mathrm{m}}T_1+C_{p,\mathrm{m}}T_1$$

此循环的效率为

$$\eta=\frac{Q_1-Q_2}{Q_1}=\frac{C_{p,\mathrm{m}}-C_{V,\mathrm{m}}}{C_{V,\mathrm{m}}+2C_{p,\mathrm{m}}}=\frac{\gamma-1}{1+2\gamma}$$

氦气为单原子分子，因此 $\gamma=5/3$，代入上式得

$$\eta=15.38\%$$

8.4.3　卡诺循环

循环过程的应用非常普遍，各种热机和制冷机分别以不同方式利用不同的循环过程，实现各自不同的功能。热机效率和制冷系数显然是它们最关键的性能指标。那么工程师设计高性能的热机和制冷机，以及提高这些机器设备的性能的理论依据又是什么呢？蒸汽机从初创到广泛应用，经历了漫长的年月，1765 年和 1782 年，瓦特两次改进蒸汽机的设计，使蒸汽机的应用得到了很大发展，但是效率仍不高，还达不到 5%。如何进一步提高机器的效率就成了当时工程师和科学家共同关心的问题。1824 年，法国年轻的军事工程师卡诺由理想循环入手，对热机可能的最大效率进行研究。提出了在两个恒定高温、低温热源之间，用两个等温过程和两个绝热过程来构成一种无摩擦准静态的理想循环，称为**卡诺循环**。

卡诺循环过程曲线如图 8-15 所示，曲线 AB 和 CD 分别是温度为 T_1 和 T_2 的两条等温线，曲线 BC 和 DA 分别是两条绝热线。在 AB 过程中，工作物质从高温热源 T_1 吸收热量，体积从 V_1 等温缓慢膨胀到 V_2；BC 过程中工作物质在没有热源的情况下绝热膨胀到 V_3；CD 过程中工作物质向低温热源 T_2 放出热量，同时被等温地压缩至 V_4；DA 过程中工作物质在绝热条件下，继续被压缩回原来的体积 V_1，完成一次正循环。

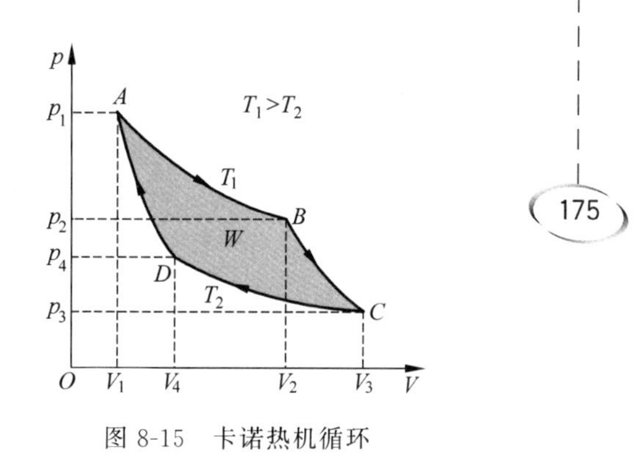

图 8-15　卡诺热机循环

从循环过程的特征可以看出，工作物质只在 AB 和 CD 两个等温过程中与外界有热量的交换。其吸收和放出的热量的绝对值分别为

$$Q_1 = Q_{AB} = \nu R T_1 \ln \frac{V_2}{V_1} \quad (吸热)$$

$$Q_2 = |Q_{CD}| = \nu R T_2 \ln \frac{V_3}{V_4} \quad (放热)$$

将以上两式代入热机效率公式(8-33)，得卡诺循环的效率为

$$\eta = 1 - \frac{Q_2}{Q_1} = 1 - \frac{T_2}{T_1} \frac{\ln(V_3/V_4)}{\ln(V_2/V_1)} \tag{8-35}$$

考虑到 DA 和 BC 过程都是绝热过程，满足理想气体的绝热方程，有

$$V_1^{\gamma-1} T_1 = V_4^{\gamma-1} T_2 \quad 和 \quad V_2^{\gamma-1} T_1 = V_3^{\gamma-1} T_2$$

将以上两式两边分别相除，可得

$$\frac{V_2}{V_1} = \frac{V_3}{V_4}$$

将上式代入式(8-35)中，可得出卡诺循环的效率为

$$\eta_{卡诺} = 1 - \frac{T_2}{T_1} \tag{8-36}$$

上式表明，卡诺循环的效率只与两个热源的温度有关，而与工作物质无关。无论是提高高温热源的温度，或是降低低温热源的温度，都可以提高热机的效率，但实际上低温热源的温度受到大气温度的限制，降低低温热源的温度需要额外消耗能量，很不经济，所以只有尽可能提高高温热源的温度才有助于提高卡诺热机的效率。

如果让卡诺循环沿着逆时针方向进行，就是卡诺制冷机循环。同样可以计算出，卡诺制冷机的制冷系数为

$$e_{卡诺} = \frac{T_2}{T_1 - T_2} \tag{8-37}$$

可见，卡诺制冷机的制冷系数也只与两个热源的温度有关。与卡诺热机效率不同的是，高温热源温度越高，低温热源温度越低，则制冷系数越小。

例 8.4　地热发电是利用地下热水和蒸汽为动力源的一种新型发电技术。地热发电的基本原理是利用地热产生高温水蒸气，然后将蒸汽抽出地面推动涡轮机转动，从而发电。设一地热发电机利用卡诺循环工作，其工作温度在地表 25℃和地下热源 300℃之间，如果它每

小时能从地下热源获取 2×10^{11} J 的热量，则该发电机的输出功率为多少？

解：已知高温热源（地下热源）温度 $T_1=300℃+273=573\text{K}$，低温热源（地表）温度 $T_2=25℃+273=298\text{K}$。地热发电机每小时能从高温热源（地下热源）获取 $Q_1=2\times10^{11}$ J 的热量。根据卡诺热机的循环效率公式(8-36)可得，该地热发电机的效率为

$$\eta=1-\frac{T_2}{T_1}=1-\frac{298}{573}=0.48$$

则发电机每小时对外做的功为

$$W=\eta Q_1=0.48\times2\times10^{11}\text{J}=9.6\times10^{10}\text{J}$$

发电机的输出功率为

$$P=\frac{W}{t}=\frac{9.6\times10^{10}}{3600}\text{kW}=2.7\times10^{4}\text{kW}$$

地热发电实际上就是把地下的热能转变为机械能，然后再将机械能转变为电能的能量转变过程。随着化石能源的紧缺、环境压力的加大，人们对于清洁可再生的绿色能源越来越重视。地热能不但是无污染的清洁能源，而且还是可再生的，在有高温地热的地区，可以利用地热发电机为人们生产生活提供能源。2018 年，全世界地热发电累计装机容量为 13.28GW。美国加州吉塞斯地热电站是目前世界上最大的地热电站，装机容量达 91.8 万 kW。西藏羊八井地热电站（图 8-16）是中国最大的地热电站，装机容量为 2.52 万 kW。目前，我国用于发电的地热田还有河北后郝窑、广东邓屋、湖南宁乡灰汤等地。

图 8-16　西藏羊八井地热电站

例 8.5　家用冰箱的制冷系数一般约为 5。若一台冰箱放在温度为 27℃的厨房中，冰箱冷冻室内的温度为 $-18℃$，每天制冷机从冷冻室吸收的热量约为 5×10^{6} J。(1)在不考虑其他因素的前提下，要使冰箱冷冻室保持 $-18℃$ 的温度，冰箱每天要做多少功？(2)如果此冰箱为理想的卡诺制冷机，冰箱每天要做多少功？

解：(1) 已知冰箱的制冷系数 $e=5$，厨房（高温热源）的温度 $T_1=27℃+273=300\text{K}$，冰箱冷冻室内（低温热源）的温度 $T_2=-18℃+273=255\text{K}$，制冷机从冷冻室吸收的热量 $Q_2=5\times10^{6}$ J，由式(8-34)可得，冰箱每天要做的功为

$$W=\frac{Q_2}{e}=\frac{5\times10^{6}\text{J}}{5}=1\times10^{6}\text{J}$$

(2) 如果此冰箱为理想的卡诺制冷机，由式(8-37)可得，其制冷系数为

$$e_{卡诺}=\frac{T_2}{T_1-T_2}=\frac{255}{300-255}=5.7$$

此冰箱每天要做的功为

$$W=\frac{Q_2}{e_{卡诺}}=\frac{5\times10^6\,\mathrm{J}}{5.7}=0.88\times10^6\,\mathrm{J}$$

可见，在制冷循环中，卡诺制冷机耗能更低，效率更高。

8.5　热力学第二定律

8.5.1　热力学过程的方向性

我们在生活中都有这样的经验，一杯滚烫的开水放到桌面上，之后，开水逐渐冷却，把热量释放到空气中，最后达到室温为止。但是我们从来不曾见过，一杯常温水，不停自动地吸收空气中的热量，使得水中的温度不断上升，致使杯中的水逐渐沸腾起来。这个过程并不违反热力学第一定律（能量守恒定律），但是，整个过程却不可能发生。这说明现实世界中，热量的传递是具有方向性的，它只能自发地从高温物体传导至低温物体。

在焦耳热功当量的实验中，如图 8-17 所示，重物下落，带动叶片在水中转动，与水发生摩擦，这时机械能完全转换为水的内能，致使水温升高。但是，就相同一个系统，我们却无法让水温自动降低来使轮子转动起来，从而达到提升重物的目的。显然，功与热的转换也是具有方向性的。

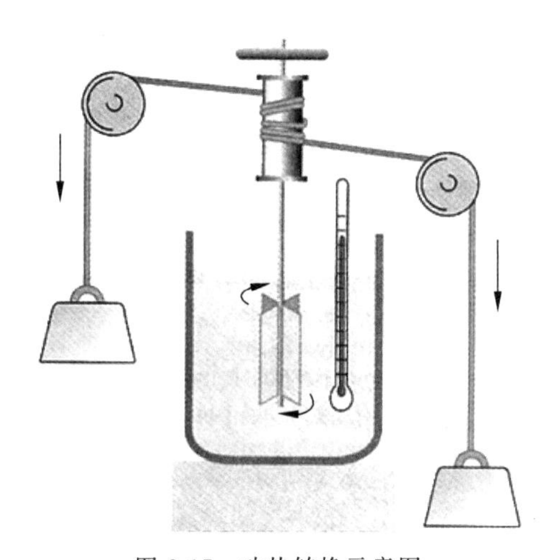

图 8-17　功热转换示意图

现实中还有很多热力学过程都具有方向性。例如气体会自由膨胀、墨水会四处扩散等。但是我们却很难想象气体会自动收缩，扩散的墨水会自动重新凝聚在一起。就如同人终将会老去，时光一去不复返一样。为什么有些热力学过程可以发生，而有些过程却不可能发生呢？这就是即将讨论的热力学第二定律要告诉人们的事实：尽管所有的热力学过程都满足热力学第一定律，但是并不是所有满足热力学第一定律的热力学过程在实际中都能发生。

考虑到现实热力学过程都具有方向性，物理上把系统的状态变化过程分为两种：**可逆过程**和**不可逆过程**。如果一个系统从某一个状态经过一个过程到达另一个状态，而这个过程发生后能够被复原并对系统本身或外界不产生任何影响，这样的过程称作**可逆过程**。反之，如果系统不能复原过程每一个状态，或者虽然恢复，但是不能消除原过程对外界产生的影响，这样的过程称为**不可逆过程**。大量事实告诉我们，自然界一切涉及热现象的宏观自发过程都是不可逆过程。在热力学中，只有理想的、不考虑耗散的准静态过程可以被认为是可逆过程，例如前面所述的卡诺循环就是可逆过程。尽管可逆过程不可能实际存在，但通过对可逆过程的研究可以发现一些关于热力学过程的规律。

8.5.2 热力学第二定律

一切与热现象有关的实际宏观过程都是不可逆过程，这是自然界的一种普遍规律，而热力学第二定律正是对这一规律的总结。热力学第二定律是人们在研究热机和制冷机的工作原理以及如何提高它们的效率的基础上逐渐认识和总结出来的。

1850 年德国物理学家克劳修斯在对制冷机的工作原理进行研究时，提出了**热力学第二定律的克劳修斯表述**：热量不可能自发地从低温热源向高温热源传递。这一表述正是对热传递具有方向性的总结。

1851 年英国物理学家开尔文则通过观察大量热与功的转化现象后，提出了**热力学第二定律的开尔文表述**：不可能从单一热源吸取热量使之完全变为有用的功而不引起其他变化。这一表述正是对热与功转换具有方向性的总结。

假如循环工作的热机只从单一热源吸收热量，并将吸收的热量全部用来做功而不放出热量给低温热源，那么它的效率 η 将会是 100%，这种热机被称为**第二类永动机**。历史上曾有人企图制造这样的热机。假如这样的机器制造成功，就可以从单一热源（如海洋）中吸热，并把热量全部用来对外做功。曾经有人做过估计，如果利用这种热机吸收海水中的热量做功，只要海水的温度下降 0.01K，就能使全世界的机器开动好多年。这种热机不违背热力学第一定律，即不违背能量守恒定律，对人们诱惑力相当大。然而，每一种第二类永动机的设计都是以失败而告终，因为这种热机违背了自然界热功转换具有方向性这一规律。这与热功当量实验中，指望通过水温自动降低来使轮子转动起来，从而达到提升重物的目的是一样的，都是不可能实现的。

热力学第二定律的两种表述分别对应两个不可逆过程。开尔文表述反映了热功转换的不可逆性；而克劳修斯表述反应了热传导的不可逆性。两者虽然形式上不同，但是实质却是一致的。

8.5.3 卡诺定理

热力学第二定律否定了第二类永动机的存在，即不可能有效率 η 为 100% 的热机，那么热机的最高效率可以达到多少呢？

1824 年卡诺发表了《关于热的动力的思考》一文，提出所有工作于高温热源与低温热源之间的热机，其效率都不能超过可逆机的效率，称为卡诺定理，其表述如下：

(1) 在相同的高温热源 T_1 和低温热源 T_2 之间工作的一切**可逆热机**，其效率都相等，与工作物质无关，与可逆循环的种类也无关。因此，可以用工作物质为理想气体的卡诺热机来确定一切可逆热机的效率，有

$$\eta_{可逆}=1-\frac{T_2}{T_1} \tag{8-38}$$

（2）在相同的高温热源和相同的低温热源之间工作的一切**不可逆热机**，其效率都小于可逆热机的效率，即

$$\eta_{\text{不可逆}} < 1 - \frac{T_2}{T_1} \tag{8-39}$$

从前面的例8.5可以看出，可逆卡诺制冷机在制冷过程中所消耗的能量要小于实际制冷机，效率更高，其结果完全符合卡诺定理。

卡诺定理为提高热机效率指明了方向。一是尽可能使实际的热机接近于可逆机，就是要尽量减少各种耗散力做功，避免漏气、漏热等情况；二是尽可能提高高温热源的温度，同时降低低温热源的温度。

*8.6　熵

热力学第二定律只是定性指明了热力学过程进行的方向。对于所有的自发过程，其进行的方向还可以通过系统的"熵"来定量地判断。

8.6.1　熵　熵增加原理

1. 熵与熵变

自发过程是不可逆的，即系统可自发地由初始状态向末状态进行，但其逆过程却不能进行，这说明初、末状态之间存在差异，这种差异决定了过程不能反向进行。为描述状态的差异性，1854年，克劳修斯以卡诺定理为依据导出了克劳修斯等式与不等式，并在此基础上引入了一个新的物理量——**熵**。熵是热力学系统的一个重要的状态函数，它是与系统状态相关的物理量，用符号 S 表示。用熵的变化（熵变）就可以定量表述自发过程的方向。

假设系统从状态1(p_1, V_1, T_1)经一热力学过程变化到状态2(p_2, V_2, T_2)，克劳修斯定义系统的**熵变**为

$$\Delta S = S_2 - S_1 = \int_1^2 \mathrm{d}S \geqslant \int_1^2 \frac{\mathrm{d}Q}{T} \tag{8-40}$$

式中等号表示可逆过程，不等号表示不可逆过程。S_1 和 S_2 分别表示系统在状态1和状态2的熵，$\mathrm{d}Q$ 为系统经无限小的可逆过程从温度为 T 的热源中吸取的热量，$\mathrm{d}Q/T$ 称为热温比。上式的物理意义是：在一热力学过程中，系统从初态1变化到末态2时，在任意一个可逆过程中，系统熵的增量即熵变等于该过程中热温比 $\mathrm{d}Q/T$ 的积分；而在任意一个不可逆过程中，其熵变大于该过程中热温比 $\mathrm{d}Q/T$ 的积分。

式(8-40)中的等式只可以计算两个始、末状态之间可逆过程的熵变，如果系统实际是经过一个不可逆过程，则必须在两个始末状态之间设计一个可逆过程来计算。由于熵是态函数，与过程无关，所以利用假设的可逆过程求出来的熵变也就是原过程始、末两态的熵变。

式(8-40)中的等式是用熵的变化来定义熵，要想利用此等式计算任一状态2的熵，应先选定某一状态1作为参考状态。为了方便计算，常把参考态的熵定为零。在热力学工程中计算水和水汽的熵时就取0℃时的纯水的熵值为零，而且常把其他温度时熵值计算出来列成数值表备用。

2. 熵增加原理

由于孤立系统跟外界没有能量传递，其中发生的过程当然是绝热的，即 $dQ=0$，由式(8-40)可见，孤立系统的熵变 $dS\geqslant 0$。即，在孤立系统中的可逆过程，其熵值始终不变；而孤立系统中的不可逆过程，其熵值总是增加的。这一结论称为**熵增加原理**。数学表达式为

$$\Delta S \geqslant 0 \tag{8-41}$$

由于自然界一切与热现象有关的宏观实际过程都是不可逆过程，因此从上式可知，孤立系统内发生的一切实际过程都是向着熵增加的方向进行，直到系统的熵达到极大值为止。因此利用熵的变化可以判断自发过程进行的方向（熵增加的方向）和限度（熵所能达到的极大值）。上式也是热力学第二定律的数学表达式，熵增加原理与热力学第二定律是等价的。

值得注意的是，熵增加原理是对整个孤立系统而言的，对系统内部的个别物体，熵值可以增加、不变或减少。

例 8.6 质量为 1kg，温度为 0℃的冰，完全融化为 0℃的水，已知冰在 0℃时的融化热为 $\lambda=3.34\times10^5\,\mathrm{J\cdot kg^{-1}}$，求此过程的熵变。

解：质量 $m=1\mathrm{kg}$ 的冰在 0℃时完全融化过程所吸收的热量为

$$Q=m\lambda=1\times3.34\times10^5\,\mathrm{J}=3.34\times10^5\,\mathrm{J}$$

冰在 0℃时等温融化，可以设想它和一个 0℃的恒温热源接触而进行可逆的吸热过程，因而，此过程的熵变为

$$\Delta S=\int\frac{dQ}{T}=\frac{Q}{T}=\frac{3.34\times10^5}{273}=1.22\times10^3\,\mathrm{J\cdot K^{-1}}$$

冰融化过程实际是不可逆的，计算结果其熵变大于 0，正说明了这一点。

8.6.2 熵与无序

上面从宏观观点出发讨论了表述热力学过程方向性的熵增加原理。下面我们将通过实例，从微观层面定性探讨熵与热运动的无序性的关系，简述热力学第二定律的微观统计意义，从而加深对熵和熵增加原理的理解。

以热功转换为例。在前面图 8-17 所示的焦耳热功当量的实验中，重物下落带动叶片在水中转动，水温会渐渐升高。说明功转变为热是机械能转变为内能的过程。从微观上看，是大量水分子的有序（这里是指水分子速度的方向）运动向无序运动转化的过程，这是可能的。但是，我们却无法让大量杂乱无章热运动的水分子自发地一起沿某一方向运动，从而推动叶片使轮子转动起来，即无序运动自动地转变为有序运动，是不可能的。因此，从微观上看，在功与热的转换现象中，自然过程总是沿着使大量分子的运动从有序状态向无序状态的方向进行。

熵增加原理告诉我们，孤立系统内发生的一切实际过程都是向着熵增加的方向进行。显然熵与热运动的无序性有关。1877 年，玻耳兹曼从微观层面定义了熵，用熵来量度系统内分子热运动的无序性。显然，系统内分子热运动的有序程度越低，其混乱程度就越高（无序度越高），则系统的熵值就越大。当系统在一定条件下达到宏观平衡状态时，就是系统内分子运动最无序的状态，此时熵值就达到最大。

一般地说，一切自然过程总是沿着分子热运动的无序性增大的方向进行，即沿着熵增加的方向进行，这是不可逆性的微观本质，它说明了热力学第二定律的微观意义。

8.6.3 熵概念的应用

熵的概念在科学发展中起着重要的作用。熵增加原理不只是解释了热力学第二定律，而是揭示了自然演化的不可逆性，使物理学研究进入到演化物理学领域。熵概念的提出使人们在认识观念上有了重要变化，熵是一种世界观。目前熵的概念已被广泛拓展到信息论、宇宙论、天体物理、生命科学及环境科学等领域中。下面简单介绍熵在生命科学和环境科学中的应用。

1. 熵与生命

1943 年，薛定谔在《生命是什么》一书中首先提出负熵的概念，指出："一个生命有机体的熵是不可逆地增加的——你或者可以说是增加正熵——并趋近于接近最大熵值的危险状态，那就是死亡了。要摆脱死亡，就是说要活着，唯一的办法就是从环境中吸收负熵，有机体是依赖负熵为生的。"玻耳兹曼也曾说过："生物为了生存而做的一般斗争，既不是为了物质，也不是为了能量，而是为了熵而斗争的。"由此可见，生命与熵有着密不可分的联系。

我们知道，如果把某个生命体视为一个热力学系统，生命从诞生到成年直至衰老的过程显然是一个不可逆的过程。应该是系统从有序走向无序的过程。可是，整个生命历程中，成年期的各项生理机能都是最强大的，也就是说生命最有序的时候，不是在他刚诞生的婴儿期，而是在成年时期。这意味着生命成长过程中，其有序程度在增加，因而熵在减少。这是为什么？

究其原因，其实人体不是孤立的，它时刻在与周围环境进行着物质和能量的交换，人体和周围生长环境构成一个系统，人体只是系统的一部分，局部的熵值是可以减少的。从熵的角度来看，人通过每天的食物来摄取多糖、蛋白质分子等结构排列非常有序的物质，同时排泄二氧化碳、尿素等较为无序的物质，以此来维持人体的生长。这个过程中，人体因为成长变得更有序，其熵在减少；而食物从被摄取时的有序到排出时的无序，其熵在增加。也就是说，人的熵的减少是以食物的熵的增加为代价的。

人体成长的其他过程也有类似的熵变。比如，生命系统出现短期或局部的熵积累过多，则有机体会出现短暂或局部的混乱状态，各种疾病由此产生。以感冒为例，在人体运动或疲劳时，身体会消耗大量能量，产生大量的废热（体内熵增加），当人受凉时，大脑会立即指示皮肤收缩毛孔，阻止体内的热量散出，以调节身体温度升高保暖，体内原有的积熵排不出，还进一步增加积熵，导致人体内的各种化学反应混乱，使人头痛、发热、抵抗力减弱，感冒由此产生。现代医学研究表明，癌基因以原癌基因的形式存在于正常的基因组内。原癌基因是一个活化能位点，在外界环境的诱导下，细胞可能会发生癌变，这种过程是非自发地，而非自发过程是一个熵减过程。而人体系相当于外部环境，熵就会增大。因此，人体就会出现混乱无序的状态，破坏了正常细胞再生时的基因密码的有序遗传，产生毒素，癌变细胞则越积越多，对生命威胁也越大，直至死亡。

2. 熵与人类活动

热力学第二定律（熵增加原理）告诉我们：物质与能量只能沿着一个方向转换，即从可利用到不可利用，从有效到无效，从有秩序到无秩序，也就是说宇宙万物从一定的价值与结构开始，不可挽回地朝着混乱与荒废发展。熵的这一定律是无法逃脱的。人类一切活动都与熵及其变化密切相关。

以人类的经济活动为例，熵定律告诉我们，经济增长越快，离末日就越近。在经济发展过程中，人们为了追求经济效益进行的每一项新技术的发展，的确加快了能量提取和流通的过程。但我们不能忘记，能量是既不能被产生又不能被消灭的，只能从有效状态转化为无效状态。因此，每一个由加快能量流通的新技术所体现的所谓效率的提高，实际上只是加快了能量的耗散过程，增加了世界的混乱程度。

从人类的历史阶段我们看到，在狩猎-采集型社会被迫过渡到农业社会以前，人们花了几百万年才耗尽了环境中的能量，而农业环境从开始到最后“不得不”过渡到工业环境，却只有几千年时间，而工业社会只过了短短几百年，人们就将耗尽工业环境的能源基础（即非再生能源）。技术现代化的进程越快，能量转化的速度也就越快，有效能量就耗散得越多，混乱程度也就越大。复杂的技术和浪费性经济增长只会毁掉我们人类的前程。

如今，污染已经成为熵的同义词。

例如，杀虫剂的使用对土地的生态平衡将具有“可怕的影响”。每盎司肥土里含有几百万个细菌、真菌、水藻、原生动物以及微小的无脊椎动物，如蚯蚓和节肢动物等，这些生物体对保持“土壤的肥力和结构”起着重要的作用，杀虫剂正在摧毁这些生物体和它们的生态栖息地，其结果是土地严重衰竭并受到侵蚀，这大大地加速了土壤的熵积累的过程。当表土层被侵蚀后，则肥力大量流失，为弥补损失，还得多补充化肥，同时农作物因土质不良而害虫多发且抗药力越来越强，不得不频施杀虫剂，这样恶性循环，农业的成本节节攀升。

又如空气污染。如今北京雾霾天气引发世界关注，中国气象局国家气候中心 2013 年 4 月 16 日发布的数据显示，从 2013 年 1 月 1 日至 4 月 10 日这 100 天里，北京雾霾天数高达 46 天，较常年同期偏多 5.5 倍，为近 60 年最多。根据相关资料显示，机动车、燃煤、扬尘对 PM2.5 的贡献率超过了 50%。机动车行驶所消耗的能量都以废气排出；华北地区主要依靠煤炭发电，而煤炭在生产使用和运输中都会产生有害粉尘；再加上北京周边河北省为钢铁生产大省。落后的重污染工业布局、巨大的煤炭消耗、庞大的机动车保有量、低水平的油品和排放标准是造成北京雾霾的主要原因。

事实上，能源和物资是一项资本，一项并不是人们生产出来的，而是地球所赋予的、不可替代的有限资本。由于经济的快速增长以及人们对科技的崇拜和放纵，世界非再生能源和物质材料的耗散实际上在加速增大，两者的熵正提高到了一个非常危险的水平。人类要生存，唯一的希望就是放弃对地球的掠夺，转而适应自然秩序，遵循自然法则，以减少自然界熵值的增加。

习题

一、选择题

8.1　一定量的理想气体，经历某过程后，它的温度升高了，则根据热力学定律可以断定：

(1) 该理想气体系统在此过程中吸了热

(2) 在此过程中外界对该理想气体系统做了正功

(3) 该理想气体系统的内能增加了

(4) 在此过程中理想气体系统既从外界吸了热，又对外做了正功

以上正确的断言是：　[　]

(A) (1),(3)　(B) (2),(3)　(C) (3)

(D) (3),(4)　(E) (4)

8.2　一定量的理想气体从体积 V_1 膨胀到体积 V_2，分别经历的过程是：AB 等压过程；AC 等温过程；AD 绝热过程，如图 8-18 所示。其中吸热最多的过程　[　]

(A) 是 AB

(B) 是 AC

(C) 是 AD

(D) 既是 AB 也是 AC，两过程吸热一样多

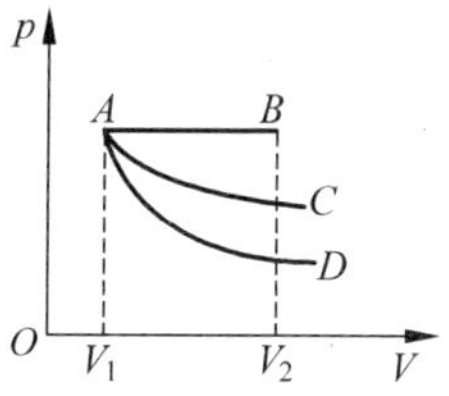

图 8-18　习题 8.2 图

8.3　一定量的理想气体，分别从同一状态开始，经历等压、等容和等温过程，若气体在上述过程中吸收的热量相同，则气体对外做功为最大的过程是：　[　]

(A) 等温过程　(B) 等容过程　(C) 等压过程　(D) 不能确定

8.4　对于理想气体系统来说，在下列过程中，哪个过程系统所吸收的热量、内能的增量和对外做功三者均为负值：　[　]

(A) 等温膨胀过程　(B) 等容降压过程　(C) 等压压缩过程　(D) 绝热膨胀过程

8.5　用下列两种方法：(1)使高温热源的温度 T_1 升高 ΔT；(2)使低温热源的温度 T_2 降低同样的 ΔT 值。分别可使卡诺循环的效率升高。$\Delta\eta_1$ 和 $\Delta\eta_2$ 两者相比，以下正确的是：　[　]

(A) $\Delta\eta_1 > \Delta\eta_2$　(B) $\Delta\eta_1 < \Delta\eta_2$

(C) $\Delta\eta_1 = \Delta\eta_2$　(D) 无法确定哪个大

8.6　一定量某理想气体所经历的循环过程是：从初态(V_0，T_0)开始，先经绝热膨胀使其体积增大 1 倍，再经等容升温回复到初态温度 T_0，最后经等温过程使其体积回复为 V_0，则气体在此循环过程中：　[　]

(A) 对外做的净功为正值　(B) 对外做的净功为负值

(C) 内能增加了　(D) 从外界净吸收的热量为正值

8.7　根据热力学第二定律可知：　[　]

(A) 功可以全部转换为热，但热不能全部转换为功

(B) 热可以从高温物体传到低温物体，但不能从低温物体传到高温物体

(C) 不可逆过程就是不能向相反方向进行的过程

(D) 一切自发过程都是不可逆的，系统的熵都将增加。

8.8　以下说法正确的是：　[　]

(A) 系统从一种状态自发变化到另一状态时系统的熵减少

(B) 孤立系统在热力学概率最大时系统的熵最大

(C) 气体从一种状态变化到另一状态时气体的熵增加

(D) 孤立系统在热力学概率最大时系统的熵最小

二、填空题

8.9　要使一热力学系统的内能变化，可以通过________或________两种方式，或者两种方式兼用来完成。理想气体的状态发生变化时，其内能的改变量只决定于________的变化，而与________的变化无关。

8.10　一汽缸内储有 10mol 的单原子分子理想气体，在压缩过程中，外力做功 209J，气体温度升高 1K，则气体内能的增量 $\Delta E=$________ J；吸收的热量为 $Q=$________ J。

8.11　汽缸内贮有 2.0mol 的空气，温度为 27℃，若维持压强不变，而使空气的体积膨胀到原体积的 3 倍，空气膨胀时所做的功为________。

8.12　由两个绝热过程和两个等温过程构成的热机，循环过程中的高温热源的温度为 627℃，低温热源的温度为 27℃，此热机的工作效率等于________，此热机是否为卡诺热机________（是，否）。

三、计算题

8.13　一定质量的理想气体，由状态 a 经 b 到达 c，如图 8-19 所示，abc 为一直线。求此过程中(1)气体对外做的功；(2)气体内能的增加；(3)气体吸收的热量。($1\text{atm}=1.013\times10^5\text{Pa}$)

8.14　一系统由图 8-20 中的 a 态沿 abc 到达 c 时，吸收了 350J 的热量，同时对外做 126J 的功。(1)如果沿 adc 进行，则系统做功 42J，问这时系统吸收了多少热量？(2)当系统由 c 态沿曲线 ca 返回 a 态时，如果是外界对系统做功 84J，问这时系统是吸热还是放热？热量传递是多少？

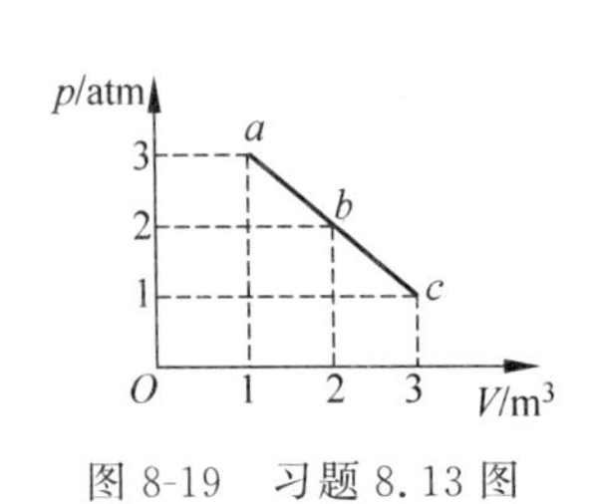

图 8-19　习题 8.13 图

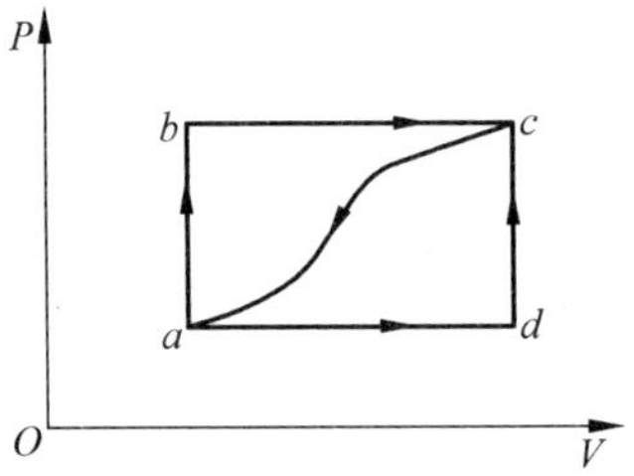

图 8-20　习题 8.14 图

8.15　0.020kg 的氦气，温度由 290K 升到 300K，若在升温过程中：(1)体积保持不变；(2)压强保持不变；(3)不与外界交换热量，试分别求出气体内能的改变、吸收的热量和外界对气体所做的功。该氦气可看作理想气体，且 $C_{V,\mathrm{m}}=\dfrac{3}{2}R$。

8.16　刚性双原子分子气体 5mol，在如图 8-21 所示的热机的循环过程中的效率等于多少？已知：$T_A=300\text{K}$，$T_B=900\text{K}$，$V_A=50\text{L}$。其中 A 到 B 为等压过程，B 到 C 为等容过程，C 到 A 为等温过程。

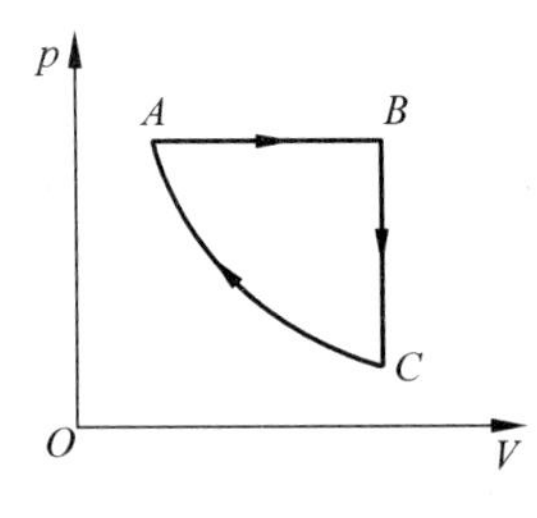

图 8-21　习题 8.16 图

8.17　一卡诺机工作在温度为 400K 和 300K 的两个热源之间。(1)若在正循环中，该机从高温热源吸收 5.4×10^3J 的热量，则它将向低温热源放出多少热量？工作物质对外做功多少？(2)若在逆循环(制冷机)中，该机从低温热源吸收 5.4×10^3J 的热量，则它将向高温热源放出多少热量？外界对工作物质做功多少？

8.18 一定量的单原子分子理想气体，从初态 A 出发，沿图 8-22 所示直线过程变到另一状态 B，又经过等容、等压两过程回到状态 A。求：(1)A—B，B—C，C—A 各过程中系统对外所做的功 W，内能增量 ΔE 及热量 Q；(2)热机效率。

8.19 设一以理想气体为工作物质循环如图 8-23 所示，求证其效率为 $1-\dfrac{\gamma(V_2/V_1-1)}{p_2/p_1-1}$。

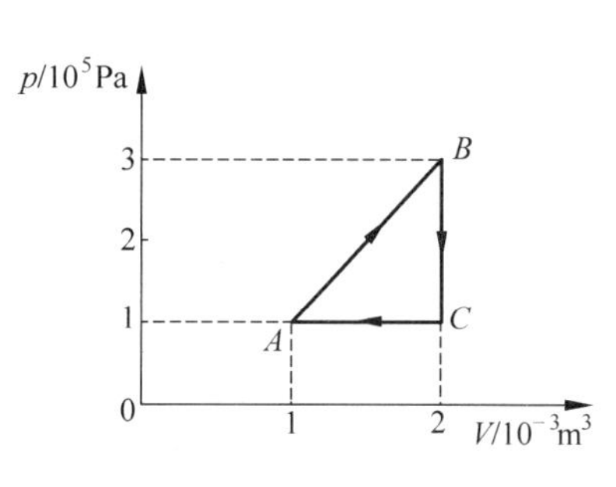

图 8-22 习题 8.18 图

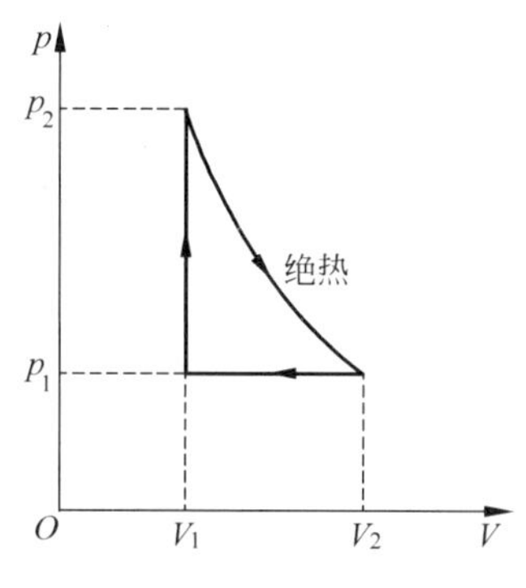

图 8-23 习题 8.19 图

习题答案

第 1 章

一、选择题

1.1 (C)　　1.2 (B)　　1.3 (C)　　1.4 (D)

二、填空题

1.5 $y=\frac{(x-5)^2}{18}+x-9$；$\sqrt{18+6t+t^2}$；$\frac{3+t}{\sqrt{18+6t+t^2}}$；$\boldsymbol{j}$

1.6 $(6x+4x^3)^{\frac{1}{2}}$

1.7 $10\mathrm{m\cdot s^{-2}}$；$10\mathrm{m}$

1.8 $\frac{50}{3}\pi$；$145\frac{5}{6}$

1.9 $5\mathrm{m\cdot s^{-1}}$，$\arctan\left(\frac{3}{4}\right)$或 $36°52'$

三、计算题

1.10 (1) $-4\mathrm{m\cdot s^{-1}}$，$-20\mathrm{m\cdot s^{-1}}$；(2) $-44\mathrm{m}$，$-22\mathrm{m\cdot s^{-1}}$；(3) $-24\mathrm{m\cdot s^{-2}}$；(4) $-36\mathrm{m\cdot s^{-2}}$

1.11 $190\mathrm{m\cdot s^{-1}}$，$705\mathrm{m}$

1.12 (1) $(6t\boldsymbol{i}+4t\boldsymbol{j})\mathrm{m\cdot s^{-1}}$，$(10+3t^2)\boldsymbol{i}+2t^2\boldsymbol{j}\,\mathrm{m}$；(2) $3y=2x-20\mathrm{m}$

1.13 $6.6\times10^{15}\mathrm{s^{-1}}$，$9.1\times10^{22}\mathrm{m\cdot s^{-2}}$

1.14 (1) $36\mathrm{m\cdot s^{-2}}$，$1296\mathrm{m\cdot s^{-2}}$；(2) $0.67\mathrm{rad}$

1.15 (1) $\sqrt{b^2+\frac{(v_0-bt)^4}{R^2}}$，$\phi=\arctan\frac{a_\tau}{a_n}=\frac{-Rb}{(v_0-bt)^2}$；(2) $\frac{v_0}{b}$

1.16 $10\mathrm{m\cdot s^{-1}}$，竖直向下偏西 30°

第 2 章

一、选择题

2.1 (A)　　2.2 (B)　　2.3 (D)　　2.4 (A)　　2.5 (B)

2.6 (D) 2.7 (D) 2.8 (A) 2.9 (C) 2.10 (D)
2.11 (A) 2.12 (D) 2.13 (D) 2.14 (D) 2.15 (D)

二、填空题

2.16 $54\boldsymbol{i}$；27m/s

2.17 $-8t+3t^2$，16N·s

2.18 0；$\frac{2\pi Rmg}{v}\boldsymbol{j}$；$-\frac{2\pi Rmg}{v}\boldsymbol{j}$

2.19 $-\frac{kA}{\omega}$

2.20 3

2.21 0；mvd

2.22 20J

2.23 18J；6m/s

2.24 −0.207J

三、计算题

2.25 $\frac{m_1-m_2}{m_1+m_2}g$，$\frac{2m_1m_2}{m_1+m_2}g$

2.26 (1) $30.0\mathrm{m\cdot s^{-1}}$；(2) 467m

2.27 $\sqrt{(2g\cos\theta)/r}$，$-3mg\cos\theta$

2.28 $2\pi\sqrt{\frac{L\cos\theta}{g}}$

2.29 2.5×10^3N，方向沿直角平分线指向弯管外侧

2.30 (1) 3×10^{-3}s；(2) 0.6N·s；(3) 2×10^{-3}kg

2.31 (1) 7.16×10^{-2}N·s；(2) 7.16N

2.32 $\frac{m}{m+M}\cdot\frac{uv_0\sin\theta}{g}$

2.33 5.26×10^{12}m

2.34 $\omega'=\sqrt{\frac{M_1g}{mr_0}}\left(\frac{M_1+M_2}{M_1}\right)^{\frac{2}{3}}$，$r'=\sqrt{\frac{M_1}{M_1+M_2}}\cdot r_0$

2.35 980J

2.36 $W=\int_0^l \boldsymbol{F}\cdot\mathrm{d}\boldsymbol{x}=\int_0^l F\cos180°\mathrm{d}x=-\int_0^l 4kcx\,\mathrm{d}x=-2kcl^2$

2.37 (1) −45J；(2) 75W；(3) −45J

2.38 $\frac{GMm(R_1-R_2)}{R_1R_2}$，$-\frac{GMm(R_1-R_2)}{R_1R_2}$

2.39 $319\mathrm{m\cdot s^{-1}}$

2.40 $\sqrt{\frac{2MgR}{m+M}}$

第 3 章

一、选择题

3.1 (C)　　3.2 (C)　　3.3 (A)　　3.4 (C)　　3.5 (C)

二、填空题

3.6 $-0.05\mathrm{rad/s^2}$；$250\mathrm{rad}$

3.7 $\frac{4}{3}ml^2$；0

3.8 $>$

3.9 $\sqrt{2}\omega$

3.10 $mR^2\omega$；$\left(\frac{1}{2}M-m\right)R^2\omega$

3.11 $2.0\mathrm{m\cdot s^{-1}}$

3.12 10

三、计算题

3.13 (1) $20.9\mathrm{rad\cdot s^{-1}}$, $314\mathrm{rad\cdot s^{-1}}$, $41.9\mathrm{rad\cdot s^{-2}}$；(2) $1.17\times10^3\mathrm{rad}$, 186r；(3) $8.38\mathrm{m\cdot s^{-2}}$, $1.97\times10^4\mathrm{m\cdot s^{-2}}$, $1.97\times10^4\mathrm{m\cdot s^{-2}}$，与切向夹角为 $89°59'$

3.14 $a+3bt^2-4ct^3$, $6bt-12ct^2$, $6btJ-12ct^2J$

3.15 (1) 7.06s，约 53r；(2) 177N

3.16 (1) $\frac{5}{6}ml^2$；(2) $mg\frac{l}{2}\sin\theta$, $\frac{3g}{5l}\sin\theta$, $\sqrt{\frac{6g}{5l}(1-\cos\theta)}$；(3) $mg\frac{l}{2}$, $\frac{3g}{5l}$, $\sqrt{\frac{6g}{5l}}$

3.17 $-9.52\times10^{-2}\mathrm{rad\cdot s^{-1}}$，负号表示转台的转向与小孩相对地面的转向相反

3.18 (1) $6.3\times10^2\mathrm{kg\cdot m^2\cdot s^{-1}}$；(2) $8.6\mathrm{rad\cdot s^{-1}}$；(3) $2.73\times10^3\mathrm{J}$, $2.70\times10^3\mathrm{J}$

3.19 (1) $20.0\mathrm{kg\cdot m^2}$；(2) $-1.32\times10^4\mathrm{J}$，负号表示机械能减少

3.20 (1) $\omega=\frac{m_0v_0\sin\theta}{(m+m_0)R}$；(2) $\frac{E_{k_0}}{E_k}=\frac{m+m_0}{m_0\sin^2\theta}$

3.21 (1) $\frac{\sqrt{6(2-\sqrt{3})}}{12}\frac{3m+M}{m}\sqrt{gl}$；(2) $-\frac{\sqrt{6(2-\sqrt{3})}M}{6}\sqrt{gl}$

3.22 $\frac{6l}{25\mu}$

第 4 章

一、选择题

4.1 (B)　　4.2 (B)　　4.3 (C)　　4.4 (C)

二、填空题

4.5 $\frac{2\pi}{3}$

4.6 $\frac{3}{4}$

4.7 $\frac{3}{4}$；$2\pi\sqrt{\frac{\Delta l}{g}}$

4.8 $\frac{\pi}{4}$；$x=0.02\cos\left(\pi t+\frac{\pi}{4}\right)$

4.9 落后；$-\frac{\pi}{2}$

三、计算题

4.10 $T=\frac{\sqrt{2}}{2}T_0$

4.11 (1) $6\text{m}, 8\pi\text{rad}\cdot\text{s}^{-1}, 0.25\text{s}, \frac{\pi}{5}$；(2) $16\frac{1}{5}\pi$；(3) $48\pi\text{m}\cdot\text{s}^{-1}$

4.12 $x_a=0.1\cos\left(\pi t+\frac{3}{2}\pi\right)(\text{m})$，$x_b=0.1\cos\left(\frac{5}{6}\pi t+\frac{5\pi}{3}\right)(\text{m})$

4.13 (1) $3.0\text{m}\cdot\text{s}^{-1}$；(2) 大小为 1.5N，方向指向平衡位置

4.14 $x=0.05\cos(7t+0.2\pi)$(SI)

4.15 $x=2.5\times10^{-2}\cos\left(40t+\frac{\pi}{2}\right)(\text{m})$

4.16 (1) $1\text{cm}, \frac{\pi}{4}$；(2) $\frac{\pi}{4}, -\frac{3\pi}{4}$

第 5 章

一、选择题

5.1 (C)　5.2 (C)　5.3 (D)　5.4 (C)　5.5 (B)

二、填空题

5.6 向下；向上；向上

5.7 $\Delta\varphi=\frac{2\pi}{\lambda}\Delta x=\frac{2\pi\times5\times10^{-3}}{3\times10^{-2}}=\frac{\pi}{3}$

5.8 0；$2A_1$

5.9 50Hz

三、计算题

5.10 $y=0.1\cos\left(4\pi t+2\pi x+\frac{\pi}{2}\right)\text{m}$

5.11 (1) $y=0.06\cos\left(\frac{\pi}{9}t-\frac{x}{2}-\frac{\pi}{2}\right)$；(2) $y=0.06\cos\frac{\pi}{9}(t-7)$；

(3) $y_0=0.046\text{m}, y_5=0$

5.12 (1) $0.05\text{m}, 2.5\text{m}\cdot\text{s}^{-1}, 5\text{Hz}, 0.5\text{m}$；(2) $1.57\text{m}\cdot\text{s}^{-1}$，$49.3\text{m}\cdot\text{s}^{-2}$；

(3) $\frac{46}{5}\pi$，0.92s，0.825m 处，1.45m 处

5.13 （1）$y_0=A\cos\left(\frac{\pi t}{8}-\frac{\pi}{2}\right)$；（2）$y=A\cos\left[\frac{\pi}{8}\left(t+\frac{x}{10}\right)-\frac{\pi}{2}\right]$

5.14 （1）$y=A_0\cos\left[\pi\left(t-\frac{x}{3}\right)-\frac{1}{3}\pi\right]$；（2）图略

5.15 （1）$y=0.10\cos\left(500\pi t+\frac{\pi x}{10}+\frac{\pi}{3}\right)$；

（2）$y=0.10\cos\left(500\pi t+\frac{13\pi}{12}\right)$，$\nu_0=40.7\text{m}\cdot\text{s}^{-1}$

5.16 0，4×10^{-3}m

5.17 50Hz

第 6 章

一、选择题

6.1 （B） 6.2 （D） 6.3 （B） 6.4 （D） 6.5 （C）

6.6 （A） 6.7 （B） 6.8 （B） 6.9 （D） 6.10 （C）

6.11 （B） 6.12 （D） 6.13 （B） 6.14 （B） 6.15 （D）

二、填空题

6.16 $\frac{2\pi}{\lambda}(n-1)e$；$4\times10^4$

6.17 5.75×10^{-5}m

6.18 4.8×10^{-7}m

6.19 4；一；暗

三、计算题

6.20 $\lambda_1=2\lambda_2$

6.21 409.8m

6.22 600nm

6.23 $\Delta x_1=0.72$mm，$\Delta x_5=3.6$mm

6.24 波长为480nm的光在反射中加强，波长为600nm和400nm的光在透射中加强

6.25 $e_{\min}=163$nm

6.26 1.61mm

6.27 （1）500nm；（2）2×10^{-4}m；（3）1.5×10^{-4}m

6.28 （1）$x_1=0.5$mm；（2）$x_2=0.75$mm；（3）$x_3=1.5$mm

6.29 2.68×10^{-7}rad

6.30 （1）$a+b=3.36\times10^{-6}$m；（2）$\lambda_2=420$nm

6.31 $x_1-x_1'=2$mm，$x_3-x_3'=6$mm

6.32 5条，$k=0,\pm1,\pm3$；$\varphi_1=\pm17°8'$，$\varphi_3=\pm62°8'$

6.33 $d=0.542$nm

6.34 $i_0=48.4°$，$i_0'=41.6°$

第 7 章

一、选择题

7.1 (D)　7.2 (A)　7.3 (D)　7.4 (A)　7.5 (D)

7.6 (C)

二、填空题

7.7 $\frac{3}{2}kT$

7.8 1∶4∶16

7.9 3730J；2493J；7.7×10^{3}

7.10 515.7m/s；557.6m/s；454.4m/s；1.38×10^{-20}J

三、计算题

7.11 相同,不同,相同

7.12 略

7.13 (1) $\sqrt{\overline{v}^2}=485\text{m}\cdot\text{s}^{-1}$；(2) $\mu=28.9\times10^{-3}\text{kg}\cdot\text{mol}^{-1}$,气体为空气

7.14 4.96×10^{16}

7.15 $n=3.2\times10^{17}\text{m}^{-3}$；$\bar{\lambda}=7.8\text{m}$；$\bar{z}=60\text{s}^{-1}$

第 8 章

一、填空题

8.1 (C)　8.2 (A)　8.3 (A)　8.4 (C)　8.5 (B)

8.6 (B)　8.7 (D)　8.8 (B)

二、填空题

8.9 热交换,做功,温度,压强和体积

8.10 124.7；−84.3

8.11 9.97×10^{3}J

8.12 66.7%；是

三、计算题

8.13 (1) 405.2J；(2) 0；(3) 405.2J

8.14 (1) 226J；(2) 放热,308J

8.15 (1) $\Delta E=623.25\text{J}, A=0, Q=\Delta E$；(2) $\Delta E=623.25\text{J}, Q=1038.75\text{J}, A=415.5\text{J}$；(3) $\Delta E=A=623.51\text{J}, Q=0$

8.16 24.0%

8.17 (1) 4.05×10^{3}J, 1.35×10^{3}J；(2) 7.2×10^{3}J, 1.8×10^{3}J

8.18 (1) $\Delta E_{AB}=750\text{J}, W_{AB}=200\text{J}, Q_{AB}=950\text{J}$；$\Delta E_{BC}=-600\text{J}, W_{BC}=0, Q_{BC}=-600\text{J}$；$\Delta E_{CA}=-150\text{J}, W_{CA}=-100\text{J}, Q_{CA}=-250\text{J}$；

(2) $\eta=10.5\%$

8.19 略

参考文献

[1] 马文蔚，周雨青.物理学教程：上册[M].2版.北京：高等教育出版社，2006.

[2] 马文蔚，周雨青，谢希顺.物理学教程：下册[M].2版.北京：高等教育出版社，2006.

[3] 赵凯华，罗蔚茵.新概念物理教程：力学[M].2版.北京：高等教育出版社，2004.

[4] 赵凯华，罗蔚茵.新概念物理教程：热学[M].2版.北京：高等教育出版社，1998.

[5] 张三慧.大学物理学：力学、热学[M].3版.北京：清华大学出版社，2008.

[6] 毛骏健，顾牡.大学物理学：上、下册[M].2版.北京：高等教育出版社，2013.

[7] 马文蔚，苏惠惠，陈鹤鸣.物理学原理在工程技术中的应用[M].2版.北京：高等教育出版社，2001.

[8] 陈敏，代群，朱兴华.物理学[M].北京：高等教育出版社，2012.

[9] 夏兆阳.大学物理教程：上册[M].2版.北京：高等教育出版社，2004.

[10] 赵近芳.大学物理学：上、下册[M].3版.北京：北京邮电大学出版社，2008.

[11] 陈信义.大学物理教程[M].2版.北京：清华大学出版社，2009.